Helmholtz u.a.

Klassiker der Mechanik
Galilei, Newton, D'Alembert, Lagrange,
Kirchhoff, Hertz, Helmholtz

Vorreden und Einleitungen ihrer Hauptwerke

SEVERUS

Helmholtz u.a.: Klassiker der Mechanik - Galilei, Newton, D'Alembert, Lagrange, Kirchhoff, Hertz, Helmholtz. Vorreden und Einleitungen ihrer Hauptwerke
Hamburg, SEVERUS Verlag 2013
Nachdruck der Originalausgabe von 1899

ISBN: 978-3-86347-621-2
Druck: SEVERUS Verlag, Hamburg, 2013

Der SEVERUS Verlag ist ein Imprint der Diplomica Verlag GmbH.

Bibliografische Information der Deutschen Nationalbibliothek:
Die Deutsche Nationalbibliothek verzeichnet diese Publikation in der Deutschen Nationalbibliografie; detaillierte bibliografische Daten sind im Internet über http://dnb.d-nb.de abrufbar.

SEVERUS

II. Band der Veröffentlichungen der
Philosophischen Gesellschaft an der Universität zu Wien.

Vorreden und Einleitungen

zu

klassischen Werken der Mechanik:

Galilei, Newton, D'Alembert, Lagrange, Kirchhoff, Hertz, Helmholtz.

Übersetzt und herausgegeben

von Mitgliedern der

Philosophischen Gesellschaft an der Universität zu Wien.

Vorbemerkung.

„Wer sich für die Fragen interessiert,
worin der naturwissenschaftliche Inhalt der Mechanik besteht, wie wir zu demselben gelangt sind, aus welchen Quellen
wir ihn geschöpft haben, wie weit derselbe
als gesicherter Besitz betrachtet werden kann,
wird hier hoffentlich einige Aufklärung finden."
MACH, Die Mechanik in ihrer Entwickelung
Vorwort zur ersten Auflage (1883).

„Die wunderbaren Einleitungen von LAGRANGE zu den Kapiteln seiner analytischen Mechanik", wie sie MACH im angeführten Vorwort nennt, haben den Gedanken angeregt, diese Einleitungen zusammen mit den in verwandtem Geiste gehaltenen Vorreden und Einleitungen zu anderen klassischen Werken der Mechanik durch die vorliegende Ausgabe möglichst leicht zugänglich zu machen. Auf die Bitte des Unterzeichneten haben sich die unten genannten Herren, sämtlich Mitglieder der Philosophischen Gesellschaft an der Universität zu Wien, mit dankenswertester Bereit-willigkeit der Mühe neuer Übersetzungen und sonstiger mit der Heraus-gabe verbundenen Arbeiten unterzogen.

Wir dürfen wohl den Lesern dieses Sammelwerkes wünschen, es möchten ihnen die der Lesung gewidmeten Minuten so viel reine Freude bringen, als uns die vielen Stunden brachten, welche wir der gemeinschaft-lichen Wahl, Lesung und Überprüfung des zu Bietenden, wie so mancher hierbei angeregten sachlichen Erörterung gewidmet haben.

Die zu treffende Auswahl fiel nicht ganz leicht, denn nicht überall [1])

---

[1]) Die Schriften von ARCHIMEDES, STEVIN, HUYGENS, VARIGNON, EULER, POINSOT, JACOBI, HAMILTON und die posthume Mechanik von HELMHOLTZ haben teils überhaupt keine eigentlichen Vorreden oder Einleitungen, teils zielt ihr Inhalt unmittelbar auf die schulmässige Einführung der herkömmlichen Begriffe oder auf die mathematische Einkleidung des physikalischen Gegenstandes ab.

— wenn auch im ganzen doch in bezeichnender Weise häufig — haben die
Klassiker der Mechanik die leitenden Gedanken ihrer Forschung an die
Spitze ihrer Werke gestellt. Zur Begründung der schliesslich getroffenen
Wahl nur folgendes:

GALILEI leitet den Dritten und Vierten Tag der „Discorsi" mit kurzen,
aber inhaltschweren Worten ein, von denen das berühmte „*De subjecto
vetustissimo novissimam promovemus scientiam*" es schon an sich rechtfertigen würde, dass vorliegende Ausgabe nicht weiter als bis auf GALILEI
zurückgegangen ist. Insbesondere aber bildet die Stelle (S. 4), in welcher
GALILEI erwägt, ob er den Begriff „gleichmässig beschleunigte Bewegung"
rein abstrakt-mathematisch „*per definitionem*", oder sofort in konkret-
physikalischem Hinblick auf den freien Fall einführen solle, ein schlichtes
aber typisches Beispiel zu derjenigen erkenntnistheoretischen Grundfrage,
welche noch heute jedem Methodiker der Mechanik zu denken giebt.
BOLTZMANN — dessen jüngst veröffentlichte Mechanik als das Werk eines
Lebenden in dieser Sammlung übrigens ausser Betracht bleiben musste —
widmet seinen „§ 1. Charakterisierung der gewählten Methode" eben jener
Grundfrage nach dem richtigen Verhältnis zwischen apriorischem Construieren
und empirischer Nachbildung des Gegebenen, und er beantwortet sie so:
„Gerade die Unklarheiten in den Prinzipien der Mechanik scheinen mir
daher zu stammen, dass man nicht sogleich mit hypothetischen Bildern
unseres Geistes beginnen, sondern anfangs an die Erfahrung anknüpfen
wollte. Den Übergang zu den Hypothesen suchte man dann mehr zu verdecken, wenn nicht gar einen Beweis zu erkünsteln, dass das ganze Gebäude notwendig und hypothesenfrei sei, verfiel aber gerade dadurch in
Unklarheit." — In sachlicher Hinsicht bieten die kurzen Worte am Beginn
des Vierten Tages nichts geringeres, als die klassischen Formulierungen der
beiden ersten Prinzipien der Mechanik, des Beharrungs- und des Unabhängig-
keitsprinzips, freilich beide vorerst nur in e i n e r concreten Anwendung.

NEWTON bietet in den „D e f i n i t i o n e n", indem er sie den „Gesetzen
der Bewegung" vorausschickt, schon eine deutlich abgegrenzte Einleitung
zu seinen „Mathematischen Prinzipien der Naturlehre." Was er hier über
die Begriffe der Masse, der Kraft, des Raumes und der Zeit sagt, bildet
heute noch den Ausgangs- und Anknüpfungspunkt immer erneuerter philo-
sophischer Diskussion. In verwandtem Geiste ist die aus der Schlussbemerkung des ganzen Werkes ausgewählte Stelle gehalten, in
welcher sich unter anderem das berühmte „*Hypotheses non fingo*" findet.
Von den eigentlichen durch NEWTON selbst verfassten Vorreden bietet nur
die zur ersten Ausgabe dauerndes Interesse, während die zur zweiten

und dritten Ausgabe, da sie in der Hauptsache nur Ausweise über die
Bereicherungen der Neuauflage bringen, hier wie bei anderen Autoren sich zur
Aufnahme in diese Sammlung nicht eignen. Dagegen musste die umfang-
reiche Vorrede zur zweiten Ausgabe, welche NEWTON durch COTES ver-
fassen liess, aufgenommen werden, wiewohl sie in mehreren äusseren und
inneren Merkmalen die Klassicität vermissen lässt. Denn gerade diese
Vorrede pflegt wegen der Auseinandersetzung über Fernkräfte und Wirbel
auch heute noch oft angeführt zu werden, wiewohl freilich bei näherem
Zusehen sofort erhellt, dass es sich hier nicht um diejenigen Wirbel handelt, die dereinst vielleicht noch berufen sein können, die NEWTONsche
Fernkraft wirklich entbehrlich zu machen.

D'ALEMBERT's Vorwort bringt ausser der Einführung des bekannten
Prinzips, das seither manchmal den drei der Mechanik des Punktes zu-
grundeliegenden NEWTONschen *leges motus* als ein viertes Prinzip für Punkt-
Systeme angereiht wird, auch noch die oft zitierte Entscheidung D'ALEMBERT's
in dem langwierigen Streite über das Cartesische und Leibnitzsche Kraftmaass.

LAGRANGE's Einleitungen sind schon eingangs erwähnt worden. Es
mögen hier aus der nicht aufgenommenen Vorrede die charakteristischen
Worte angeführt sein: „Man wird in diesem Werke gar keine Figuren
finden. Die Methoden, die ich darin auseinandersetze, bedürfen weder
einer Construction, noch geometrischer oder mechanischer Überlegungen,
sondern einzig und allein algebraischer Operationen nach einem regelmässigen und gleichförmigen Vorgehen. Wer die Analysis liebt, wird mit
Vergnügen die Mechanik zu einem neuen Zweige derselben werden sehen
und mir Dank wissen, dass ich ihr Gebiet in dieser Weise vergrössert habe."

KIRCHHOFF's kurzes Vorwort enthält den berühmten Satz über das
blosse „Beschreiben", nicht „Erklären" der Erscheinungen. Dieser
Satz hat in dem Vierteljahrhundert, während dessen er unzählige Male
zitiert worden ist, noch nicht seinen Reiz verloren, kraft dessen er geradezu
zum Schlagworte oder Kriegsruf der positivistischen Erkenntnistheorie
geworden ist. Sollte ein späteres, mittelbares Ergebnis dieser Theorie die
Rehabilitierung eines geläuterten Kausalbegriffes sein, so haben sich um
dieses positive Ergebnis die positivistischen Versuche, ohne den Begriff
Ursache auszukommen, ein geschichtlich gewiss nie zu unterschätzendes
Verdienst erworben. Übrigens fehlt es nicht an Auslegungen, welche in
jenem Worte KIRCHHOFF's keineswegs eine prinzipielle Leugnung des Kraft-
und des Kausalbegriffes finden wollen.

HERTZ' Einleitung ist ebenso gross angelegt ihrem sachlichen, nämlich physikalischen und erkenntnistheoretischen, wie LAGRANGE's Einleitung ihrem historischen Inhalte nach. Wie nahe HERTZ' letztes nachgelassenes Werk dem philosophischen Interesse als solchem steht, geht allein schon aus den Worten hervor, die das (ebenfalls hier nicht aufgenommene) Vorwort des Verfassers beschliessen: „Was, wie ich hoffe, neu ist, und worauf ich einzig Wert lege, ist die Anordnung und Zusammenstellung des Ganzen, also die logische oder, wenn man will, die philosophische Seite des Gegenstandes. Meine Arbeit hat ihr Ziel erreicht oder verfehlt, je nachdem in dieser Richtung etwas gewonnen ist oder nicht."

Jenem Vorwort von HERTZ ist in dem III. (letzten, ausschliesslich die „Prinzipien der Mechanik" enthaltenden) Bande der Gesammelten Werke von HERTZ ein Vorwort von HELMHOLTZ vorangeschickt. In seinem ersten Teile bringt es die Lebensgeschichte von HERTZ. Indem wir den zweiten Teil dieses Vorwortes von HELMHOLTZ aufnahmen, konnten wir auch den letzten grossen Toten unter den Klassikern der Mechanik über die Prinzipien dieser Wissenschaft zu dem Leser der vorliegenden Sammlung sprechen lassen.

Hört man, ebenso wie einst GALILEI, auch wieder HELMHOLTZ mit ganz ähnlichen Worten der Hoffnung auf künftige, noch immer reichere Entwickelung schliessen, so giebt uns dieses Stück Wissenschaftsgeschichte von weniger als einem Vierteljahrtausend ein fast dramatisch anschauliches Bild zu jenem *Λαμπάδια ἔχοντες διαδώσουσιν ἀλλήλοις*, welches WHEWELL seiner „ Geschichte der inductiven Wissenschaften" vorgesetzt hatte.

In der dritten Auflage seiner Geschichte der Mechanik (1897) sagt MACH: „Das Interesse für die Grundlagen der Mechanik ist noch immer im Zunehmen begriffen" und „Die Mechanik scheint gegenwärtig in ein neues Verhältnis zur Physik treten zu wollen, wie sich dies insbesondere in der Publikation von H. HERTZ ausspricht." — Es bedarf für den Leser unserer Sammlung keiner weiteren Darlegung, wie nahe sich die Prinzipien der Mechanik mit der Philosophie der Mechanik[1]) berühren, und wie nahe sie

---

[1]) Als ebenfalls in die Philosophie der Mechanik einschlägig — u. zw. einerseits von der erkenntnistheoretisch-metaphysischen, anderseits von der historisch-kritischen Seite her — lässt die Philosophische Gesellschaft dem vorliegenden II. Bande ihrer Veröffentlichungen unmittelbar folgen als

III. Band: KANT, Metaphysische Anfangsgründe der Naturwissenschaft. Neu herausgegeben mit einem Nachworte von Alois Höfler.

IV. Band: EMIL WOHLWILL, Die Entdeckung des Beharrungsgesetzes. Zweite, vermehrte Auflage. (Die erste Veröffentlichung geschah in der Zeitschrift für Völkerpsychologie u. Sprachwissenschaft 1884, 1885.)

somit der Philosophie als solcher stehen: so dass es sich wohl von selbst rechtfertigt, warum unsere Philosophische Gesellschaft an der Universität zu Wien diese Sammlung unter ihre Veröffentlichungen aufgenommen hat. —

Da es gerade dann, wenn die von den Klassikern der Mechanik gegenüber den logischen, erkenntnistheoretischen und metaphysischen Begriffen und Problemen eingenommene Haltung Stoff für weitere philosophische Vertiefung dieser Gegenstände werden soll, überall auf den genauesten Wortlaut ankommt, sind als Anhang auch die Originaltexte der ausgewählten Teile abgedruckt worden.

Was die Übersetzungen selbst betrifft, so wäre es leicht gewesen, an mehreren Stellen, wo die älteren Autoren bei der Neuheit des Gegenstandes nach einem passenden Ausdruck ringen, die heutigen Fachausdrücke zu gebrauchen. Dadurch wäre aber das Charakteristische der betreffenden Stellen ganz verloren gegangen; auch muss als Grundsatz gelten, dass der Übersetzer nicht die Aufgabe hat, klarer zu sein als der Autor selbst.

Die Arbeit war in folgender Weise verteilt: Es wurden übersetzt: GALILEI von Dr. Konrad Zindler, Privatdocenten der Mathematik; NEWTON (Vorrede) und COTES von Dr. Egon v. Schweidler, Assistenten am physikalisch-chemischen Institut; NEWTON (Einleitung) von Dr. Zindler; D'ALEMBERT von Dr. Robert v. Sterneck, Privatdocenten der Mathematik; LAGRANGE vom Unterzeichneten. Die Übersetzungen wurden dann in zahlreichen gemeinsamen Sitzungen durchberaten und hierbei nachträglich mit schon vorhandenen Übersetzungen verglichen. Bei der endgiltigen Fassung wirkten auch die Herren Dr. Georg Cornelius Fulda und Dr. Karl Neisser durch wertvollen Rat in dankenswerter Weise mit.

Schliesslich haben wir unseren verbindlichsten Dank auszusprechen für die überaus liebenswürdige Zuvorkommenheit, mit welcher uns die Herren Verleger der Bücher von HERTZ (Johann Ambrosius Barth) und KIRCHHOFF (B. G. Teubner) den Abdruck aus ihren Verlagswerken gestatteten. — Dem Herrn Verleger der vorliegenden Sammlung aber gebührt unser herzlichster Dank für die Bereitwilligkeit, mit welcher er auf unseren Vorschlag dieser Sammlung überhaupt eingegangen und allen unseren Wünschen bezüglich des Druckes und der Ausstattung nachgekommen ist.

Wien, Februar 1899.

Alois Höfler.

Aus:

Gespräche und mathematische Beweise über zwei neue Wissenschaften

von

Galileo Galilei

(1564—1642.)

(Dritter Tag.)

Über einen sehr alten Gegenstand entwickeln wir eine ganz neue Wissenschaft. Nichts ist vielleicht älter in der Natur, als die Bewegung, und über sie sind zahlreiche und stattliche Bände von den Forschern geschrieben worden. Trotzdem finde ich so manche wissenswerte Eigenschaften derselben, die bisher nicht beobachtet, geschweige bewiesen sind. Einige näherliegende pflegt man zu erwähnen, z. B. dass die natürliche Bewegung fallender schwerer Körper sich stetig beschleunigt. Aber nach welchem Gesetz ihre Beschleunigung zu stande kommt, ist bis jetzt nicht bekannt gemacht worden. Denn niemand hat meines Wissens bewiesen, dass die von einem aus dem Ruhezustand fallenden Körper in gleichen Zeiten zurückgelegten Strecken sich verhalten, wie die aufeinanderfolgenden ungeraden Zahlen, von eins angefangen. Man hat beobachtet, dass Geschosse oder geworfene Körper irgend eine krumme Linie beschreiben; aber dass diese eine Parabel ist, hat niemand ausgesprochen. Dass sich dies so verhält, und vieles andere ebenso wissenswerte werde ich beweisen und, was ich für wichtiger halte, den Zugang zu einer sehr ausgedehnten und hervorragenden Wissenschaft erschliessen, deren Anfangsgründe unsere vorliegenden Arbeiten bilden werden. Scharfsinnigere Geister als ich werden in ihre entlegeneren Gegenden vordringen.

In drei Teile gliedern wir unsere Abhandlung. Im ersten betrachten wir alles, was die gleichmässige oder gleichförmige Bewegung betrifft; im zweiten handeln wir von der natürlich beschleunigten Bewegung, im dritten von der gewaltsamen Bewegung oder vom Wurfe

Über die natürlich beschleunigte Bewegung.

Die Eigentümlichkeiten der gleichförmigen Bewegung sind im
vorhergehenden Buch betrachtet worden; wir haben nun die beschleunigte Bewegung zu behandeln. Vor allem muss man eine
dem wirklichen Verhalten der Natur genau entsprechende Definition
suchen und erläutern. Denn obwohl man irgend eine Bewegungsart
willkürlich ersinnen und die daraus folgenden Vorgänge betrachten
kann (so haben nämlich die Erfinder der Schraubenlinien und Con-
choiden, die aus gewissen freilich in der Natur nicht vorkommenden
Bewegungen entstehen, deren Eigenschaften aus den Voraussetzungen
in vorzüglicher Weise bewiesen), so haben wir, da die Natur in ihren
Bewegungen, nämlich beim Falle schwerer Körper, eine gewisse Art
der Beschleunigung einhält, es doch vorgezogen, die Eigenschaften
dieser Bewegungen zu betrachten, da ja unsere folgende Definition
der beschleunigten Bewegung mit dem Wesen der natürlich beschleunigten Bewegung gerade übereinstimmt.

Zu dieser Überzeugung sind wir endlich nach langem Nachdenken
gekommen, besonders durch den Grund bestimmt, dass den später zu
beweisenden Eigenschaften dasjenige genau entspricht und sich mit
ihnen deckt, was die Experimente den Sinnen vorführen. Schliesslich
hat uns zur Erforschung der natürlich beschleunigten Bewegung die
Beobachtung der Gewohnheit und Einrichtung der Natur bei allen
ihren anderen Verrichtungen gleichsam selbst an der Hand geführt;
sie pflegt sich bei deren Ausübung der nächstliegenden, einfachsten
und leichtesten Hilfsmittel zu bedienen. Denn nach meiner Meinung
wird niemand glauben, das Schwimmen oder Fliegen könne auf einfachere oder leichtere Art bewirkt werden, als es die Fische und
Vögel aus natürlichem Instinkt bewerkstelligen. Wenn ich also be-
merke, dass ein Stein, der aus der Höhe von der Ruhelage aus fällt,
später neue Geschwindigkeitszuwüchse erfährt, warum soll ich nicht
glauben, dass solche Zuwüchse auf die einfachste und nächstliegende
Art geschehen? Wenn wir aufmerksam zusehen, werden wir keine
Vermehrung, keinen Zuwachs finden, der einfacher wäre, als ein solcher, der immer in gleicher Weise hinzukommt. Wir werden dies
leicht einsehen, wenn wir den innigen Zusammenhang zwischen Zeit
und Bewegung berücksichtigen; sowie nämlich die Gleichmässigkeit
und Einförmigkeit einer Bewegung durch die Gleichheit der Zeiträume
und der Strecken definiert und aufgefasst wird (denn eine Bewegung
nennen wir dann gleichförmig, wenn in gleichen Zeiten gleiche Strecken

zurückgelegt werden), so können wir durch eine ebensolche gleichmässige Einteilung der Zeit auch die Geschwindigkeitszuwüchse als
auf einfache Art zu stande gekommen auffassen; dabei erkennen wir
im Geiste jene Bewegung als eine gleichmässig und immer in derselben Weise stetig beschleunigte, weil ihr in irgendwelchen gleichen
Zeiten gleiche Geschwindigkeitszunahmen zuwachsen. Wenn also vom
ersten Augenblick ab, in dem der Körper die Ruhelage verlässt und
zu fallen beginnt, beliebig viele gleiche Zeitteilchen genommen werden,
so wird der Geschwindigkeitsgrad, der im ersten und zweiten Zeitteilchen zusammen erlangt wurde, doppelt so gross sein als derjenige,
den der Körper im ersten Zeitteilchen erlangte. Der Geschwindigkeitsgrad aber, den er in drei Zeitteilchen erreicht, wird dreimal, in vier
viermal so gross sein als der Grad nach dem ersten Zeitteilchen.
Wenn also (um uns noch besser verständlich zu machen) der Körper
seine Bewegung nach dem Grade oder der Wucht der im ersten Zeitteilchen erlangten Geschwindigkeit fortsetzen und dann gleichmässig
in diesem Grade beibehalten würde, so wäre diese Bewegung doppelt
so langsam als diejenige, die er nach dem in zwei Zeitteilchen er-
reichten Geschwindigkeitsgrad erlangt hätte; so scheint es mit der
Wahrheit keineswegs im Widerspruch zu sein, wenn wir annehmen,
dass sich die Intensität der Geschwindigkeit nach der Ausdehnung
der Zeit richte. Daher kann man folgende Definition der Bewegung,
die wir behandeln wollen, annehmen: Gleichmässig oder gleichförmig
beschleunigt nenne ich eine Bewegung, die von der Ruhelage aus in
gleichen Zeiten gleiche Geschwindigkeitszunahmen erfährt.

(Vierter Tag.)

Über die Wurfbewegung.

Die Eigenschaften der gleichförmigen Bewegung, ebenso der
natürlich beschleunigten längs irgendwie geneigter Ebenen haben wir
oben erörtert. In der nunmehr beginnenden Betrachtung werde
ich einige wichtige und wissenswerte Erscheinungen vorzuführen und
mit sichern Beweisen zu stützen versuchen — Erscheinungen, die an
einem Körper auftreten, wenn er sich in einer Bewegung befindet, die
aus zweien zusammengesetzt ist, nämlich aus einer gleichförmigen
und einer natürlich beschleunigten. So scheint die Bewegung beschaffen
zu sein, die wir Wurfbewegung nennen; ihre Erzeugung denke ich
mir so:

Ich nehme einen Körper an, der über eine horizontale Ebene ohne jedes Hindernis hingeschleudert wird; aus dem, was anderweitig ausführlich erörtert wurde, steht dann fest, dass jene Bewegung gleichförmig und immerwährend auf dieser Ebene vor sich gehen würde, wenn sich die Ebene unbegrenzt ausdehnte. Wenn wir sie aber begrenzt und hochgelegen denken, wird der als schwer vorausgesetzte Körper, ans Ende der Ebene gelangt, während er weiter fortschreitet, zur gleichförmigen und unzerstörbaren bisherigen Verschiebung jenes Streben nach abwärts hinzubekommen, das ihm vermöge seiner Schwere eigen ist; so wird eine gewisse Bewegung entstehen, die aus einer gleichförmigen horizontalen und aus einer nach abwärts gerichteten natürlich beschleunigten zusammengesetzt ist; ich nenne sie Wurfbewegung. Einige ihrer Eigenschaften werden wir nunmehr beweisen.

Aus:

Mathematische Principien der Naturlehre

von

Isaac Newton

(1642—1726.)

Vorrede des Verfassers an den Leser.

Da die Alten nach Angabe des Pappus die Mechanik bei der Erforschung der Natur sehr hoch geschätzt haben, und da die Neueren, nachdem sie die substantiellen Formen und die verborgenen Eigenschaften fallen gelassen haben, daran gegangen sind, die Naturerscheinungen auf mathematische Gesetze zurückzuführen, so ist es unsere Absicht, in diesem Werke die Mathematik auszubilden, soweit sie auf die Naturforschung Bezug hat. Es haben aber die Alten zweierlei Mechanik aufgestellt: eine theoretische, die durch Beweise strenge fortschreitet, und eine praktische. Zur praktischen gehören alle Handwerkskünste, von denen auch der Name „Mechanik" entlehnt ist. Da aber die Handwerker wenig genau zu arbeiten pflegen, kommt es, dass man die Mechanik von der Geometrie so unterscheidet, dass man alles Genaue zur Geometrie, alles minder Genaue zur Mechanik rechnet. Gleichwohl liegen die Fehler nicht auf Seiten der Kunst, sondern auf Seite der Künstler. Wer weniger genau arbeitet, ist ein unvollkommener Mechaniker, und wer am genauesten arbeiten könnte, wäre der Vollkommenste aller Mechaniker. Die Konstruktion von geraden Linien und von Kreisen, worauf die Geometrie beruht, gehört nämlich zur Mechanik. Die Geometrie lehrt nicht, wie diese Linien zu konstruieren sind, sondern sie setzt es voraus. Sie fordert nämlich, dass der Anfänger es gelernt hätte, diese genau zu zeichnen, bevor er die Schwelle der Geometrie betritt; dann erst lehrt sie, wie man durch diese Operationen Aufgaben lösen könne. Die Konstruktion von geraden Linien und von Kreisen sind Aufgaben, aber keine geometrischen. Aus der Mechanik wird deren Lösung vorausgesetzt, in der Geometrie ihre Anwendung gezeigt. Und man preist die Geometrie, weil sie aus so wenigen anderweitig entlehnten Prinzipien so vieles leiste. Es beruht also die Geometrie

auf der angewandten Mechanik, und sie ist nichts anderes als jener
Teil der allgemeinen Mechanik, der die Kunst des genauen Messens
auseinandersetzt und begründet. Da aber die Handwerkskünste hauptsächlich mit dem Bewegen von Körpern sich beschäftigen, so geschieht
es, dass man gewöhnlich die Geometrie auf die Grösse, die Mechanik
aber auf die Bewegung bezieht. In diesem Sinne wird die theoretische
Mechanik die Wissenschaft von den Bewegungen sein, welche aus
irgendwelchen Kräften sich ergeben, sowie von den Kräften, welche
zu irgendwelchen Bewegungen erforderlich sind — und zwar in genauer Darstellung und Beweisführung. Dieser Teil der Mechanik
wurde von den Alten in den „fünf Potenzen", welche sich auf die
Handwerkskünste beziehen, ausgeführt, indem sie die Schwere (da sie
ja keine zu handhabende Potenz ist) kaum anders als bei den durch jene
Potenzen zu hebenden Lasten berücksichtigten. Wir aber, die wir
nicht um die Praxis, sondern um die Forschung uns kümmern, und
nicht über die Gebrauchskräfte, sondern über die Naturkräfte schreiben,
wollen hauptsächlich das behandeln, was sich auf die Schwere, die
Leichtigkeit, die elastische Kraft, den Widerstand von Flüssigkeiten
und dergleichen Anziehungs- oder Stosskräfte bezieht. Deshalb nun
legen wir diese unsere mathematischen Prinzipien der Naturlehre
vor. Denn die ganze Schwierigkeit der Naturlehre scheint darin zu
bestehen, dass wir aus den Bewegungserscheinungen die Naturkräfte
finden, aus diesen Kräften dann die übrigen Erscheinungen erklären
sollen. Und hierauf beziehen sich die allgemeinen Sätze, die im
ersten und zweiten Buche behandelt sind. Im dritten Buche aber
haben wir an der Erklärung des Weltsystems ein Beispiel hierfür
gegeben. Hier werden nämlich aus den Himmelserscheinungen mittels
der in den ersten Büchern mathematisch bewiesenen Sätze die Kräfte
der Schwere abgeleitet, mit denen die Körper zur Sonne oder zu den
einzelnen Planeten streben; dann werden aus deren Kräften, ebenfalls mittels mathematischer Sätze, die Bewegungen der Planeten,
der Kometen, des Mondes und des Meeres abgeleitet. Möchte es
doch gelingen, die übrigen Naturerscheinungen aus den Prinzipien
der Mechanik nach derselben Methode der Beweisführung abzuleiten!
Denn vieles drängt mich so ziemlich zur Vermutung, sie alle könnten
von irgendwelchen Kräften abhängen, mit denen die Teilchen der
Körper durch noch unbekannte Ursachen entweder gegeneinander getrieben werden und in regelmässiger Anordnung aneinander haften,
oder voneinander abgestossen werden und sich entfernen; da diese
Kräfte unbekannt sind, haben die Forscher bisher vergeblich die

Natur befragt. Ich hoffe aber, dass, sei es für diese Methode der Forschung, sei es für eine andere, der Wahrheit näher kommende, die hier aufgestellten Prinzipien einiges Licht gewähren werden.

Bei der Herausgabe dieses Werkes hat EDMUND HALLEY ein höchst scharfsinniger und in allen Zweigen des Wissens hochgebildeter Mann, eifrigen Anteil genommen, und er hat nicht bloss die Druckbogen korrigiert und die Herstellung der Figuren besorgt, sondern er hat es auch veranlasst, dass ich an diese Veröffentlichung überhaupt gegangen bin. Als er nämlich von mir eine Erklärung der Bahnen der Himmelskörper erhalten hatte, liess er nicht ab von der Bitte, dass ich dieselbe der „Königlichen Gesellschaft" mitteile, welche dann durch ihre Aufmunterung und ihre gütige Leitung es dahin brachte, dass ich an ihre Herausgabe zu denken begann. Nachdem ich eben die Ungleichheiten der Mondbewegung in Angriff genommen und dann noch andere Dinge zu behandeln begonnen hatte, die sich auf die Gesetze und das Maass der Schwere und anderer Kräfte, auf die Bahnen, die, nach irgendwelchen Gesetzen angezogene Körper beschreiben müssen, auf die Bewegungen mehrerer Körper gegeneinander, auf die Bewegungen der Körper in widerstehenden Mitteln, auf die Kräfte, Dichten und Bewegungen dieser Mittel, auf die Bahnen der Kometen und dergleichen beziehen, glaubte ich die Herausgabe auf spätere Zeit verschieben zu sollen, um das übrige zu feilen und auf einmal zu veröffentlichen. Das, was die Mondbewegung betrifft (unvollkommen, wie es ist), habe ich in den Zusätzen zum 66. Satz in eins zusammengefasst, um nicht dazu angehalten zu sein, Einzelheiten in ausführlicherer Weise, als es der Sache angemessen ist, auseinanderzusetzen und mit Figuren zu erläutern, sowie die Reihenfolge der übrigen Sätze zu unterbrechen. Lieber wollte ich einiges von dem später Gefundenen an weniger passenden Stellen einfügen, als die Zahl der Sätze und der Citate ändern. Dass das Ganze wohlwollend gelesen würde und die Lücken bei einem so schwierigen Gegenstande nicht so sehr getadelt, als durch erneute Bemühungen der Leser aufgespürt und gütigst ausgefüllt würden, dahin geht meine angelegentliche Bitte.

Gegeben zu Cambridge
im Collegium S. Trinitatis
am 8. Mai 1686.   IS. NEWTON.

Vorrede des Herausgebers (R. Cotes) zur zweiten Ausgabe.

Die so lange ersehnte neue Ausgabe der Newton'schen Naturlehre übergeben wir dir, geneigter Leser, nun vielfach verbessert und vermehrt. Was hauptsächlich in diesem berühmten Werke enthalten ist, magst du aus dem nachfolgenden Inhaltsverzeichnis ersehen, was entweder neu hinzugekommen oder verändert ist, darüber wird die Vorrede des Verfassers selbst einigermaassen Aufschluss geben. Es erübrigt noch, einige Worte über die Methode dieser Naturlehre hinzuzufügen.

Diejenigen, welche eine Darstellung der Physik unternommen haben, kann man etwa in drei Gruppen teilen. Es hat nämlich solche gegeben, die den einzelnen Arten von Dingen spezifische und verborgene Eigenschaften zuschrieben, von denen dann das Verhalten der einzelnen Körper in irgend einer unbekannten Weise abhängig sein sollte. Das ist der Kern der scholastischen Lehre, die von Aristoteles und den Peripatetikern sich herleitet: sie behaupten, dass die einzelnen Wirkungen aus dem Wesen der einzelnen Körper entstehen; woher aber jenes Wesen stamme, lehren sie nicht und daher lehren sie überhaupt nichts. Da sie ganz bei den Namen der Dinge, nicht bei den Dingen selbst sind, so kann man über sie das Urteil fällen, dass sie eine wissenschaftliche Ausdrucksweise erfunden, nicht aber eine wissenschaftliche Erkenntnis überliefert haben.

Andere hofften daher, das Lob grösserer Umsicht zu erringen, wenn sie das unnütze Wortgemengsel von sich geworfen hätten. Sie stellten also die Behauptung auf, dass die ganze Materie gleichartig sei, jede Verschiedenheit der Gestaltung aber, die an den Körpern wahrgenommen wird, auf den sehr einfachen und leichtverständlichen

Zuständen der sie zusammensetzenden Teilchen beruhe. Und wirklich wird ein gewisses Fortschreiten von Einfacherem zu mehr Zusammengesetztem dargestellt, wenn sie den ursprünglichen Zuständen jener Teilchen keine andere Beschaffenheit zuschreiben, als die Natur selbst sie darbietet. Sobald sie sich aber die Freiheit nehmen, irgend eine unbekannte Grösse oder Gestalt der Teilchen vorauszusetzeu oder eine unbestimmte Lage und Bewegung derselben, ja sogar gewisse verborgene Flüssigkeiten ersinnen, die mit allüberwindender Feinheit begabt, die Poren der Körper frei durchdringen und durch verborgene Bewegungen angetrieben werden, verfallen sie auch schon in Träumereien, indem sie die wirkliche Einrichtung der Dinge vernachlässigen; denn ganz umsonst wird man diese von trügerischen Vermutungen ausgehend zu erreichen streben, wo sie sich doch kaum durch ganz sichere Beobachtungen ergründen lässt. Von jenen, welche die Grundlage ihrer Betrachtungen von Hypothesen ableiten, auch wenn sie dann ganz strenge nach den mechanischen Gesetzen weiterschreiten, wird man sagen müssen, dass sie eine vielleicht elegante und reizende Fabel, aber doch nur eine Fabel zustande gebracht haben.

Es bleibt noch eine dritte Gruppe übrig, welche sich zur experimentellen Forschung bekennt; diese wollen zwar aus so einfachen Prinzipien, als nur möglich, die Ursachen der Dinge ableiten; als Prinzip nehmen sie aber nichts an, was nicht aus den Erscheinungen schon bewiesen wäre. Hypothesen ersinnen sie nicht und nehmen keine in die Physik mit hinein, es sei denn als Fragen, über die man streiten kann. Sie gehen daher nach zweifacher Methode vor, nach der analytischen und nach der synthetischen. Die einfachen Naturkräfte und Kraftgesetze leiten sie analytisch von irgendwelchen ausgewählten Erscheinungen ab, auf Grund deren sie dann die Beschaffenheit der übrigen synthetisch darstellen. Dieses ist die bei weitem beste Forschungsmethode, welche ihrem Werte entsprechend vor allen andern anzuwenden unser hochberühmter Verfasser für gut fand; diese allein hielt er für durchaus würdig, ihre sorgfältige Ausarbeitung und Verfeinerung sich zur Aufgabe zu machen. Von dieser gab er das trefflichste Beispiel, indem er die Erklärung des Weltsystems in glücklichster Weise aus der Theorie der Schwere ableitete. Dass die Schwerkraft allen Körpern innewohne, haben andere vermutet oder angenommen; aber er war der Erste und Einzige, der es aus den Erscheinungen nachweisen und durch ausgezeichnete Überlegungen zu einer ganz sicheren Grundlage machen konnte.

Ich weiss freilich, dass einige Männer von bedeutendem Namen, mehr als billig in Vorurteilen befangen, diesem neuen Prinzipe nicht recht beizustimmen imstande waren und oftmals Unsicheres dem Sicheren vorzogen. Das Ansehen dieser Männer zu verunglimpfen, ist nicht meine Absicht; vielmehr will ich dir, geneigter Leser, in wenigen Worten das auseinandersetzen, woraus du selbst ein gerechtes Urteil schöpfen kannst.

Damit nun der Beweis vom Einfachsten und Nächstliegenden ausgehe, wollen wir ein wenig untersuchen, welches die Natur der Schwere auf der Erde sei, damit wir später um so sicherer vorwärts schreiten können, wenn wir zu den von uns am weitesten entfernten Himmelskörpern gelangt sind. Alle Forscher sind schon darüber einig, dass alle Körper in der Nähe der Erde gegen diese schwer sind; dass es keine wirklich leichten Körper gebe, hat schon längst die Erfahrung vielfach bestätigt. Was man relative Leichtigkeit nennt, ist keine wirkliche, sondern nur eine scheinbare Leichtigkeit; sie entsteht aus der überwiegenden Schwere der umgebenden Körper.

Wie ferner alle Körper gegen die Erde schwer sind, so ist auch umgekehrt in gleicher Weise die Erde gegen die Körper schwer; denn dass die Wirkung der Schwere eine gegenseitige und beiderseits gleiche sei, wird folgendermaassen gezeigt: Man teile die Gesamtmasse der Erde in zwei beliebige Teile, sei es gleiche, sei es irgendwie ungleiche; wenn die Gewichte der Teile nicht von vornherein einander gleich wären, so würde das kleinere dem grösseren weichen, und die mit einander verbundenen Teile in jener Richtung geradlinig sich ins Unendliche bewegen, nach der das grössere Gewicht hindrängt — ganz gegen die Erfahrung. Man muss also sagen, dass die Gewichte der Teile im Gleichgewichte stehen, das heisst, dass die Wirkung der Schwere eine gegenseitige und beiderseits gleichgrosse sei.

Die Gewichte von Körpern, die gleichweit vom Erdmittelpunkt entfernt sind, verhalten sich wie die Mengen der Materie in den Körpern. Dies ergiebt sich vollständig aus der gleichen Beschleunigung aller Körper, die von der Ruhe aus durch die Kräfte ihrer Gewichte fallen. Denn die Kräfte, durch welche ungleiche Körper die gleiche Beschleunigung erhalten, müssen den Mengen der zu bewegenden Materie proportional sein. Dass aber alle fallenden Körper wirklich die gleiche Beschleunigung erhalten, geht daraus hervor, dass sie im Boyle'schen Vacuum in gleichen Zeiten gleiche Strecken durchlaufen, indem hier nämlich der Luftwiderstand beseitigt ist. Genauer aber wird es durch Pendelversuche bewiesen.

Die Anziehungskräfte der Körper in gleicher Entfernung verhalten sich wie die in ihnen enthaltenen Mengen von Materie. Denn da die Körper gegen die Erde und die Erde umgekehrt gegen die Körper in gleichem Betrage schwer sind, so wird das Gewicht der Erde gegen irgend einen Körper, oder die Kraft, mit der der Körper die Erde anzieht, gleich sein dem Gewichte eben dieses Körpers gegen die Erde. Dieses Gewicht aber war proportional der Menge der Materie im Körper; also ist die Kraft, mit der irgend ein Körper die Erde anzieht, oder die absolute Kraft dieses Körpers der ihm eben zukommenden Menge von Materie proportional.

Die Anziehungskraft der ganzen Körper entsteht aber und wird zusammengesetzt aus den Anziehungskräften der Teile; da es ja bewiesen wurde, dass bei Vermehrung oder Verminderung der Gesamtmasse deren Kraft im selben Verhältnis vermehrt oder vermindert werde. Man muss daher die Wirkung der Erde als aus den vereinigten Wirkungen ihrer Teile zusammengesetzt auffassen; es müssen daher auch alle irdischen Körper sich gegenseitig mit absoluten Kräften anziehen, die der Masse des anziehenden proportional sind. Dieses ist die Natur der Schwere auf der Erde; untersuchen wir nun, wie sie im Weltraume beschaffen ist.

Dass jeder Körper in seinem Zustande, sei es der Ruhe, sei es der geradlinigen gleichförmigen Bewegung, verharre, sofern er nicht von angreifenden Kräften gezwungen wird, diesen Zustand zu verändern, ist ein von allen Forschern angenommenes Naturgesetz. Daraus folgt aber, dass alle Körper, welche sich in krummen Linien bewegen, also sich von den Tangenten an ihre Bahnen fortwährend entfernen, durch irgend eine beständig wirkende Kraft in ihrer krummlinigen Bahn gehalten werden. An den in kreisförmigen Curven umlaufenden Planeten muss daher notwendiger Weise eine Kraft angebracht sein, durch deren immer wiederholte Wirkung sie von der Tangente unausgesetzt abgelenkt werden.

Das nun muss man billigerweise zugeben, was durch mathematische Schlüsse gewonnen und ganz sicher bewiesen wird: dass nämlich alle Körper, die sich in irgend einer ebenen Kurve bewegen und mit ihrem zu einem entweder ruhenden oder irgendwie bewegten Punkte gezogenen Leitstrahl um jenen Punkt herum der Zeit proportionale Flächenräume beschreiben, von Kräften getrieben werden, die nach eben diesem Punkte gerichtet sind. Da es aber unter den

Astronomen zugestanden wird, dass die Hauptplaneten um die Sonne,
die Nebenplaneten um ihre Hauptplaneten der Zeit proportionale
Flächen beschreiben, so folgt daraus, dass die Kraft, durch welche
sie beständig von der Tangente abgelenkt und in krummlinigen
Bahnen umzulaufen gezwungen werden, gegen jene Körper gerichtet
ist, welche im Mittelpunkt der Bahnen sich befinden. Man kann
daher diese Kraft passend eine centripetale nennen im Hinblick auf
die umlaufenden Körper, eine Anziehungskraft aber im Hinblick auf
den Centralkörper, aus welcher Ursache auch immer man sie sich
schliesslich entstanden denkt.

Aber auch Folgendes muss man zugeben, und es wird mathematisch bewiesen: Wenn mehrere Körper in gleichförmiger Bewegung
in concentrischen Kreisen umlaufen, und die Quadrate der Umlaufszeiten sich wie die Kuben der Entfernungen vom gemeinsamen Mittelpunkt verhalten, so werden sich die Centripetalkräfte der umlaufenden
Körper umgekehrt wie die Quadrate ihrer Entfernungen verhalten.
Oder wenn die Körper in Bahnen, die Kreisen sehr nahe kommen,
sich bewegen und die Apsiden der Bahnen ruhen, so werden sich
die Centripetalkräfte der umlaufenden Körper umgekehrt wie die
Quadrate der Entfernungen verhalten. Dass der eine oder der
andere Fall bei jedem Planeten statthat, darin stimmen die Astronomen
überein. Daher verhalten sich die Centripetalkräfte aller Planeten
umgekehrt wie die Quadrate ihrer Abstände von den Mittelpunkten
ihrer Bahnen. Wenn jemand einwenden wollte, dass die Apsiden
der Planeten, besonders des Mondes, nicht vollkommen ruhen, sondern
sich fortdauernd in langsamer Bewegung befinden, so kann man
antworten, dass — selbst zugegeben, jene sehr langsame Bewegung
rühre davon her, dass die Centripetalkraft vom Verhältnisse der
2. Potenz etwas abweiche — man diese Abweichung durch mathematische Berechnung finden könne, und dass sie fast unmerklich sei;
denn selbst die Centripetalkraft des Mondes, welche von allen am
meisten gestört sein muss, übersteigt nur wenig den Betrag der
2. Potenz; dieser aber kommt sie 60 mal näher als der 3. Potenz.
Noch treffender wird die Antwort sein, wenn wir behaupten, jenes
Fortschreiten der Apsiden rühre nicht von einer Abweichung vom Verhältnis der 2. Potenzen, sondern von einer ganz anderen Ursache
her, wie es in diesem Werke trefflich dargethan wird. Es bleibt
also aufrecht, dass die Centripetalkräfte, mit denen die Hauptplaneten
nach der Sonne und die Trabanten nach ihren Hauptplaneten streben,
den Quadraten ihrer Entfernungen genau umgekehrt proportional sind.

Nach dem bisher Gesagten steht fest, dass die Planeten in ihren Bahnen durch eine beständig auf sie wirkende Kraft gehalten werden, dass diese Kraft immer gegen die Centralpunkte der Bahnen gerichtet ist, dass ihre Wirksamkeit zunimmt bei Annäherung, abnimmt bei Entfernung vom Mittelpunkt, und zwar im selben Verhältnis zunimmt, in dem das Quadrat des Abstandes vermindert, im selben Verhältnis abnimmt, in dem das Quadrat des Abstandes vergrössert wird. Sehen wir also, indem wir die gegenseitigen Kräfte der Planeten und die Schwerkraft vergleichen, ob sie nicht von derselben Art sind. Von derselben Art werden sie nämlich sein, wenn auf beiden Seiten die gleichen Gesetze und die gleichen Eigenschaften vorhanden sein werden. Wir wollen daher zunächst die Centripetalkraft des Mondes, der uns am nächsten steht, untersuchen.

Die geradlinigen Strecken, welche Körper vom Zustande der Ruhe aus in einer vom Anfang der Bewegung gerechneten Zeit zurücklegen, wenn sie von beliebigen Kräften getrieben werden, sind diesen Kräften proportional; dies folgt aus mathematischen Schlüssen. Es wird sich also die Centripetalkraft des in seiner Bahn umlaufenden Mondes zur Schwerkraft an der Erdoberfläche verhalten, wie der Weg, den der Mond in Folge der Centripetalkraft gegen die Erde zu in einer sehr kleinen Zeit zurücklegen würde, unter der Annahme, dass er seiner Kreisbewegung gänzlich beraubt sei, zu dem Wege, den in derselben sehr kleinen Zeit in der Nähe der Erde ein durch seine Schwere fallender Körper zurücklegte. Der erste dieser Wege ist gleich dem sinus versus des in derselben Zeit vom Monde beschriebenen Bogens, da ja dieser das Maass ist für die durch die Centripetalkraft bewirkte Abweichung des Mondes von der Tangente; er kann nun ausgerechnet werden aus der gegebenen Umlaufszeit des Mondes und dessen Entfernung vom Mittelpunkt der Erde. Der zweite Weg wird aus Pendelversuchen gefunden, wie Huyghens gezeigt hat. Führt man nun die Rechnung durch, so wird sich der erste Weg zum zweiten, oder die Centripetalkraft des Mondes in seiner Bahn zur Schwerkraft an der Erdoberfläche verhalten, wie das Quadrat des Erdhalbmessers zum Quadrat des Halbmessers der Mondbahn. Dasselbe Verhältnis hat aber nach dem Gesagten die Centripetalkraft des Mondes in seiner Bahn zur Centripetalkraft, die er in der Nähe der Erdoberfläche hätte. Die Centripetalkraft in der Nähe der Erdoberfläche ist also der Schwerkraft gleich; daher sind sie nicht zwei verschiedene Kräfte, sondern einunddieselbe. Denn wären sie verschieden, so müssten die Körper durch das Zusammenwirken der Kräfte doppelt so schnell fallen, wie durch die Schwere allein. Es steht also fest, dass die Centripetalkraft, durch welche der Mond von der Tangente abgezogen oder gedrängt und in seiner Bahn erhalten wird, die bis zum Monde reichende Erdschwere selbst ist. Es ist auch einleuchtend, dass diese Kraft in ungeheure Entfernungen sich erstrecke, da man selbst auf den höchsten Bergspitzen keine merkliche Abnahme derselben wahrnehmen konnte. Es ist also der Mond gegen die Erde schwer, und in wechselseitiger Wirkung auch umgekehrt die Erde im gleichen Betrage gegen den Mond schwer, was ausführlich in diesem Werke dargethan wird, wo von der Meeresfluth und dem Vorrücken der Tag- und Nachtgleichen die Rede ist, einer Wirkung, die sowohl von der Sonne als vom Monde auf die Erde ausgeübt wird. Endlich wird uns darin auch gezeigt, nach welchem Gesetze eigentlich die Schwerkraft in grösseren Entfernungen von der Erde abnehme. Denn da die Schwere nicht verschieden ist von der Centripetalkraft des Mondes, diese aber dem Quadrate der Entfernung umgekehrt proportional ist, wird auch die Schwere im selben Verhältnis abnehmen.

Gehen wir nun zu den andern Planeten über. Da die Umläufe der Hauptplaneten um die Sonne und die der Trabanten um den Jupiter und Saturn Erscheinungen derselben Art sind wie der Umlauf des Mondes um die Erde, da ferner bewiesen worden ist, dass die Centripetalkräfte der Hauptplaneten gegen den Mittelpunkt der Sonne, die der Trabanten gegen die Mittelpunkte des Jupiter und des Saturn gerichtet sind, gerade so wie die Centripetalkraft des Mondes gegen den Mittelpunkt der Erde gerichtet ist, endlich, da alle diese Kräfte sich verkehrt wie die Quadrate der Abstände von den Mittelpunkten verhalten, gerade so wie die Kraft des Mondes und das Quadrat des Abstandes von der Erde: so muss man den Schluss ziehen, dass sie alle von derselben Natur sind. Wie daher der Mond gegen die Erde schwer ist, und umgekehrt die Erde gegen den Mond, so werden auch alle Nebenplaneten gegen ihre Hauptplaneten schwer sein und umgekehrt diese gegen ihre Trabanten; so auch alle Hauptplaneten gegen die Sonne und umgekehrt die Sonne gegen die Hauptplaneten.

Also ist die Sonne gegen alle Planeten schwer und alle diese gegen die Sonne. Denn indem die Trabanten ihre Hauptplaneten begleiten, umkreisen sie mit diesen zugleich die Sonne. Aus demselben Grunde werden daher beide Arten von Planeten gegen die Sonne schwer sein und die Sonne gegen sie. Dass aber die Trabanten gegen

die Sonne schwer sind, erhellt überdies aus den Ungleichheiten des
Mondes, deren sehr genaue, mit bewunderungswürdigem Scharfsinn
dargelegte Theorie im 3. Buche dieses Werkes auseinandergesetzt
wird.

Dass die Anziehungskraft der Sonne sich nach allen Richtungen
bis in ungeheure Entfernungen fortpflanzt und über die umgebenden
Teile des Raumes verbreitet, kann man offenbar aus der Bewegung
der Kometen erkennen; aus ungeheurer Entfernung kommend, werden
sie in die Nähe der Sonne getrieben und bisweilen rücken sie derselben ganz nahe, so dass sie den Sonnenball nur eben nicht zu berühren scheinen, wenn sie in ihrem Perihel sich wenden. Dass die
früher von den Astronomen vergeblich gesuchte Theorie derselben in
unserem Zeitalter gefunden und durch die Beobachtungen glänzend
bestätigt wurde, verdanken wir unserm ausgezeichneten Autor. Es
ist nun offenbar, dass sich die Kometen in Kegelschnitten bewegen,
deren Brennpunkte im Mittelpunkte der Sonne liegen, und dass die
nach der Sonne gezogenen Leitstrahlen der Zeit proportionale Flächen
beschreiben. Aus diesen Erscheinungen aber geht hervor und lässt
sich mathematisch beweisen, dass die Kräfte, durch die die Kometen
in ihren Bahnen gehalten werden, gegen die Sonne gerichtet und
dem Quadrat ihrer Entfernungen von deren Mittelpunkte umgekehrt
proportional sind. Es sind also die Kometen gegen die Sonne
schwer; und die Anziehungskraft der Sonne erstreckt sich nicht blos
auf die Planeten, die in gegebenen Entfernungen und nahezu in derselben Ebene gelegen sind, sondern auch auf die Kometen, die
in den verschiedensten Gebieten des Weltraums und in den verschiedensten Entfernungen sich befinden. Das also ist das Wesen
aller schweren Körper, dass sie ihre Kräfte bis in jede Entfernung
hin und auf alle schweren Körper ausüben. Daraus folgt aber, dass
die Planeten und Kometen sich alle gegenseitig anziehen und gegen
einander schwer sind; dies wird bestätigt durch die Störungen des
Jupiter und des Saturn, die den Astronomen wohl bekannt sind und
von der Wechselwirkung dieser beiden Planeten herrührt; ferner
durch die früher erwähnte sehr langsame Bewegung der Apsiden,
die aus einer ganz ähnlichen Ursache hervorgeht.

So gelangen wir schliesslich zur Behauptung, dass die Erde, die
Sonne und alle Himmelskörper, welche die Sonne begleiten, sich
gegenseitig anziehen. Daher werden auch die kleinsten Teile der
einzelnen Körper ihre Anziehungskräfte haben, im Verhältnis zur
Menge der Materie wirksam, gerade so, wie es früher von den

irdischen Körpern gezeigt wurde; in verschiedenen Entfernungen
aber werden die Kräfte derselben auch im Verhältnis der reciproken
zweiten Potenzen stehen; denn dass Teilchen, die sich nach diesem
Gesetze anziehen, nach dem gleichen Gesetze sich anziehende Kugeln
bilden müssen, wird mathematisch bewiesen.

Die vorstehenden Schlüsse stützten sich auf folgendes Axiom, das
von keinem Forscher geleugnet wird: dass Wirkungen derselben Art,
nämlich solche, deren Eigenschaften, soweit sie bekannt sind, dieselben sind, auch dieselben Ursachen haben, und dass ihre Eigenschaften, soweit sie noch nicht bekannt sind, ebenfalls dieselben sind.
Wer wollte nämlich daran zweifeln, dass, wenn die Schwere die Ursache des Falles eines Steines in Europa ist, sie auch die Ursache
des Falles in Amerika sei? Wenn die Schwere zwischen Stein und
Erde in Europa eine gegenseitige ist, wer wird leugnen, dass sie auch
in Amerika eine gegenseitige sei? Wenn die Kraft zwischen dem
Stein und der Erde in Europa aus den Anziehungskräften der Teile
zusammengesetzt ist, wer wird leugnen, dass auch in Amerika eine
ähnliche Zusammensetzung stattfinde? Wenn die Anziehungskraft
der Erde sich in Europa auf alle Arten von Körpern und in alle
Entfernungen hin ausbreitet, warum sollten wir nicht behaupten, dass
sie in gleicher Weise sich in Amerika ausbreite? Auf diese Regel
gründet sich alle Forschung, da wir ja, wenn man sie umstösst, über
das Weltganze nichts aussagen können. Die Beschaffenheit einzelner
Dinge wird durch Beobachtungen und Versuche bekannt; daraus
aber können wir nur nach dieser Regel auf die Natur des Weltalls
Schlüsse ziehen.

Da nun alle Körper, welche auf der Erde oder im Weltraume
angetroffen werden, soweit sie Versuchen oder Beobachtungen zugänglich sind, schwer sind, wird man sagen, dass die Schwere überhaupt allen Körpern zukomme. Gerade so, wie man keine Körper
annehmen darf, die nicht ausgedehnt, beweglich und undurchdringlich
sind, so darf man auch keine annehmen, die nicht schwer sind. Die
Ausdehnung, Beweglichkeit und Undurchdringlichkeit der Körper
werden nur durch Versuche bekannt, auf eben dieselbe Art wird
auch die Schwere bekannt. Alle Körper, die wir beobachten, sind
ausgedehnt, beweglich und undurchdringlich; daraus schliessen wir,
dass alle Körper, auch die, über welche wir keine Beobachtungen gemacht haben, ausgedehnt, beweglich und undurchdringlich sind. Ebenso
sind alle Körper schwer, über die wir Beobachtungen gemacht
haben; und daraus schliessen wir, dass alle Körper, auch die, über

welche wir keine Beobachtungen gemacht haben, schwer seien. Wenn jemand behaupten wollte, dass die Körper der Fixsterne nicht schwer seien, da ja deren Schwere noch nicht beobachtet worden sei, so könnte man aus demselben Grunde behaupten, dass sie weder ausgedehnt, noch beweglich, noch undurchdringlich seien, da diese Eigenschaften an den Fixsternen noch nicht beobachtet worden seien. Wozu die Worte? Unter den Ureigenschaften aller Körper wird entweder die Schwere ihren Platz finden oder auch die Ausdehnung, Beweglichkeit und Undurchdringlichkeit finden ihn nicht; und das Wesen der Dinge wird entweder durch die Schwere der Körper richtig erklärt oder durch die Ausdehnung, Beweglichkeit und Undurchdringlichkeit der Körper nicht richtig erklärt.

Ich höre, dass einige diese Schlussweise nicht billigen und, ich weiss nicht was, von verborgenen Eigenschaften murmeln; sie pflegen nämlich immerfort zu schwatzen, dass die Schwere etwas Verborgenes sei, verborgene Ursachen aber aus der Naturforschung ganz zu verbannen sind. Diesen wird man leicht die Antwort geben können: verborgene Ursachen seien nicht jene, deren Existenz durch Beobachtungen auf's klarste erwiesen wird, sondern nur diejenigen, deren Existenz verborgen und erdichtet, aber noch nicht nachgewiesen ist. Die Schwere wird aber keine verborgene Ursache der Bewegungen im Weltraum sein, da doch aus den Erscheinungen gezeigt worden ist, dass sie wirklich existiert. Jene vielmehr nehmen ihre Zuflucht zu verborgenen Ursachen, die, ich weiss nicht was für Wirbel irgend eines durchaus erdichteten und den Sinnen gänzlich unbekannten Stoffes jene Bewegungen bestimmen lassen.

Sollte aber die Schwere deshalb eine verborgene Ursache genannt und unter diesem Titel aus der Wissenschaft verbannt werden, weil die Ursache der Schwere selbst verborgen und noch nicht aufgedeckt ist? Wer solche Behauptungen aufstellt, sehe zu, dass er nichts Unsinniges behaupte, wodurch endlich die Grundlage aller Forschung untergraben würde. Allerdings pflegen die Ursachen in fortlaufender Verknüpfung von zusammengesetzten auf einfache sich zurückführen zu lassen; sobald man aber zu den einfachsten gelangt ist, kann man nicht mehr weitergehen. Daher kann von den einfachsten Ursachen keine mechanische Erklärung gegeben werden; denn wäre dies der Fall, so wäre sie noch keine einfachste. Alle diese einfachsten Ursachen soll man aber verborgene nennen und verbannen? Damit wird man aber zugleich die von jenen zunächst abhängigen und die entfernter abhängigen ausscheiden, bis endlich die Wissenschaft aller Ursachen entledigt und gründlich gereinigt ist.

Manche halten die Schwere für etwas Übernatürliches und nennen sie ein beständiges Wunder; und so wollen sie dieselbe verwerfen, da in der Physik übernatürliche Ursachen nicht am Platze seien. Bei der Widerlegung dieses ganz unsinnigen Einwandes, der selbst alle Forschung umstösst, länger zu verweilen, ist kaum der Mühe wert. Denn entweder werden sie leugnen, dass die Schwere allen Körpern innewohnt, was aber nicht statthaft ist, oder sie werden sie daraufhin für übernatürlich erklären, dass sie nicht in andern Eigenschaften der Körper, also nicht in mechanischen Ursachen ihren Grund hat. Sicher giebt es ursprüngliche Eigenschaften der Körper, die als ursprüngliche nicht von andern ableitbar sind. Man sehe zu, ob nicht auch alle diese in gleicher Weise übernatürlich und daher in gleicher Weise zu verwerfen seien; man sehe aber auch zu, wie dann die Naturwissenschaft aussehen wird.

Einigen gefällt diese ganze Physik des Himmels deshalb weniger, weil sie mit den Lehrsätzen des Descartes in Widerspruch zu stehen und kaum vereinbar zu sein scheint. Diese mögen sich ihrer eigenen Auffassung bedienen; sie müssen aber billig vorgehen und den Andern nicht die Freiheit verweigern, die sie für sich selbst zugestanden haben wollen. Es wird uns also gestattet sein, die Newton'sche Naturlehre, die uns als die richtigere erscheint, beizubehalten und anzuerkennen und lieber durch die Erscheinungen bestätigten Ursachen nachzugehen, als erdichteten und unbewiesenen. Sache der wahren Naturforschung ist es, das Wesen der Dinge aus den wirklich existierenden Ursachen abzuleiten, also jene Gesetze zu suchen, nach denen der hohe Weltschöpfer die schöne Ordnung der Welt herstellen wollte, nicht jene, nach denen er es hätte thun können, wenn es ihm so gut geschienen hätte. Es steht nämlich mit der Vernunft im Einklang, dass aus mehreren von einander etwas verschiedenen Ursachen dieselbe Wirkung entstehen könne; jene aber wird die wahre Ursache sein, aus der sie wirklich und thatsächlich hervorgeht; die übrigen haben keinen Platz in einer wahren Naturlehre. In von selbst gehenden Uhrwerken kann dieselbe Bewegung des Zeigers entweder von einem angehängten Gewichte oder von einer inwendig angebrachten Feder hervorgebracht werden. Wenn aber ein vorgelegtes Uhrwerk wirklich mit einem Gewichte ausgerüstet ist, so wird man den verlachen, der sich eine Feder gedacht hat und so aus einer voreilig ersonnenen Hypothese die Bewegung des Zeigers erklären wollte. Er hätte nämlich die innere Einrichtung des Werkes genauer untersuchen müssen, um das wahre Prinzip der vorgelegten Bewegung erforschen zu können. Ein gleiches oder ähnliches Urteil wird man über jene Forscher fällen, die angenommen haben, dass der Weltraum mit einem sehr feinen Stoffe erfüllt sei, dieser aber unaufhörlich in Wirbeln herumgetrieben werde. Denn wenn sie selbst den Erscheinungen auf Grund ihrer Hypothesen aufs genaueste Genüge thun könnten, so werden sie — muss man sagen — doch noch keine wahre Naturlehre vorgetragen und nicht die wirklichen Ursachen der Himmelsbewegungen gefunden haben, es sei denn, dass sie die wirkliche Existenz dieser Ursachen oder mindestens die Nichtexistenz anderer bewiesen hätten. Wenn daher gezeigt sein wird, dass die Schwere aller Körper wirklich zum Wesen der Dinge gehöre, wenn ferner gezeigt sein wird, in welcher Weise daraus alle Bewegungen im Weltraum ihre Lösung finden, dann wird es ein nichtiger und mit Recht verspotteter Einwand sein, zu sagen, dass man alle diese Bewegungen aus Wirbeln erklären müsse, selbst wenn wir vollkommen zugegeben hätten, dass dies möglich sei. Dieses Zugeständnis machen wir aber nicht, denn die Erscheinungen können durchaus nicht aus Wirbeln erklärt werden; dies hat unser Verfasser ausführlich und mit den klarsten Gründen dargethan. Daher müssten diejenigen sich allzusehr Träumereien hingeben, die sich der unglückseligen Aufgabe widmen, an der so läppischen Erdichtung herumzuflicken und sie mit neuen Erfindungen auszuschmücken.

Wenn die Körper der Planeten und Kometen von Wirbeln um die Sonne geführt würden, so müssten sich die dahin getragenen Körper und die unmittelbar benachbarten Teile der Wirbel mit derselben Geschwindigkeit und in derselben Richtung bewegen; sie müssten dieselbe Dichte und dieselbe Kraft der Trägheit für die gleiche Masse haben. Es steht aber fest, dass sich die Planeten und Kometen, während sie sich in denselben Gebieten des Weltraumes befinden, mit verschiedenen Geschwindigkeiten und in verschiedenen Richtungen bewegen. Daraus folgt notwendig, dass jene Teile der den Weltraum erfüllenden Flüssigkeit, welche sich in gleichem Abstand von der Sonne befinden, sich zugleich nach verschiedenen Richtungen mit verschiedener Geschwindigkeit bewegen. Denn andere Richtungen und Geschwindigkeiten sind erforderlich für den Gang der Planeten, andere für die Kometen. Da dies unerklärlich ist muss man entweder zugestehen, dass alle Himmelskörper nicht von der Materie des Wirbels fortgeführt werden, oder man muss behaupten, dass deren Bewegungen nicht von ein und demselben Wirbel herzuleiten sei, sondern von mehreren unter einander verschiedenen, die denselben Raum um die Sonne herum durchstreichen.

Angenommen nun, dass im selben Raum mehrere Wirbel vorhanden seien, einander durchdringen und mit verschiedenen Bewegungen kreisen; da nun diese Bewegungen denen der mitgeführten Körper ähnlich sein müssen, diese aber sehr regelmässig sind und in Kegelschnitten erfolgen, die bald sehr excentrisch, bald nahezu Kreise sind, so wird man mit Recht die Frage aufwerfen, wie es denn möglich sei, dass diese Bewegungen sich unverändert erhalten und im Verlauf so vieler Jahrhunderte nicht durch die Wirkung der begegnenden Materie etwas gestört wurden. In der That, wenn diese ersonnenen Bewegungen mehr zusammengesetzt und schwerer zu erklären sind, als die wahren Bewegungen der Planeten und Kometen, so erscheint es mir zwecklos, sie in die Naturlehre aufzunehmen, denn jede Ursache muss einfacher sein als die Wirkung. Giebt man einmal Phantasiegebilden Raum, so könnte einer behaupten, dass alle Planeten und Kometen ähnlich wie unsere Erde von Atmosphären umgeben sind — eine Annahme die viel vernunftgemässer ist, als die der Wirbel; er könnte weiterhin behaupten, dass diese Atmosphären vermöge ihrer Natur sich um die Sonne bewegen und Kegelschnitte beschreiben, eine Bewegung, die wirklich leichter vorgestellt werden kann, als die ähnliche der sich durchdringenden Wirbel. Endlich würde er die Behauptung aufstellen, man müsse annehmen, dass die Planeten und Kometen selbst von ihren Atmosphären um die Sonne geführt würden, und er würde wegen der Aufdeckung der Bewegungen der Himmelskörper einen Triumph feiern. Wer aber diese Fabel zurückweisen zu müssen glaubt, muss auch die andere zurückweisen; denn ein Ei sieht dem andern nicht ähnlicher als die Hypothese der Atmosphären jener der Wirbel.

GALILEI hat gelehrt, dass die Abweichung eines geworfenen und in einer Parabel fliegenden Steines von der geradlinigen Bahn aus der Schwere des Steines gegen die Erde entstehe, also aus einer verborgenen Ursache. Es könnte aber geschehen, dass irgend ein anderer Forscher von grösserer Schlauheit eine andere Ursache erdächte. Er würde also irgend einen sehr feinen Stoff annehmen, der weder sichtbar, noch greifbar, noch sonst sinnlich wahrnehmbar ist und der sich in der nächsten Umgebung der Erdoberfläche bewegt. Dieser Stoff aber sollte sich nach verschiedenen Richtungen in verschiedenen, meistens entgegengesetzter Weise bewegen und parabolische Linien zu beschreiben suchen. Dann aber würde er die Abweichung des Steines sehr schön folgendermaassen erklären und sich den Beifall der Menge erwerben: der Stein schwimmt in jener feinen Flüssigkeit, würde er sagen, und indem er der Strömung folgt, kann er zugleich keine andere Bahn beschreiben; die Flüssigkeit bewegt sich aber in Parabeln, also muss auch der Stein in einer Parabel fliegen. Wer wird nun nicht den grossen Scharfsinn dieses Gelehrten bewundern, der aus mechanischen Ursachen, nämlich aus Stoff und Bewegung, die Naturerscheinungen, selbst für das Verständnis der grossen Menge fasslich, ableitet? Wer aber wird nicht den guten GALILEI verhöhnen, der mit gewaltigem mathematischen Rüstzeug verborgene Ursachen, nachdem sie aus der Naturwissenschaft glücklich entfernt waren, von neuem einführen will? Aber ich schäme mich, länger bei diesen Possen zu verweilen.

Der Kern der Sache liegt schliesslich darin: die Zahl der Kometen ist sehr gross, ihre Bewegungen sind sehr regelmässig und befolgen dieselben Gesetze wie die der Planeten; sie bewegen sich in Kegelschnitten, nur in sehr excentrischen. Sie kommen von allen Seiten in alle Gegenden des Weltraumes, durchziehen ganz unbehindert die Gebiete der Planeten und schreiten oft gegen die Reihenfolge der Tierzeichen fort. Diese Erscheinungen sind durch astronomische Beobachtungen vollkommen sichergestellt; sie können durch die Wirbel nicht erklärt werden, ja sie sind mit den Planetenwirbeln geradezu unvereinbar. Für die Bewegung der Kometen wird nicht mehr Raum sein, wenn man nicht jene erdachte Materie ganz aus dem Weltraum entfernt.

Wenn nämlich die Planeten von Wirbeln um die Sonne geführt werden, so müssen die jedem Planeten zunächst liegenden Teile der Wirbel dieselbe Dichte besitzen wie der Planet selbst — wie schon früher erwähnt wurde. Es wird aber die ganze Materie, die der Erdbahn angehört, auch dieselbe Dichte haben wie die Erde, jene aber, die zwischen der Erde und der Saturnbahn liegt, eine gleiche oder grössere. Denn damit der Zustand des Wirbels fortdauern könne, müssen die weniger dichten Teile die Mitte einnehmen, die dichteren aber sich weiter vom Centrum entfernen. Da nämlich die Umlaufszeiten der Planeten im Verhältnis der 3/2 ten Potenzen ihrer Entfernungen von der Sonne stehen, muss für die Umlaufszeiten der Teile des Wirbels dasselbe gelten. Daraus folgt aber, dass die Centrifugalkräfte dieser Teile sich umgekehrt wie die Quadrate ihrer Abstände verhalten. Daher werden die weiter abstehenden mit ge-

ringerer Kraft von der Mitte sich zu entfernen streben, woraus es
sich notwendig ergiebt, dass sie bei geringerer Dichte der grösseren
Kraft nachgeben, mit der die dem Mittelpunkt näheren Teile auf-
zusteigen suchen. Es werden aber die dichteren aufsteigen, die
weniger dichten hinuntersinken, und so einen Platzwechsel ausführen,
bis endlich die Flüssigkeit des ganzen Wirbels so verteilt und angeordnet ist, dass sie im Zustande des Gleichgewichts verharren
kann. Wenn zwei Flüssigkeiten verschiedener Dichte in demselben
Gefässe enthalten sind, so wird es immer geschehen, dass die dichtere
durch ihre grössere Schwere den tiefsten Platz aufsucht, und in ganz
ähnlicher Weise kann man sagen, dass die dichteren Teile des Wirbels
infolge der grösseren Centrifugalkraft die äusserste Lage aufsuchen.
Der ganze und weit überwiegende Teil des Wirbels, welcher ausserhalb der Erdbahn liegt, wird eine Dichte und eine seiner Masse entsprechende Trägheit besitzen, welche nicht kleiner sein wird, als die
Dichte und Trägheit der Erde; daraus aber würde ein sehr grosser
und sehr merklicher Widerstand für die hindurchgehenden Kometen
entstehen, um nicht zu sagen, ein Widerstand, der ihre Bewegung
ganz hemmen und aufbrauchen zu können scheint. Es erhellt aber
aus der ganz regelmässigen Bewegung der Kometen, dass sie keinen
noch so kleinen merklichen Widerstand erfahren und daher keineswegs in eine Materie eindringen, der irgend eine Widerstandskraft,
Dichte oder Trägheit, zukommt. Denn der Widerstand des Mittels
rührt entweder von der Trägheit der Flüssigkeit her oder vom
Mangel an Leichtflüssigkeit. Der aus dem Mangel an Leichtflüssigkeit entstehende Widerstand ist sehr gering und bei den allgemein
bekannten Flüssigkeiten kaum bemerkbar, wenn sie nicht sehr zähe
sind wie Öle oder Honig; der Widerstand, den man in Luft, Wasser
Quecksilber und derartigen nicht zähen Flüssigkeiten fühlt, ist fast
ganz einer der ersten Gattung und kann nicht durch einen höheren
Grad von Feinheit vermindert werden, wenn die Dichte und Trägheit der Flüssigkeit, der er proportional ist, dieselbe bleibt — wie
es von unserm Verfasser in der vortrefflichen Theorie der Wider-
standskräfte, die nun in dieser 2. Ausgabe noch etwas genauer ausgeführt und durch Versuche mit fallenden Körpern bestätigt worden
ist, auf's klarste bewiesen wurde.

Die Körper teilen beim Fortschreiten ihre Bewegung allmählig
der umgebenden Flüssigkeit mit und verlieren dieselbe dabei, dadurch aber werden sie verzögert. Es ist also die Verzögerung der
mitgeteilten Bewegung, diese aber bei gegebener Geschwindigkeit des

Körpers der Dichte proportional. Also wird die Verzögerung oder
der Widerstand ebenfalls der Dichte der Flüssigkeit proportional
sein und sie kann nicht aufgehoben werden, wenn nicht die verlorene
Bewegung durch die zu den hintern Teilen des Körpers zurück-
strömende Flüssigkeit aufgehoben wird. Das aber kann nicht behauptet werden, wenn nicht der Druck der Flüssigkeit auf die hintern
Teile des Körpers gleich ist dem Druck des Körpers auf die Flüssigkeit an der Vorderseite, d. i. wenn nicht die relative Geschwindigkeit,
mit der die Flüssigkeit von rückwärts gegen den Körper stösst,
d. i. also wenn die absolute Geschwindigkeit der zurückströmenden
Flüssigkeit doppelt so gross ist wie die der fortgedrängten, was unmöglich ist. Der Widerstand von Flüssigkeiten, welcher von der Dichte
und Trägheit derselben abhängt, kann also auf keine Weise aufgehoben werden. Man muss also schliessen, dass die Flüssigkeit im
Weltraum keine Trägheit besitzt, da sie keinen Widerstand ausübt;
dass sie keine Kraft hat, einzelnen oder mehreren Körpern eine
Änderung zu erteilen, da sie keine Kraft hat, Bewegung zu übertragen; dass sie überhaupt ganz wirkungslos sei, da sie nicht die
Fähigkeit habe, irgend eine Veränderung hervorzubringen. Warum
sollte man also nicht diese Hypothese, welche, jeder Grundlage beraubt, zur Erklärung der Natur der Dinge nicht im mindesten von
Nutzen ist, eine ganz unpassende und eines Forschers durchaus un-
würdige nennen? Wer behauptet, dass der Weltraum mit einer
Flüssigkeit erfüllt sei, diese aber als nicht träge hinstellt, hebt blos
in Worten den leeren Raum auf, in Wirklichkeit führt er ihn ein.
Denn da eine derartige Flüssigkeit auf keine Weise vom leeren
Raum unterschieden werden kann, so handelt es sich um einen Streit
über Bezeichnungen der Dinge, nicht über deren Wesen. Sollten
aber einige der Materie so sehr zugethan sein, dass sie durchaus
keinen von Körpern leeren Raum für zulässig halten, so wollen wir
zusehen, wohin diese schliesslich gelangen müssen.

Sie könnten nämlich entweder sagen, dass die von ihnen angenommene Einrichtung einer durchaus erfüllten Welt aus dem Willen
Gottes hervorgegangen sei, zu dem Zwecke, damit von dem sehr
feinen, alles durchdringenden und erfüllenden Äther den Naturvor-
gängen eine bereitstehende Unterlage geboten werde; das aber kann
man nicht behaupten, da ja aus den Kometenerscheinungen gezeigt
ist, dass es keine Wirksamkeit eines solchen Äthers giebt. Oder sie
könnten sagen, dass sie aus dem Willen Gottes zu irgend einem unbekannten Zweck hervorgegangen sei; auch dies ist unhaltbar, da

ja aus dem gleichen Grund eine davon verschiedene Einrichtung der
Welt ebensogut aufgestellt werden könnte. Endlich könnten sie
sagen, nicht aus dem Willen Gottes, sondern aus einer Naturnot-
wendigkeit sei sie hervorgegangen, Sie müssten also schliesslich
unter den elenden Abschaum der lasterhaftesten Rotte geraten. Diese
Leute sind es, welche davon faseln, das Weltall werde durch das
Schicksal, nicht durch die Vorsehung beherrscht, die Materie habe
durch ihre Notwendigkeit immer und überall existiert, sie sei unbegrenzt und ewig. Unter dieser Voraussetzung wird sie aber auch
überall gleichförmig sein; denn eine Verschiedenheit der Gestaltung
steht mit der Notwendigkeit vollkommen in Widerspruch. Sie wird
auch unbewegt sein; denn wenn sie sich notwendigerweise in irgend
eine bestimmte Richtung mit bestimmter Geschwindigkeit bewegen
würde, so wird sie sich mit der gleichen Notwendigkeit in anderer
Richtung mit anderer Geschwindigkeit bewegen. Sie kann sich aber
nicht nach verschiedenen Richtungen mit verschiedener Geschwindigkeit bewegen, also muss sie unbewegt sein. Wahrlich auf keine
andere Weise konnte diese durch die herrlichste Mannigfaltigkeit
der Formen und Bewegungen ausgezeichnete Welt entstehen als
aus dem freien Willen eines alles voraussehenden und lenkenden
Gottes.

Aus dieser Quelle also stammen alle jene sogenannten Natur-
gesetze; man erkennt in ihnen wohl die Spuren eines höchst weisen
Ratschlusses, nicht aber einer Notwendigkeit. Wir müssen daher
diese Gesetze nicht aus ungewissen Vermutungen ableiten, sondern
sie durch Beobachtungen und Versuche kennen lernen. Wer aber
glaubt, blos der Kraft seines Geistes und dem innern Lichte seiner
Vernunft vertrauend, sie aufdecken zu können, der muss entweder behaupten, dass die Welt aus Notwendigkeit gewesen sei und dass die
vorliegenden Gesetze aus derselben Notwendigkeit folgten, oder —
wenn die Weltordnung aus dem Willen Gottes hervorgegangen sein
sollte, — dass er, das armselige Menschenkind, erkannt habe, welches
die beste Einrichtung sei. Jede gesunde und wahre Naturlehre wird
sich auf die Erscheinungen gründen; diese führen uns selbst gegen
unseren Willen und trotz unseres Widerstrebens, zu solchen Prinzipien,
in denen der beste Ratschluss und die Oberherrschaft eines all-
wissenden und allmächtigen Wesens aufs deutlichste erkennbar ist;
man wird diese Prinzipien nicht deshalb verwerfen, weil sie vielleicht
einigen Leuten weniger zusagen. Diese mögen sie immerhin als
Wunder und verborgene Eigenschaften bezeichnen, die ihnen miss-

fallen; solche boshafter Weise erfundene Namen dürfen aber nicht
fälschlich auf die Dinge selbst übertragen werden, wenn man nicht
schliesslich zugestehen will, dass die Naturwissenschaft durchaus auf dem
Atheismus beruhen müsse. Dieser Leute wegen wird man die Wissenschaft nicht umstürzen, da ja die Ordnung der Dinge nicht geändert
werden kann

Bei gerechten und billigen Richtern wird daher als beste
Forschungsmethode jene in Geltung bleiben, die sich auf Versuche
und Beobachtungen gründet. Welche Durchleuchtung, welche Würde
aber dieser durch das treffliche Werk unseres berühmten Verfassers
zuteil wurde, lässt sich kaum aussprechen. Denn seine ausser-
ordentliche glückliche Veranlagung, mit der er die schwersten Probleme
enträtselt und dorthin vordringt, wohin zu gelangen für den
menschlichen Geist hoffnungslos war, werden diejenigen bewundern
und anerkennen, die nur ein wenig tiefer in diesen Dingen bewandert
sind. Er entfernte die Riegel und öffnete uns den Zugang zu den
schönsten Geheimnissen der Natur. Er hat den kunstvollen Aufbau
des Weltsystems aufgedeckt und ganz übersichtlich dargelegt, so
dass, selbst wenn König Alphons wieder auflebte, er darin nicht
mehr die Einfachheit und harmonische Anmuth vermissen würde.
Wir dürfen nun tiefer in die Majestät der Natur blicken und uns
in der herrlichsten Betrachtung erfreuen, den Schöpfer und Herrn
des Weltalls aber inniger anbeten und verehren, was bei weitem der
reichlichste Gewinn der Wissenschaft ist. Blind muss sein, wer nicht
sofort aus der besten und weisesten Einrichtung der Dinge die
unendliche Weisheit und Güte des allmächtigen Schöpfers ersähe, ein
Narr, wer sie nicht eingestehen wollte.

Newton's ausgezeichnetes Werk wird daher das festeste Boll-
werk gegen die Angriffe der Atheisten bilden; nirgends anderswoher
als aus diesem Köcher wird man besser die Geschosse gegen jene
gottlose Schar entnehmen können. Dies hat zuerst erkannt und in
gelehrten englisch und lateinisch abgefassten Reden bewiesen der in
allen Wissenschaften hervorragende Mann, der ausgezeichnete Gönner
aller edlen Künste, Richard Bentley, die grosse Zierde seiner Zeit
und unserer Akademie, der würdige und angesehene Lehrer an unserem
Collegium S. Trinitatis. Diesem muss ich mich für vielfach ver-
pflichtet bekennen, und auch Du, geneigter Leser, wirst ihm den
gebührenden Dank nicht versagen. Indem er nämlich seit langer
Zeit mit unserem berühmten Verfasser in vertrauter Freundschaft
lebte (derenthalben bei der Nachwelt geschätzt zu werden er nicht

minder hoch anschlägt, als durch seine eigenen Schriften, die der gebildeten Welt zum Vergnügen gereichen, berühmt zu werden), hat er zugleich für den Ruhm seines Freundes und den Fortschritt der Wissenschaft gesorgt. Da nämlich von der ersten Ausgabe nur mehr sehr seltene und höchst kostspielige Exemplare übrig waren, überredete er unter fortwährendem Drängen, trieb er beinahe durch Schelten den vortrefflichen, ebenso sehr durch Bescheidenheit wie durch Gelehrsamkeit ausgezeichneten Mann, dass er ihm die Herausgabe einer neuen, durchwegs ausgefeilten und überdies mit trefflichen Zusätzen versehenen Auflage dieses Werkes auf seine Kosten und unter seiner Leitung gestatte. Mir aber übertrug er nach seinem Rechte die nicht undankbare Aufgabe, dafür zu sorgen, dass dies so richtig wie möglich durchgeführt werde.

Cambridge, den 12. Mai 1713.

ROGER COTES
Mitglied des Collegium S. Trinitatis,
Professor Plumianus der Astronomie und der Experimentalphysik.

Die mathematischen Principien der Naturlehre.

Definitionen.

Definition 1. Die Quantität der Materie wird gemessen durch ihre Dichtigkeit und ihr Volumen zusammen.

Im doppelten Raume ist bei doppelter Dichtigkeit viermal soviel Luft enthalten, im dreifachen sechsmal soviel. Dasselbe gilt von Schnee und staubförmigen Körpern, wenn sie durch Druck oder Schmelzen verdichtet werden. Ebenso verhält es sich mit allen Körpern, die durch irgendwelche Ursachen irgendwie verdichtet werden. Auf ein etwa vorhandenes Medium, das die Zwischenräume der Teilchen frei durchdringt, nehme ich hier keine Rücksicht. Diese Quantität der Materie werde ich unter dem Ausdruck Körper oder Masse im folgenden manchmal verstehen. Man kann sie aus dem Gewichte des Körpers erkennen; denn ich habe durch sehr genaue Pendelversuche gefunden, dass sie dem Gewichte proportional ist, wie später gezeigt werden wird.

Definition 2. Die Quantität der Bewegung wird gemessen durch die Geschwindigkeit und die Quantität der Materie zusammen.

Die Bewegung des Ganzen ist die Gesamtheit der Bewegungen der einzelnen Teile; daher ist in einem doppelt so grossen Körper bei gleicher Geschwindigkeit doppelt soviel Bewegung vorhanden und bei doppelter Geschwindigkeit viermal soviel.

Definition 3. Der Materie wohnt die Kraft inne, einen Widerstand zu leisten, vermöge deren jeder Körper, soweit es auf ihn ankommt, in seinem Zustand der Ruhe oder der gleichförmigen geradlinigen Bewegung verharrt.

Diese Kraft ist immer der Masse des Körpers proportional und unterscheidet sich nur in unserer Auffassung von der Trägheit der

Materie. Durch die Trägheit geschieht es, dass jeder Körper von seinem Zustand der Ruhe oder Bewegung schwer abgebracht wird. Deshalb kann man auch jene Kraft sehr bezeichnend K r a f t d e r T r ä g h e i t nennen. Ein Körper äussert aber diese Kraft nur, wenn sein Zustand durch eine andere auf ihn einwirkende Kraft geändert wird, und jene Kraftäusserung kann unter verschiedenen Gesichtspunkten bald W i d e r s t a n d, bald A n t r i e b sein; W i d e r s t a n d, insofern sich der Körper, um seinen Zustand zu erhalten, der äussern Kraft entgegenstemmt; A n t r i e b, insofern derselbe Körper, indem er der Kraft des entgegenstehenden Hindernisses nur schwer nachgiebt, selbst den Zustand des Hindernisses zu ändern strebt. Gewöhnlich schreibt man Widerstand ruhenden und Antrieb bewegten Körpern zu. Aber die Vulgärbegriffe Bewegung und Ruhe unterscheiden sich gegenseitig nur durch den Standpunkt der Betrachtung; und es ruht nicht immer wirklich alles, was man gemeinhin als ruhend ansieht.

Definition 4. Eine angreifende Kraft besteht in einer Einwirkung auf den Körper, durch die sein Zustand der Ruhe oder der gleichförmigen, geradlinigen Bewegung geändert werden soll.

Diese Kraft besteht nur während ihrer Wirksamkeit und bleibt nicht nachher im Körper. Denn der Körper bleibt in seinem neuen Zustand schon durch die Trägheit allein. Die angreifende Kraft kann auf verschiedene Art entstehen, z. B. durch Stoss, Druck, Anziehung eines Centrums.

Definition 5. Eine Centripetalkraft ist eine Kraft, durch welche die Körper gegen einen Punkt als Mittelpunkt von allen Seiten gezogen, gestossen oder irgendwie getrieben werden.

Von dieser Art ist die Schwere, vermöge deren die Körper gegen den Mittelpunkt der Erde streben; die magnetische Kraft, durch welche das Eisen gegen den Magnet gezogen wird; endlich jene Kraft, durch welche, was sie auch sonst sei, die Planeten immerfort von der geradlinigen Bewegung abgezogen und in Kurven zu laufen gezwungen werden. Ein Stein, der in einer Schleuder herumgeschwungen wird, strebt, sich von der bewegenden Hand zu entfernen, und spannt hierbei die Schleuder, und zwar umsomehr, je schneller er geschwungen wird; sobald man ihn loslässt, fliegt er davon. Die jenem Streben entgegengesetzte Kraft, durch welche die Schleuder den Stein fortwährend gegen die Hand zurückzieht und im Kreis erhält, nenne ich Centripetalkraft, weil sie gegen die Hand oder den Mittelpunkt des Kreises gerichtet ist. Ebenso verhält es sich mit allen Körpern, die im Kreise herumgetrieben werden. Sie alle versuchen, sich von den

Mittelpunkten der Kreise zu entfernen; und wenn keine entgegengesetzte Kraft da ist, durch welche sie gehemmt und in den Kreisbahnen
zurückgehalten werden, und die ich deshalb Centripetalkraft nenne,
so entfernen sie sich in geradliniger gleichförmiger Bewegung. Wenn
man ein Projectil von der Schwerkraft befreien könnte, würde es
nicht gegen die Erde abgelenkt werden, sondern in gerader Linie in
den Weltraum fortfliegen, und zwar mit gleichförmiger Bewegung,
wenn nur der Luftwiderstand beseitigt wäre. Durch seine Schwere
wird das Geschoss von der geradlinigen Bahn abgehalten und fortwährend gegen die Erde abgelenkt, und zwar mehr oder weniger je
nach seiner Schwere und Geschwindigkeit. Je kleiner seine Schwere
im Verhältniss zur Masse, oder je grösser die Geschwindigkeit ist,
mit der es geworfen wird, desto weniger wird es von der geradlinigen
Bahn abweichen, und desto weiter wird es kommen. Wenn eine Blei-
kugel, die mit gegebener Geschwindigkeit längs einer horizontalen
Linie von einem Berggipfel fortgeschossen würde, in krummer Bahn
zwei Meilen weit käme, bevor sie auf die Erde fiele, so würde sie
bei doppelter Geschwindigkeit ungefähr doppelt soweit kommen, bei
zehnfacher Geschwindigkeit ungefähr zehnmal soweit, sobald nur
der Luftwiderstand beseitigt wäre. Durch Vermehrung der Geschwindigkeit könnte man die Schussweite beliebig vergrössern und die
Krümmung der Bahn vermindern, sodass es schliesslich in einer Entfernung von 10 oder 30 oder 90 Grad auffiele oder sogar die ganze
Erde umkreiste oder endlich in den Weltraum fortginge und sich
dabei ins Unendliche entfernte. Und ebenso wie ein Projectil durch
die Schwere in eine Kreisbahn gelenkt werden und die ganze Erde
umlaufen könnte, so kann auch der Mond entweder durch die Schwere,
falls er überhaupt schwer ist, oder durch eine andere Kraft, durch
die er gegen die Erde gedrängt wird, immer von seiner geradlinigen
Bahn gegen die Erde abgelenkt und in seine wirkliche Bahn hinein-
gezogen werden. Ohne eine solche Kraft kann der Mond in derselben
nicht festgehalten werden. Diese Kraft würde, hinreichend verkleinert,
den Mond nicht genug von der geraden Bahn ablenken und, passend
vergrössert, zu viel ablenken und aus seiner Bahn gegen die Erde
ziehen. Sie muss also gerade die richtige Grösse haben, und Aufgabe
der Mathematiker ist es, die Kraft zu finden, durch welche ein Körper
in einer gegebenen Bahn mit gegebener Geschwindigkeit gerade erhalten werden kann und umgekehrt die krumme Bahn zu finden, in
die ein Körper durch eine gegebene Kraft gelenkt wird, wenn der
Anfangsort und die Anfangsgeschwindigkeit gegeben sind. Dieser

Centripetalkraft kommt nun in dreierlei Hinsicht eine Grösse zu,
nämlich eine absolute, eine beschleunigende und eine bewegende.

*Definition 6.   Die absolute Grösse der Centripetalkraft beträgt mehr
oder weniger je nach der Wirksamkeit der Ursache, durch welche sie sich
vom Centrum in die Umgebung verbreitet.*

Z. B. ist die magnetische Kraft je nach der Masse des Magnets
oder der Intensität seiner magnetischen Fähigkeit grösser in dem
einem Magneten, kleiner im andern.

*Definition 7.   Die beschleunigende Grösse der Centripetalkraft ist
der Geschwindigkeit proportional, die sie in einer gegebenen Zeit erzeugt.*

Z. B. ist die Kraft desselben Magnets in kleinerer Entfernung
grösser, in grösserer kleiner. Die Schwerkraft ist grösser in Thälern,
kleiner auf den Spitzen hoher Berge und noch kleiner, wie später
klar werden wird, in grösseren Entfernungen von der Erde; aber in
gleichen Entfernungen ist sie überall gleich, weil sie alle fallenden
Körper (schwere wie leichte, grosse wie kleine) ohne Luftwiderstand
gleich stark beschleunigt.

*Definition 8.   Die bewegende Grösse der Centripetalkraft ist der
Bewegung proportional, die sie in gegebener Zeit erzeugt.*

Z. B. ist das Gewicht grösser bei einem grösseren Körper, kleiner
bei einem kleinern und beim selben Körper grösser in der Nähe der
Erde, kleiner im Weltraum. Jene Grösse ist das Bestreben oder das
Hindrängen des ganzen Körpers gegen das Centrum, d. i. eben das Gewicht; man lernt sie kennen durch eine entgegengesetzt gleiche Kraft,
durch welche das Herabsinken des Körpers gehindert werden kann.

Diese Kraftgrössen kann man der Kürze halber b e w e g e n d,
b e s c h l e u n i g e n d, a b s o l u t nennen und sie der Deutlichkeit
halber der Reihe nach auf die zum Centrum strebenden Körper selbst,
auf die Örter der Körper, aufs Kraftcentrum beziehen; nämlich die
b e w e g e n d e Kraft auf den Körper, als ob gleichsam das Streben
des Ganzen gegen das Centrum aus den Bestrebungen aller Teile
zusammengesetzt wäre, die b e s c h l e u n i g e n d e Kraft auf den Ort
des Körpers, als eine Wirksamkeit, die vom Centrum sich auf die
Stellen der Umgebung verbreitet, um die Körper, die gerade dort
sind, zu bewegen, endlich die a b s o l u t e Kraft aufs Centrum als Sitz
einer Ursache, ohne die sich keine bewegenden Kräfte in die Umgebung
verbreiten, jene Ursache mag irgend ein Centralkörper (wie der Magnet im Mittelpunkt der magnetischen Kraft, oder die Erde im Mittelpunkt der Schwerkraft) oder eine andere nicht wahrnehmbare sein.

Dies ist wenigstens die mathematische Seite des Begriffes; denn mit den physikalischen Ursachen und Sitzen der Kräfte befasse ich mich schon nicht mehr. Es verhält sich also die beschleunigende Kraft zur bewegenden, wie die Geschwindigkeit zur Bewegung. Die Bewegungsgrösse geht nämlich aus der Geschwindigkeit und aus der Masse hervor, die bewegende Kraft aus der beschleunigenden Kraft und derselben Masse zusammen. Denn die Summe der Wirkungen der beschleunigenden Kraft auf die einzelnen Körperteilchen ist die bewegende Kraft auf den ganzen Körper. Daher verhält sich in der Nähe der Erdoberfläche, wo die beschleunigende Kraft der Schwere bei allen Körpern dieselbe ist, die bewegende Kraft oder das Gewicht wie die Körpermasse. Wenn man aber in Gegenden aufsteigt, wo die beschleunigende Schwerkraft geringer wird, vermindert sich das Gewicht ebenso, und letzteres wird immer von der Masse und der Beschleunigung der Schwerkraft zusammen abhängen. So wird an Orten, wo die Beschleunigung der Schwere halb so gross ist, das Gewicht eines Körpers, dessen Grösse nur die Hälfte oder ein Drittel ist, vier- oder sechsmal so klein sein.

Fernerhin nenne ich die Anziehungen und Stösse im selben Sinne bald beschleunigend bald bewegend. Die Ausdrücke Anziehung, Stoss, Streben gegen den Mittelpunkt gebrauche ich ohne Unterschied für einander, indem ich diese Kräfte nicht nach ihrer physikalischen, sondern bloss nach ihrer mathematischen Seite betrachte. Der Leser möge daher ja nicht glauben, dass ich durch solche Ausdrücke die Art und Weise der Wirkung oder die Ursache oder den physikalischen Grund erklären oder den Centren (die mathematische Punkte sind) wirklich physikalische Kräfte zuschreiben möchte, wenn ich vielleicht sage, die Centren ziehen an, oder es sind Centralkräfte vorhanden.

Anmerkung.

Bisher habe ich erklärt, in welchem Sinne im folgenden minder bekannte Ausdrücke zu verstehen sind. Zeit, Raum, Ort und Bewegung sind allen geläufig. Doch ist zu bemerken, dass man gewöhnlich diese Grössen nur nach ihrer Beziehung zu sinnlich Wahrnehmbarem auffasst. Hieraus entstehen gewisse Vorurteile, zu deren Behebung es zweckmässig ist, sie in absolute und relative, wahre und scheinbare, mathematische und gewöhnliche zu unterscheiden.

I. Die absolute, wahre und mathematische Zeit verfliesst an sich und ihrer Natur nach gleichförmig ohne Beziehung auf irgend ein

äusseres Ding und heisst auch Dauer. Die relative, scheinbare und
gewöhnliche Zeit ist irgend ein den Sinnen zugängliches äusserliches
(genaues oder ungleichmässiges) Maass der Dauer mittelst einer Bewegung, das gewöhnlich statt der wahren Zeit im Gebrauch ist, z. B.
Stunde, Tag, Monat, Jahr.

II. Der absolute Raum, der seiner Natur nach ohne Beziehung
auf irgend etwas äusseres ist, bleibt immer gleich und unbeweglich.
Der relative Raum ist ein Maass jenes andern und irgend etwas bewegliches Ausgedehntes, das durch seine Lage gegen die Körper von
unsern Sinnen bestimmt und gewöhnlich für den unbeweglichen Raum
genommen wird; z. B. eine Ausdehnung in der Erde selbst, im Luftraum oder im Himmelsraum, die durch ihre Lage gegen die Erde
bestimmt ist. Der absolute und der relative Raum sind nach ihrer
Art und Grösse identisch; aber sie bleiben es nicht immer der Zählung
nach. Denn wenn sich z. B. die Erde bewegt, so wird ein Teil
unseres Luftraumes, der in Bezug auf die Erde immer derselbe bleibt,
bald mit einem, bald mit einem andern Teil des absoluten Raums zusammenfallen, in den der Luftraum übergeht, und sich so, absolut
genommen, beständig ändern.

III. Der Ort ist ein Teil des Raums, den der Körper einnimmt,
und ist wie der Raum entweder absolut oder relativ. Ich sage: ein
Teil des Raums, nicht die Lage des Körpers oder die begrenzende
Oberfläche. Denn gleiche feste Körper haben immer gleiche Örter;
die Oberflächen aber sind wegen der Unähnlichkeit der Figuren
meistens ungleich. Die Lagen dagegen haben eigentlich keine Grösse
und sind nicht so sehr Örter als vielmehr nähere Bestimmungen von
Örtern. Die Bewegung des Ganzen ist identisch mit der Gesamtheit
der Bewegungen der einzelnen Teile; d. h. die Verschiebung des
Ganzen von seinem Orte weg ist identisch mit der Gesamtheit der
Verschiebungen der Teile von ihren einzelnen Örtern. Deshalb ist
der Ort des Ganzen identisch mit der Gesamtheit der Örter der Teile,
also im Innern und im ganzen Körper.

IV. Die absolute Bewegung ist die Verschiebung eines Körpers
von einem absoluten Ort in einen andern, die relative Bewegung von
einem relativen Ort in einen andern. So ist in einem Schiff, das mit
geschwellten Segeln dahintreibt, der relative Ort eines Körpers jene
Gegend des Fahrzeugs, in der sich der Körper befindet, oder jener
Teil des ganzen Schiffsraumes, den der Körper ausfüllt, der also zugleich mit dem Schiff sich bewegt; und die relative Ruhe ist das
Verbleiben des Körpers in derselben Gegend des Fahrzeugs oder in

demselben Teile des Schiffsraums. Die wahre Ruhe hingegen ist das
Verbleiben des Körpers im selben Teil jenes unbeweglichen Raums,
in dem sich das Schiff samt seinem Hohlraum und seinem ganzen Inhalte bewegt. Wenn daher die Erde ruhte, würde sich ein Körper,
der gegen das Schiff ruht, in der That bewegen, und zwar absolut
genommen mit derselben Geschwindigkeit, mit der sich das Schiff auf
der Erde bewegt. Wenn sich auch die Erde bewegt, wird eine
wahre und absolute Bewegung des Körpers entstehen, zum Teil aus
der wahren Bewegung der Erde im unbeweglichen Raum, zum Teil
aus der Bewegung des Schiffes gegen die Erde. Und wenn auch
noch der Körper sich gegen das Schiff bewegt, so wird seine wahre
Bewegung teils von der wahren Bewegung der Erde im unbeweglichen
Raume herkommen, teils von den relativen Bewegungen, sowohl des
Schiffes gegen die Erde als auch des Körpers gegen das Schiff; und
aus diesen relativen Bewegungen wird die Bewegung des Körpers
gegen die Erde entstehen. Wenn sich z. B. der Teil der Erde, wo sich
das Schiff befindet, in Wirklichkeit gegen Osten mit einer Geschwindigkeit von 10 010 Einheiten bewegt, ferner das Schiff durch Segel
und Wind gegen Westen mit einer Geschwindigkeit von 10 Einheiten getrieben wird, endlich der Schiffer auf dem Schiff gegen Osten
mit einer Geschwindigkeit von einer Einheit geht, so wird sich der
Schiffer in Wirklichkeit und absolut im unbeweglichen Raume mit
einer Geschwindigkeit von 10 001 Einheiten gegen Osten bewegen und
in Bezug auf die Erde gegen Westen mit einer Geschwindigkeit von
9 Einheiten.

Die absolute Zeit unterscheidet sich in der Astronomie von der
relativen durch die Zeitgleichung. Die natürlichen Tage, die gewöhnlich für die Zeitmessung als gleich betrachtet werden, sind nämlich
ungleich. Diese Ungleichheit verbessern die Astronomen, damit sie
die Bewegungen am Himmel mit richtiger Zeit messen. Es ist möglich, dass es überhaupt keine gleichförmige Bewegung giebt, an der
man die Zeit genau messen könnte. Alle Bewegungen können beschleunigt oder verzögert werden, aber der Ablauf der absoluten Zeit
kann nicht geändert werden. Die Dauer der Existenz der Dinge
bleibt unverändert, ob die Bewegungen schnell oder langsam sind oder
ganz fehlen; deshalb wird sie von ihren wahrnehmbaren Maassen mit
Recht unterschieden und aus ihnen mittels der astronomischen Zeitgleichung entnommen. Die Notwendigkeit dieser Zeitgleichung bei
Bestimmung der Erscheinungen wird sowohl durch Versuche mit einer

Pendeluhr als auch durch die Verfinsterungen der Jupitermonde dargethan.

Wie die Anordnung der Zeitteile unverändert ist, so auch die der Raumteile. Sollten sie von ihren Plätzen bewegt werden, so müssten sie sozusagen von sich selbst fortbewegt werden. Denn die Zeiten und die Räume sind sozusagen die Plätze für sich selbst und für alle Dinge. In der Zeit erhält alles seinen Platz, was die Aufeinanderfolge betrifft, und im Raum, was die Lage betrifft. Es gehört zum Wesen von Zeit und Raum, dass es darin Stellen giebt; und dass die ursprünglichen Stellen sich bewegten, ist widersinnig. Sie sind also die absoluten Orte; und bloss die Verschiebungen von diesen Orten weg sind die absoluten Bewegungen.

Weil aber diese Raumteile nicht gesehen noch von einander durch unsere Sinne unterschieden werden können, gebrauchen wir statt ihrer wahrnehmbare Maasse. Nämlich aus den Lagen und Entfernungen der Dinge von einem Körper, den wir als unbeweglich betrachten, bestimmen wir alle Örter. Dann beurteilen wir auch alle Bewegungen in Bezug auf diese Örter, soweit wir bemerken, dass die Körper sich gegen sie verschieben. So verwenden wir statt der absoluten Örter und Bewegungen die relativen, was für den täglichen Gebrauch ganz bequem ist; in der Forschung aber muss man von den Sinnen abstrahieren. Es wäre nämlich möglich, dass kein Körper wirklich ruht, auf den man die Örter und Bewegungen beziehen könnte.

Unterschieden aber werden absolute und relative Ruhe und Bewegung von einander durch ihre Eigenschaften, Ursachen und Wirkungen. Eine Eigenschaft der Ruhe ist es, dass wirklich ruhende Körper auch in Bezug auf einander ruhen. Da es nun möglich ist, dass irgend ein Körper im Bereich der Fixsterne, oder noch viel weiter, absolut ruht, man aber aus der gegenseitigen Lage der Körper in unsern Gegenden nicht wissen kann, ob irgend einer der letzteren gegen jene entfernten eine bestimmte Lage bewahre oder nicht, so kann die wahre Ruhe nicht durch die gegenseitige Lage der letztern definiert werden.

Eine Eigenschaft der Bewegung besteht darin, dass solche Teile, die eine bestimmte Lage gegen das Ganze beibehalten, an der Bewegung dieses Ganzen teilnehmen. Denn alle Teile eines rotierenden Körpers suchen sich von der Achse zu entfernen, und die Gewalt der fortschreitend bewegten Körper kommt von der gemeinsamen Gewalt der einzelnen Teile her. Wenn also rotierende Körper zugleich fortschreiten, so bewegen sich die Teile, die bei der Drehung gegen einander ruhen. Deshalb kann die wahre und absolute Bewegung nicht durch eine Verschiebung aus der Nachbarschaft von Körpern definiert werden, die gleichsam als ruhend betrachtet werden. Denn die äusseren Körper müssen nicht nur gleichsam als ruhend betrachtet werden, sondern auch wirklich ruhen. Sonst werden alle eingeschlossenen Körper, ausser dass sie eine Verschiebung aus der Nähe der rotierenden erfahren, auch an den wahren Bewegungen der letzteren teilnehmen. Auch wenn jene Verschiebung nicht vorhanden ist, werden sie nicht wirklich ruhen, sondern bloss als ruhend angesehen werden. Es verhalten sich nämlich die rotierenden Körper zu den eingeschlossenen, wie der äussere Teil des Ganzen zum innern, oder wie die Schale zum Kern. Bei Bewegung der Schale bewegt sich aber auch der Kern wie ein Teil des Ganzen ohne eine Verschiebung gegen die benachbarte Schale.

Mit der vorhergehenden Eigenschaft hängt zusammen, dass wenn ein Ort sich bewegt, auch der dort befindliche Körper sich zugleich bewegt. Deshalb beteiligt sich ein Körper, der sich von einem bewegten Platze entfernt, auch an der Bewegung seines Platzes. Denn alle Bewegungen, die von bewegten Stellen aus geschehn, sind bloss Teile der ganzen und absoluten Bewegungen. Und die ganze Bewegung setzt sich immer zusammen aus der Bewegung des Körpers von seinem ersten Orte, aus der Bewegung dieses Ortes von seinem Orte u. s. w., bis man zu einem unbeweglichen Ort kommt, wie im obigen Beispiel des Schiffers. Die vollständigen und absoluten Bewegungen können also nur mit Hilfe von unbewegten Örtern definiert werden; deshalb habe ich sie oben auf solche bezogen, die relativen Bewegungen aber auf bewegliche Örter. Unbewegte Örter sind nur solche, die von Ewigkeit zu Ewigkeit ihre gegenseitige Lage beibehalten, also immer unbewegt bleiben und den Raum ausmachen, den ich unbeweglich nenne.

Die Ursachen, durch welche sich die wahren und die relativen Bewegungen gegenseitig unterscheiden, sind die Kräfte, die zur Erzeugung der Bewegung auf die Körper ausgeübt wurden. Eine wahre Bewegung wird weder erzeugt noch geändert, wenn nicht Kräfte auf den bewegten Körper selbst einwirken; aber eine relative Bewegung kann erzeugt und geändert werden, ohne dass Kräfte auf den betreffenden Körper einwirken. Es genügt nämlich, dass sie auf andere, die Bezugskörper, einwirken, sodass, wenn die letzteren sich entfernen, auch die Beziehung sich ändert, worin die relative Ruhe oder Bewegung besteht. Umgekehrt wird eine wahre Bewegung von Kräften,

die auf den bewegten Körper einwirken, immer geändert; aber eine
relative Bewegung muss durch solche Kräfte nicht notwendig geändert werden. Denn wenn dieselben Kräfte auch auf andere Körper,
nämlich die Bezugskörper, so wirken, dass die relative Lage beibehalten wird, so wird auch die Beziehung gewahrt bleiben, in der die
relative Bewegung besteht. Jede relative Bewegung kann sich also
ändern, wo die wahre erhalten bleibt, und erhalten bleiben, wo die
wahre sich ändert. Deshalb besteht die wahre Bewegung keineswegs
in derartigen Beziehungen.

Die Wirkungen, durch welche man die absoluten und relativen
Bewegungen von einander unterscheidet, sind die Fliehkräfte hinsichtlich
der Achse einer rotierenden Bewegung. Denn in einer bloss relativen
Kreisbewegung sind solche Kräfte nicht vorhanden, in einer wahren und
absoluten aber grösser oder kleiner je nach der Bewegungsgrösse.
Ein Eimer hänge an einem sehr langen Faden und möge im Kreise
herumgedreht werden, bis der Faden durch die Torsion sehr steif
wird, dann möge der Eimer mit Wasser gefüllt und zugleich mit
diesem ruhig gehalten werden. Dann werde er durch eine plötzliche
Kraft in die entgegengesetzte Kreisbewegung versetzt und durch den
sich aufdrehenden Faden längere Zeit darin erhalten. Die Wasser-
oberfläche wird anfangs eben sein, wie vor der Bewegung des Gefässes; aber nachdem das Gefäss durch allmähliche Übertragung des An-
triebs auf das Wasser bewirkt hat, dass auch dieses sich merklich zu
drehen beginnt, wird das Wasser langsam von der Mitte zurückweichen, an den Wänden des Gefässes steigen, indem es eine konkave
Form annimmt (wie ich selbst durch den Versuch festgestellt habe),
und bei heftigerer Bewegung immer mehr und mehr steigen, bis es
in Bezug auf dass Gefäss ruht, indem es die Umdrehungen in gleichen
Zeiten wie dieses vollbringt. Dieses Ansteigen deutet ein Bestreben
an, sich von der Drehungsachse zu entfernen, und durch ein solches
Bestreben wird die wahre und absolute Kreisbewegung des Wassers,
die hier der relativen Bewegung ganz entgegengesetzt ist, erkannt
und gemessen. Anfangs, wo die relative Bewegung des Wassers im
Gefässe am grössten war, erregte diese Bewegung kein Bestreben, von
der Achse zurückweichen; das Wasser suchte nicht die äussersten
Teile durch Emporsteigen an den Wänden des Gefässes zu erreichen,
sondern blieb eben, und daher hatte die wahre Kreisbewegung noch
nicht begonnen. Später aber, als die relative Bewegung des Wassers
abnahm, zeigte sein Emporsteigen an den Wänden des Gefässes das
Bestreben an, von der Achse zurückzuweichen, und dieses Bestreben

bewies das Vorhandensein der wahren Kreisbewegung, die stets wuchs und endlich, als das Wasser in Bezug auf das Gefäss ruhte, am grössten wurde. Also hängt jenes Bestreben nicht von der Bewegung des Wassers gegen die umgebenden Körper ab, und deshalb kann die wahre Kreisbewegung nicht durch solche Bewegungen definiert werden. Jeder rotierende Körper hat nur eine einzige wahre Kreisbewegung, die jenem bestimmten Bestreben entspricht, das gleichsam ihre eigentümliche und angemessene Wirkung ist. Die relativen Bewegungen aber sind je nach den verschiedenen Beziehungen zu andern Körpern unzählig und ermangeln, wie diese Beziehungen selbst, völlig irgend welcher wahren Wirkungen, ausser insoweit sie an jener wahren und einzigen Bewegung teilnehmen. Nach der Theorie derjenigen, die den Raum unseres Sonnensystems samt den Planeten innerhalb des Fixsternhimmels im Kreise sich drehen lassen, werden die einzelnen Teile des Himmelsraumes und die Planeten, welche gegen die nächstgelegenen derselben ruhen, in Wahrheit doch sich bewegen. Sie wechseln nämlich ihre gegenseitigen Lagen (anders als es bei wirklich ruhenden Körpern geschieht), und mit dem Himmelsraume fortgeführt, nehmen sie an dessen Bewegung teil; auch haben sie das Bestreben, wie die Teile rotierender Körper, sich von ihren Achsen zu entfernen.

Die relativen Grössen sind also nicht jene Grössen selbst, die so heissen, sondern ihre wahrnehmbaren Maasse (wahre oder falsche), die man gewöhnlich anstatt der gemessenen Grössen benützt. Wenn man aber aus dem Gebrauche die Bedeutungen der Wörter definieren soll, so wird man unter den Ausdrücken Zeit, Raum, Ort und Bewegung eigentlich die wahrnehmbaren Maasse zu verstehen haben; und die Rede wäre ungewöhnlich und rein mathematisch, wenn man die gemessenen Grössen darunter verstünde. Ferner thun diejenigen der heiligen Schrift Gewalt an, welche dort diese Ausdrücke als gemessene Grössen auslegen. Ebenso aber versündigt sich an der Mathematik und Naturforschung, wer die wahren Grössen mit ihren Beziehungen und gewöhnlichen Maassen verwechselt.

Die wahren Bewegungen der einzelnen Körper zu erkennen und von den scheinbaren wirklich zu unterscheiden ist allerdings sehr schwer, weil die Teile jenes unbeweglichen Raums, in dem sich die Körper wirklich bewegen, nicht sinnfällig sind. Aber die Sache ist nicht ganz hoffnungslos; denn die Beweismittel können teils aus den scheinbaren Bewegungen entnommen werden, welche die Unterschiede der wahren sind, teils aus den Kräften, welche die Ursachen und Wirkungen der wahren Bewegungen sind. Wenn z. B. zwei Kugeln in

gegebener Entfernung durch einen Faden verbunden sind und sich
um den gemeinsamen Schwerpunkt drehen, so erkennt man an der
Spannung des Fadens das Bestreben der Kugeln, sich von der Drehungsachse zu entfernen, und kann daraus die Grösse der Kreisbewegung
berechnen. Wenn man hierauf beliebige gleiche Kräfte auf je einer
Seite jeder Kugel zur Vergrösserung oder Verkleinerung der Kreisbewegung zugleich anbrächte, so würde man an der Vergrösserung
oder Verkleinerung der Fadenspannung die Zunahme oder Abnahme
der Bewegung erkennen; so könnte man endlich die Seiten der Kugeln
finden, auf welche man die Kräfte wirken lassen müsste, damit die
Bewegung möglichst verstärkt würde, d. h. die hinteren oder in der
Kreisbewegung nachfolgenden Seiten. Wenn aber die nachfolgenden
und die entgegengesetzten vorangehenden Seiten bekannt sind, würde
die nähere Bestimmung der Bewegung bekannt sein. So könnte man
sowohl Grösse als Sinn dieser Kreisbewegung in einem unendlichen
leeren Raume finden, wo es keine andern Körper und nichts Wahr-
nehmbares gäbe, womit die Kugeln verglichen werden könnten. Wenn
nun in jenem Raume einige sehr entfernte Körper aufgestellt würden,
die ihre gegenseitige Lage beibehalten, wie die Fixsterne im Himmelsraum, so könnte man aus der relativen Bewegung der Kugeln zwischen
den Körpern nicht wissen, ob diesen oder jenen Bewegung zuzu-
schreiben sei. Beobachtet man aber den Faden und findet seine
Spannung so, wie es die Bewegung der Kugeln erfordert, so könnte
man schliessen, dass eine Bewegung der Kugeln vorhanden ist, während
die Körper ruhen, und schliesslich aus der Verschiebung der Kugeln
zwischen den Körpern die näheren Bestimmungen dieser Bewegung
entnehmen. Die wahren Bewegungen aus ihren Ursachen, Wirkungen
und scheinbaren Unterschieden zu entnehmen und umgekehrt aus
den wahren oder scheinbaren Bewegungen ihre Ursachen und Wirkungen zu erschliessen, wird ausführlich im folgenden gelehrt werden.
Zu diesem Zwecke habe ich ja das folgende Werk verfasst.

Aus der Schlussbemerkung.

Bisher habe ich die Vorgänge am Himmel und in unserem Meere durch die Schwerkraft erklärt, aber eine Ursache der Schwere habe ich noch nicht angegeben. Diese Kraft entspringt jedenfalls aus irgend einer Ursache, die bis zu den Mittelpunkten der Planeten und der Sonne ohne Abnahme ihrer Wirksamkeit vordringt. Und alle ihre Wirksamkeit richtet sich nicht nach der Grösse der Oberfläche der Teilchen, auf welche sie wirkt (wie die mechanischen Ursachen), sondern nach der Menge der erfüllenden Materie; sie erstreckt sich nach allen Seiten in ungeheure Entfernungen, indem sie stets im quadratischen Verhältnis der Entfernungen abnimmt. Die Schwerkraft gegen die Sonne setzt sich aus den Schwerkräften gegen die einzelnen Teilchen der Sonne zusammen und nimmt mit der Entfernung von der Sonne genau im quadratischen Verhältnis der Abstände bis zur Bahn des Saturn ab, wie aus der Ruhe des Aphels der Planeten hervorgeht, sogar bis zu den äussersten Aphelien der Kometen, wenn diese Aphelien in Ruhe sind. Aber den Grund dieser Eigenschaft zu gravitieren habe ich aus den Erscheinungen noch nicht ableiten können, und Hypothesen bilde ich nicht. Alles nämlich, was aus den Erscheinungen nicht folgt, ist als Hypothese zu bezeichnen; und Hypothesen, seien sie nun metaphysische, oder physikalische, oder die der verborgenen Eigenschaften, oder mechanische, sind in der experimentellen Naturwissenschaft nicht am Platze. In dieser werden die Sätze aus den Erscheinungen abgeleitet und durch Induktion verallgemeinert. So erkannte man die Undurchdringlichkeit, Beweglichkeit, die Stosskraft der Körper, die Gesetze der Bewegungen und der Schwere. Es genügt, dass die Schwere wirklich existiert, nach den von uns entwickelten Gesetzen wirkt und zur Erklärung aller Bewegungen der Himmelskörper und unseres Meeres ausreicht.

Es wäre noch etwas hinzuzufügen über ein sehr feines Fluidum, welches die groben Körper durchdringt und in ihnen verborgen ist. Durch seine Kraft und Wirksamkeit ziehen sich die Körperteilchen in

den kleinsten Entfernungen gegenseitig an und bleiben nach erfolgter
Berührung aneinander haften; wirken die elektrischen Körper auf
grössere Entfernungen, indem sie benachbarte Körperchen sowohl
abstossen als anziehen; wird das Licht ausgesendet, reflektiert,
gebrochen, gebeugt und erwärmt die Körper; wird jede Empfindung
erregt, werden die Glieder der Tiere willkürlich bewegt, indem
nämlich die Schwingungen jenes Fluidums von den äusseren Sinnes-
organen durch die festen Nervenfasern zum Gehirn und vom Gehirn
in die Muskeln fortgepflanzt werden. Aber diese Dinge lassen sich
mit wenig Worten nicht auseinandersetzen; auch liegt keine hin-
reichende Menge von Versuchen vor, durch welche die Gesetze der
Wirksamkeit jenes Fluidums genau bestimmt und bewiesen werden
sollten.

Aus der

Dynamik

von

Jean le Rond d'Alembert

(1717—1783.)

Vorrede.

Die Gewissheit der mathematischen Wissenschaften ist ein Vorzug, welchen sie vor allem der Einfachheit ihres Gegenstandes verdanken. Man muss sogar zugeben, dass, da nicht alle Teile der mathematischen Wissenschaften einen gleich einfachen Gegenstand haben, auch die Gewissheit im eigentlichen Sinne, welche sich auf notwendig wahre und in sich selbst einleuchtende Prinzipien gründet, weder in gleichem Grade, noch in derselben Weise diesen einzelnen Teilen zukommt. Mehrere derselben, welche auf physikalische Prinzipien, d. h. auf Erfahrungsthatsachen oder auf blosse Hypothesen gegründet sind, haben so zu sagen nur eine Gewissheit der Erfahrung oder selbst nur blosser Annahme. Genau genommen kann man nur diejenigen, welche die Rechnung mit Grössen und die allgemeinen Eigenschaften des Ausgedehnten behandeln, d. i. die Algebra, die Geometrie und die Mechanik als mit dem Stempel der Evidenz versehen betrachten. Man kann auch noch hinsichtlich der Einsicht, welche diese Wissenschaften unserem Geiste eröffnen, gewisse Unterschiede und so zu sagen eine Art Abstufung wahrnehmen. Je allgemeiner der Gegenstand ist, welchen sie umfassen und von je allgemeinerem und abstrakterem Standpunkte er betrachtet wird, um so mehr sind ihre Prinzipien frei von Unklarheit und leicht zu erfassen. Dies ist der Grund, warum die Geometrie einfacher ist als die Mechanik und beide wieder weniger einfach als die Algebra. Dieses Paradoxon wird keineswegs denjenigen als solches erscheinen, welche diese Wissenschaften als Philosophen betrieben haben, die abstraktesten Begriffe, welche der gewöhnliche Mensch als die unzugänglichsten betrachtet, sind häufig gerade diejenigen, denen die grössere Klarheit anhaftet; die Unklarheit scheint sich unserer Begriffe um so mehr zu bemächtigen, je mehr wir an einem Objekt seine

sinnlich wahrnehmbaren Eigenschaften untersuchen; wenn man zur
Idee der Ausdehnung noch die Undurchdringlichkeit hinzunimmt, scheint
uns dies nur ein Geheimnis mehr darzubieten; die Natur der Bewegung ist ein Rätsel für die Philosophen; das metaphysische Prinzip
der Gesetze des Stosses ist ihnen nicht minder verborgen; kurz, je
mehr sie die Vorstellung, welche sie sich von der Materie bilden,
und von den Eigenschaften, in welchen sie sich darstellt, vertiefen,
um so mehr verdunkelt sich diese Vorstellung und scheint ihnen ent-
schlüpfen zu wollen; um so mehr gewinnen sie die Überzeugung, dass
die Existenz der äusseren Objekte, auf das vieldeutige Zeugnis unserer Sinne gegründet, uns am allermangelhaftesten bekannt ist.

Aus diesen Betrachtungen ergiebt sich für die beste Behandlung
was immer für eines Teiles der mathematischen Wissenschaften (man
könnte sogar sagen, für jede Wissenschaft) die Notwendigkeit, einerseits soviel als möglich solche Kenntnisse einzuführen und anzuwenden,
welche aus abstrakteren und deshalb einfacheren Wissenschaften geschöpft sind, andererseits den besonderen Gegenstand der betreffenden
Wissenschaft in möglichst abstrakter und einfacher Weise ins Auge
zu fassen; in diesem Gegenstande nichts anderes vorauszusetzen
und anzunehmen, als die Eigenschaften, welche die Wissenschaft, die
man behandelt, selbst an ihm voraussetzt. Daraus ergeben sich zwei
Vorteile: es erhalten die Prinzipien alle Klarheit, deren sie fähig sind;
sie erscheinen ausserdem auf die möglichst geringe Anzahl reduziert,
und müssen infolge davon zugleich an Tragweite gewinnen; denn
da der Gegenstand einer Wissenschaft notwendig ein begrenzter ist,
sind die Prinzipien derselben um so fruchtbarer, je geringer ihre
Anzahl ist.

Man hat seit langem daran gedacht, und auch mit Erfolg,
in den mathematischen Wissenschaften einen Teil dieses Planes,
den wir soeben entworfen haben, zu verwirklichen. Man hat mit
Glück die Algebra auf die Geometrie, die Geometrie auf die Mechanik
und jede dieser drei Wissenschaften auf alle anderen, deren Grundlage und Ausgangspunkt sie bilden, angewandt. Man war aber
andererseits weder genug darauf bedacht, die Prinzipien dieser Wissenschaften auf die kleinste Anzahl zu reduzieren, noch auch ihnen alle
wünschenswerte Klarheit zu verleihen. Vor allem ist es die Mechanik,
die man in dieser Hinsicht am meisten vernachlässigt zu haben scheint.
Die Mehrzahl ihrer Prinzipien, entweder an sich dunkel oder auf
unklare Weise ausgesprochen und bewiesen, hat zu vielen heiklen
Fragen Anlass gegeben. Im allgemeinen war man bis jetzt mehr

damit beschäftigt, das Gebäude zu vergrössern, als den Eingang zu erhellen; und man hat vor allem daran gedacht, es in die Höhe zu bringen, ohne seinen Fundamenten die gehörige Festigkeit zu geben.

Es ist meine Absicht, in diesem Werke dieser doppelten Aufgabe nachzukommen, sowohl die Grenzen der Mechanik zu erweitern, als auch ihren Zugang zu ebnen; und mein hauptsächlichstes Ziel war es, gewissermassen eine dieser Aufgaben mit Hilfe der anderen zu lösen, d. h. nicht bloss die Prinzipien der Mechanik aus den klarsten Begriffen abzuleiten, sondern von denselben auch neue Anwendungen zu machen; und hierdurch zu gleicher Zeit sowohl die Nutzlosigkeit mehrerer bis jetzt in der Mechanik verwendeten Prinzipien als auch die Vorteile, die man aus der Verbindung der anderen für den Fortschritt dieser Wissenschaft ziehen kann, darzulegen; kurz, die Prinzipien umfassender zu machen durch Beschränkung ihrer Anzahl. Das waren meine Gesichtspunkte in dem Werke, das ich hiermit der Öffentlichkeit übergebe. Um den Leser mit den Mitteln bekannt zu machen, durch welche ich mein Ziel zu erreichen versucht habe, ist es vielleicht nicht ohne Nutzen, eine kritische Untersuchung der Wissenschaft, welche ich zu behandeln unternommen habe, voranzuschicken.

Die Bewegung und ihre allgemeinen Eigenschaften sind das erste und vorzüglichste Objekt der Mechanik; diese Wissenschaft setzt die Existenz der Bewegung voraus und wir wollen sie auch als von allen Physikern anerkannt und zugegeben, annehmen. Was hingegen die Natur der Bewegung betrifft, so sind die Philosophen darüber sehr geteilter Meinung. Nichts ist naturgemässer, muss ich gestehen, als die Bewegung als die successive Zuordnung des Beweglichen zu den einzelnen Teilen des unbestimmten Raumes aufzufassen, den wir uns als Ort der Körper vorstellen. Aber diese Vorstellung setzt einen Raum voraus, dessen Teile durchdringlich und unbeweglich sind; nun ist allgemein bekannt, dass die Cartesianer (eine Schule, welche in Wirklichkeit heute beinahe nicht mehr besteht) einen von den Körpern unterschiedenen Raum nicht anerkennen, und dass sie die Ausdehnung und die Materie als ein und dasselbe betrachten. Man muss zugeben, dass wenn man von einer solchen Anschauung ausgeht, die Bewegung äusserst schwierig zu begreifen wäre, und dass ein Cartesianer es vielleicht viel eher fertig brächte, ihre Existenz zu leugnen, als nach dem Wesen derselben zu forschen. Im übrigen werden wir, wie widersinnig uns auch die Meinung dieser Philosophen erscheint, und wie wenig Klarheit und Exaktheit in den metaphysischen Prinzipien liegt, auf welche sie dieselbe stützen wollen, es nicht unternehmen, sie hier zu widerlegen. Es genügt uns, zu bemerken, dass man, um eine klare Vorstellung von der Bewegung zu haben, nicht umhin kann, wenigstens begrifflich zwei Arten von Ausgedehntem zu unterscheiden: die eine Art, welche als undurchdringlich angesehen wird, und die man im eigentlichen Sinne Körper nennt; die andere, welche einfach als ausgedehnt betrachtet wird, ohne Rücksicht darauf, ob sie durchdringlich ist oder nicht, welche das Maass des Abstandes eines Körpers vom anderen bildet, und deren Teile, als fix und unbeweglich betrachtet, uns dienen können, um die Ruhe oder Bewegung der Körper zu beurteilen. Es wird uns also immer gestattet sein, uns einen unbestimmten Raum als Ort der Körper vorzustellen, sei derselbe nun real oder bloss angenommen, und die Bewegung als Verschiebung des Beweglichen von einen Orte zum anderen aufzufassen.

Die Betrachtung der Bewegung kommt manchmal auch in Untersuchungen der reinen Geometrie vor; so denkt man sich oft die geraden Linien und Kurven durch die stetige Bewegung eines Punktes, die Flächen durch die Bewegung einer Linie, endlich die Körper durch diejenige einer Fläche erzeugt. Doch besteht zwischen der Mechanik und der Geometrie der Unterschied, dass in dieser die Erzeugung der Figuren durch die Bewegung so zu sagen willkürlich und bloss Sache der Eleganz ist, und dass die Geometrie bei der Bewegung bloss den durchmessenen Raum betrachtet, während man in der Mechanik auch noch auf die Zeit achtet, welche das Bewegliche braucht, um diesen Raum zu durchlaufen.

Man kann zwar zwei so heterogene Dinge, wie Raum und Zeit, nicht miteinander vergleichen; aber man kann das Verhältnis der Teile der Zeit mit jenem der Teile des durchlaufenen Raumes vergleichen. Die Zeit läuft ihrer Natur nach gleichförmig ab, und die Mechanik setzt diese Gleichförmigkeit voraus. Im übrigen können wir, ohne die Zeit an sich zu kennen, und ohne für sie ein präzises Maass zu besitzen, uns das Verhältnis ihrer Teile am klarsten durch dasjenige der Abschnitte einer unbegrenzten geraden Linie darstellen. Nun kann der Zusammenhang zwischen dem Verhältnisse der Abschnitte einer solchen Linie und jenem der Teile des Raumes, der von einem irgendwie bewegten Körper durchlaufen wird, immer durch eine Gleichung ausgedrückt werden; man kann sich also eine Kurve denken, deren Abscissen die Abschnitte der seit dem Beginne der Bewegung verflossenen Zeit, und deren entsprechende Ordinaten die während dieser

Zeitabschnitte durchlaufenen Räume darstellen; die Gleichung dieser
Kurve wird zwar nicht das Verhältnis der Zeiten zu den Räumen,
aber, wenn man so sagen darf, das Verhältnis zwischen dem Verhältnis,
welches die Teile der Zeit zu ihrer Einheit besitzen, und jenem, welches
die Teile des durchlaufenen Raumes zu der ihrigen haben, ausdrücken.
Denn die Gleichung einer Kurve kann sowohl als Ausdruck der Beziehung zwischen den Ordinaten und Abscissen, wie auch als Gleichung
zwischen dem Verhältnisse, welches die Ordinaten zu ihrer Einheit
haben, und dem Verhältnisse, welches die entsprechenden Abscissen
zu der ihrigen haben, aufgefasst werden.

Es ist also klar, dass man durch die blosse Anwendung der Geometrie und der Rechnung ohne Zuhilfenahme irgend eines anderen
Prinzipes die allgemeinen Eigenschaften einer nach irgend einem
Gesetze sich ändernden Bewegung bestimmen kann. Doch wie kommt
es, dass die Bewegung eines Körpers diesem oder jenem speziellen
Gesetze folgt? Hierüber kann uns die Geometrie allein keinen Aufschluss geben, und dies ist es auch, was man als erstes unmittelbar
zur Mechanik gehöriges Problem betrachten kann.

Man sieht zunächst ganz klar, dass ein Körper sich nicht selbst
eine Bewegung erteilen kann. Er kann also nicht anders aus der
Ruhe gebracht werden als durch die Wirkung einer äusseren Ursache.
Aber bewegt er sich dann von selbst weiter, oder ist zu seiner
Bewegung die wiederholte Wirkung der Ursache notwendig?
Welchen Standpunkt man in dieser Hinsicht auch einnehmen mag, so
wird es doch immer unbestreitbar sein, dass, wenn man einmal die
Existenz der Bewegung ohne irgend eine andere spezielle Annahme
vorausgesetzt hat, das einfachste Gesetz, welchem ein Bewegliches
bei seiner Bewegung Folge leisten kann, das der Gleichförmigkeit
ist, und diesem Gesetze muss er daher auch folgen, wie man dies später
des Längeren im ersten Abschnitte dieses Werkes dargelegt finden
wird. Die Bewegung ist also ihrer Natur nach gleichförmig. Ich
gestehe, dass die Beweise, welche man bis jetzt von diesem Prinzip
gegeben hat, vielleicht nicht sehr überzeugend sind. Man wird in
meinem Werke die Einwände kennen lernen, welche man denselben
entgegenhalten kann, sowie auch den Weg, welchen ich eingeschlagen
habe, um zu vermeiden, mich in Lösungsversuche einzulassen. Es
scheint mir, dass das für die Bewegung wesentliche Gesetz der Gleichförmigkeit, an sich betrachtet, eine der besten Grundlagen liefert, auf
welche die Messung der Zeit durch die gleichförmige Bewegung gegründet werden kann. Ich glaube auch, dass über diesen Punkt hier

eine etwas grössere Ausführlichkeit am Platze sei, obwohl im Grunde diese Betrachtung als eine der Mechanik fremde erscheinen mag.

Wenn man „das Gesetz der Trägheit", d. i. die Eigenschaft der Körper, in ihrem Zustande der Ruhe oder der Bewegung zu verharren, einmal aufgestellt hat, so leuchtet ein, dass die Bewegung, welche eine äussere Ursache braucht, damit sie überhaupt existiere, auch nicht anders beschleunigt oder verzögert werden kann, als durch eine äussere Ursache. Was sind nun die Ursachen, welche imstande sind, in den Körpern Bewegung zu erzeugen oder vorhandene zu verändern? Wir kennen bis jetzt nur zwei Arten solcher Ursachen: die einen offenbaren sich uns zugleich mit der Wirkung, welche sie hervorbringen, oder vielmehr deren Veranlassung sie sind; das sind diejenigen, welche aus der sinnlich wahrnehmbaren Wechselwirkung der Körper hervorgehen, die aus ihrer Undurchdringlichkeit entspringt; sie beschränken sich auf den Stoss und einige andere Wirkungen, welche sich hieraus ableiten lassen; alle anderen Ursachen lassen sich nur aus ihren Wirkungen erkennen, und wir wissen über deren Wesen gar nichts: so z. B. die Ursache des Fallens der schweren Körper gegen den Mittelpunkt der Erde, oder diejenige, welche die Planeten in ihren Bahnen erhält, u. s. w.

Wir werden bald sehen, wie man die Wirkungen des Stosses und die Ursachen, welche hierbei in Betracht kommen können, bestimmen kann. Was diejenigen der zweiten Art betrifft, so leuchtet ein, dass, wenn es sich um die von solchen Ursachen hervorgebrachten Wirkungen handelt, diese letzteren immer unabhängig von der Kenntnis der Ursache gegeben sein müssen, weil sie nicht hieraus ableitbar sind; so ist es, wenn wir, ohne die Ursache der Schwere zu kennen, aus der Erfahrung lernen, dass die von einem fallenden Körper durchlaufenen Räume sich wie die Quadrate der Zeiten verhalten. Allgemein leuchtet ein, dass bei veränderlichen Bewegungen mit unbekannten Ursachen, die von der betreffenden Ursache, sei es in endlicher Zeit, sei es in einem Augenblicke hervorgebrachte Wirkung, immer durch die Gleichung zwischen den Zeiten und den durchlaufenen Räumen gegeben sein muss; kennt man einmal diese Wirkung und setzt man das Gesetz der Trägheit voraus, so braucht man nur mehr die Geometrie und die Rechnung, um die Eigenschaften dieser Art von Bewegungen aufzudecken. Warum sollten wir also Zuflucht nehmen zu jenem Prinzipe, von dem heutzutage jedermann Gebrauch macht, dass die beschleunigende oder verzögernde Kraft dem Geschwindigkeitselement proportional ist, ein Prinzip, welches sich nur auf das eine vage und unklare Axiom gründet, dass die Wirkung der Ursache proportional ist. Wir werden nicht untersuchen, ob dieses Prinzip ein notwendig wahres ist; wir wollen nur bemerken, dass die Beweise, welche man hierfür bisher erbracht hat, uns nicht einwandfrei scheinen; wir werden es auch nicht, wie einige Mathematiker dies thun, als eine rein zufällige Wahrheit annehmen, was die Gewissheit der Mechanik untergraben und dieselbe zu einer blossen Erfahrungswissenschaft herabdrücken würde; wir beschränken uns auf die Bemerkung, dass dasselbe, ob wahr oder zweifelhaft, klar oder unklar, in der Mechanik ohne Nutzen ist, und dass es folglich aus derselben verbannt werden muss.

Wir haben bis jetzt nur der Veränderungen gedacht, die durch die Ursachen, welche die Bewegung zu verändern imstande sind, an der Geschwindigkeit des Beweglichen hervorgebracht werden, und haben noch gar nicht untersucht, was geschehen wird, wenn die bewegende Ursache den Körper in einer Richtung zu bewegen strebt, die von jener verschieden ist, welche er bereits hat. Das Gesetz der Trägheit lehrt uns in diesem Falle bloss, dass das Bewegliche nur eine gerade Linie, und zwar gleichförmig, zu beschreiben bestrebt sein kann; doch das lehrt uns weder seine Geschwindigkeit noch seine Richtung kennen. Man ist also gezwungen, zu einem zweiten Prinzip seine Zuflucht zu nehmen, demjenigen, welches man die Zusammensetzung der Bewegungen nennt, und mit Hilfe dessen man die einheitliche Bewegung eines Körpers bestimmt, der sich zugleich nach verschiedenen Richtungen mit gegebenen Geschwindigkeiten zu bewegen strebt. Man wird in diesem Werke einen neuen Beweis dieses Prinzips finden, bei welchem ich mir vorgenommen habe, einerseits die Schwierigkeiten zu vermeiden, denen die Beweise, die man gewöhnlich giebt, unterworfen sind, und andererseits, nicht aus einer grossen Menge komplizierter Voraussetzungen ein Prinzip abzuleiten, welches, da es eines der ersten in der Mechanik ist, notwendigerweise auf einfache und leicht verständliche Beweise gegründet werden soll.

Wie die Bewegung eines Körpers, welcher seine Richtung ändert, aus der Bewegung, welche er vorher hatte, und einer neuen Bewegung, welche er erhalten hat, zusammengesetzt betrachtet werden kann, ebenso kann die Bewegung, die der Körper früher hatte, als aus der neuen Bewegung, die er angenommen hat, und einer anderen, die er verloren hat, zusammengesetzt angesehen werden. Daraus folgt, dass die Gesetze einer durch irgend welche Hindernisse veränderten Bewegung einzig und allein von den Gesetzen derjenigen

Bewegung abhängen, welche durch diese Hindernisse zerstört wird.
Denn es ist klar, dass es genügt, die Bewegung, welche der Körper
vor der Begegnung mit dem Hindernisse hatte, in zwei andere Bewegungen zu zerlegen, derart, dass das Hindernis die eine gar nicht
stört und die andere ganz aufhebt. Auf diese Weise kann man
nicht bloss die Gesetze derjenigen Bewegung darlegen, welche durch
unüberwindliche Hindernisse beeinflusst wird, die einzigen, welche
man bis jetzt nach dieser Methode gefunden hat; sondern man kann
auch noch bestimmen, in welchem Falle die Bewegung durch diese
Hindernisse aufgehoben wird. Hinsichtlich der Gesetze der Bewegung,
welche durch solche Hindernisse beeinflusst wird, die an sich nicht
unüberwindlich sind, ergiebt sich auf Grund derselben Überlegung,
dass man, um deren Gesetze zu bestimmen, nur diejenigen des Gleichgewichtes richtig aufgestellt zu haben braucht.

Welches ist nun das allgemeine Gesetz des Gleichgewichtes der
Körper? Alle Mathematiker sind darin einig, dass zwei Körper, deren
Bewegungsrichtungen entgegengesetzt sind, sich das Gleichgewicht
halten, wenn ihre Massen im umgekehrten Verhältnis zu den Geschwindigkeiten stehen, mit welchen sie sich zu bewegen streben,
aber es ist vielleicht nicht leicht, dieses Gesetz in aller Strenge und
auf eine von Unklarheit freie Art zu beweisen; auch hat die Mehrzahl
der Mathematiker es vorgezogen, dasselbe als ein Axiom zu behandeln,
statt sich mit dem Beweise desselben abzugeben. Doch wird man,
wenn man genau acht hat, sehen, dass es nur einen einzigen Fall
giebt, in welchem sich das Gleichgewicht in klarer und deutlicher
Weise offenbart; dies ist derjenige, wo die Massen der beiden Körper
gleich und ihre Geschwindigkeiten gleich und entgegengesetzt sind.
Der einzige Standpunkt, den man, wie ich glaube, einnehmen kann,
um das Gleichgewicht in den übrigen Fällen nachzuweisen, ist
dieselben womöglich auf diesen ersten einfachen und an sich ein-
leuchtenden Fall zurückzuführen. Dies ist es auch, was ich versucht
habe; der Leser möge entscheiden, ob es mir geglückt ist.

Das Prinzip des Gleichgewichts in Verbindung mit jenem der
Trägheit und der zusammengesetzten Bewegung führt uns also zur Lösung aller jener Probleme, in welchen man die Bewegung eines Körpers
betrachtet, sofern sie durch ein undurchdringliches und bewegliches
Hindernis verändert werden kann, d. h. im allgemeinen durch einen
anderen Körper, welcher notwendigerweise Bewegung abgeben muss,
um wenigstens einen Teil der seinigen zu bewahren. Aus der Verbindung dieser Prinzipien kann man also leicht die Gesetze der Be-

wegung der Körper ableiten, welche sich in irgend einer Weise stossen, oder welche sich mittelst eines zwischen ihnen eingeschalteten Körpers, an welchem sie befestigt sind, fortziehen.

Wenn die Prinzipien der Trägheit, der zusammengesetzten Bewegung und des Gleichgewichtes von einander wesentlich verschieden sind, wie man entschieden wird zugeben müssen; und wenn andererseits diese drei Prinzipien für die Mechanik ausreichen, dann haben wir diese Wissenschaft auf die kleinstmögliche Zahl von Prinzipien zurückgeführt, falls wir aus diesen drei Prinzipien alle Gesetze der Bewegung der Körper unter was immer für Umständen, abgeleitet haben, wie ich es in diesem Werke versucht habe.

Hinsichtlich der Beweise dieser Prinzipien selbst habe ich, um denselben alle Klarheit und Einfachheit zu geben, deren sie mir fähig schienen, den Plan verfolgt, sie aus der blossen Betrachtung der Bewegung, die auf möglichst einfache und klare Weise ins Auge gefasst wird, abzuleiten. Was wir an der Bewegung eines Körpers deutlich wahrnehmen, ist, dass er einen bestimmten Raum durchläuft, und dass er eine bestimmte Zeit benötigt, um ihn zu durchlaufen. Aus dieser Vorstellung allein muss man also alle Prinzipien der Mechanik ableiten, wenn man sie auf eine durchsichtige und präzise Art beweisen will; man wird also nicht überrascht sein, dass ich auf Grund dieser Überlegung so zu sagen meinen Blick von den „bewegenden Ursachen" abgewendet habe, um einzig und allein die von denselben erzeugte Bewegung ins Auge zu fassen, und dass ich die dem Körper bei der Bewegung innewohnenden Kräfte ganz und gar geächtet habe, als geheimnisvolle metaphysische Wesen, welche zu nichts anderem taugen, als Dunkelheit über eine in sich selbst klare Wissenschaft zu verbreiten.

Aus diesem Grunde glaubte ich nicht in eine Untersuchung der berüchtigten Frage der „lebendigen Kräfte" eingehen zu müssen. Diese Frage, welche seit dreissig Jahren die Mathematiker in zwei Lager teilt, besteht darin, zu entscheiden, ob die Kraft der bewegten Körper dem Produkt der Masse und der Geschwindigkeit oder dem Produkt der Masse in das Quadrat der Geschwindigkeit proportional ist; z. B. ob ein Körper, der das Doppelte eines anderen ist und eine dreimal so grosse Geschwindigkeit hat, achtzehnmal oder bloss sechsmal soviel Kraft besitzt, wie der andere. Trotz der Streitigkeiten, welche diese Frage hervorgerufen hat, veranlasste mich die volle Nutzlosigkeit derselben für die Mechanik, in dem Werke, das ich heute veröffentliche, derselben keine Erwähnung zu thun; ich glaube

aber nichtsdestoweniger über eine Meinung nicht ganz mit Still-
schweigen hinweggehen zu sollen, auf welche sich LEIBNITZ als auf
eine Entdeckung sehr viel zu gute hielt; welche der grosse BERNOULLI
später in so gelehrter und glücklicher Weise vertieft hat,[*]) welche
MAC LAURIN zu stürzen sich sehr bemühte, und für welche endlich die
Schriften einer grossen Zahl bedeutender Mathematiker das Publikum
zu interessieren, beitrugen. So wird es nicht ausserhalb unseres
Planes liegen, wenn wir, ohne den Leser mit allen Einzelheiten, die
über diese Frage vorgebracht worden sind, zu ermüden, hier ganz
kurz die Prinzipien, welche zu ihrer Lösung dienen können, auseinandersetzen.

Wenn man von der Kraft der in Bewegung befindlichen Körper
spricht, so verbindet man entweder gar keine präzise Vorstellung mit
diesem Ausdrucke, oder man kann darunter im allgemeinen nichts
anderes verstehen, als die Eigenschaft der bewegten Körper, die
Hindernisse, welche ihnen begegnen, zu überwinden oder denselben
Widerstand zu leisten. Man kann also weder aus dem Raum, den
ein Körper gleichförmig durchläuft, noch aus der Zeit, welche er
hierzu benötigt, endlich auch nicht aus der einfachen und abstrakten
Betrachtung der Masse und der Geschwindigkeit allein die Kraft
unmittelbar abschätzen, sondern einzig aus den Hindernissen, denen
ein Körper begegnet, und aus dem Widerstande, den ihm diese Hindernisse verursachen. Je bedeutender das Hindernis ist, welches ein
Körper überwinden kann, oder welchem er gewachsen ist, um so mehr
kann man sagen, dass seine „Kraft" gross ist, sofern man nur mit
diesem Wort nicht irgend ein vermeintliches Wesen, welches im Körper
seinen Wohnsitz hat, bezeichnen will, und man sich dessen bloss als
Abkürzung des Ausdrucks für eine Thatsache bedient, wie man etwa
auch sagt, dass ein Körper eine doppelt so grosse „Geschwindigkeit"
habe, als ein anderer, anstatt zu sagen, dass er in der gleichen Zeit
einen doppelt so grossen Raum durchläuft, ohne deshalb zu meinen,
dass das Wort „Geschwindigkeit" ein den Körpern anhaftendes Wesen
bezeichne.

Dies vorausgesetzt, leuchtet ein, dass man der Bewegung eines

---

[*]) Man sehe seine Abhandlung über die Übertragung der Bewegung, welche
im Jahre 1726 die Anerkennung der Akademie sich verdient hat, während P. MAZIERE
den Preis erhielt. Der Grund, weshalb die Arbeit BERNOULLI's nicht preisgekrönt
wurde, findet man in einer Gedächtnisrede, welche ich über diesen grossen Mathematiker einige Monate nach seinem zu Beginn des Jahres 1748 erfolgten Tode
veröffentlicht habe.

Körpers dreierlei Arten von Hindernissen entgegenstellen kann; entweder unüberwindliche Hindernisse, welche seine Bewegung, wie immer sie auch beschaffen sei, vollkommen aufheben; oder Hindernisse, welche gerade nur die notwendige Widerstandskraft haben, um die Bewegung des Körpers aufzuheben und sie momentan aufheben, dies ist der Fall des Gleichgewichtes; oder endlich solche Hindernisse, welche die Bewegung nach und nach aufheben, dies ist der Fall der verzögerten Bewegung. Da die unüberwindlichen Hindernisse in gleicher Weise alle Arten der Bewegung aufheben, können sie zur Erkenntnis der Kraft nicht dienen: man kann also nur im Gleichgewicht oder in der verzögerten Bewegung den Maasstab für dieselbe suchen. Nun sind alle darin einig, dass zwischen zwei Körpern Gleichgewicht besteht, wenn die Produkte ihrer Massen und ihrer virtuellen Geschwindigkeiten, d. h. der Geschwindigkeiten, mit welchen sie sich zu bewegen streben, auf beiden Seiten gleich sind. Im Falle des Gleichgewichts kann also das Produkt der Masse in die Geschwindigkeit, oder was dasselbe ist, die Bewegungsgrösse, die Kraft darstellen. Alle sind aber auch darin einig, dass im Falle der verzögerten Bewegung die Zahl der überwundenen Hindernisse sich wie das Quadrat der Geschwindigkeit verhält; derart, dass ein Körper, welcher z. B. mit einer bestimmten Geschwindigkeit eine Feder zusammengedrückt hat, mit der doppelten Geschwindigkeit imstande sein wird, entweder zugleich oder nach einander nicht bloss zwei, sondern vier der ersten gleiche Federn zusammenzudrücken, mit der dreifachen Geschwindigkeit neun u. s. f. Hieraus schliessen die Anhänger der lebendigen Kräfte, dass die Kraft der Körper, die sich wirklich bewegen, sich im allgemeinen wie das Produkt der Masse in das Quadrat der Geschwindigkeit verhält. Im Grunde genommen, welchen Nachteil sollte es haben, dass die Messung der Kraft im Falle des Gleichgewichtes und im Falle der verzögerten Bewegung eine verschiedene ist, da ja, wenn man nur auf Grund klarer Vorstellungen operieren will, man eben unter dem Ausdrucke Kraft nichts anderes verstehen darf, als die Wirkung, die in der Überwindung eines Hindernisses oder in der gegen dasselbe geleisteten Gegenwirkung besteht? Doch muss man zugeben, dass die Ansicht derjenigen, welche die Kraft als das Produkt der Masse und der Geschwindigkeit ansehen, nicht nur im Falle des Gleichgewichtes, sondern auch in jenem der verzögerten Bewegung in Geltung bleiben kann, wenn man in letzterem die Kraft nicht nach der absoluten Menge der Hindernisse, sondern nach der Summe der Widerstände, welche diese Hindernisse leisten, misst. Denn das kann nicht bezweifelt werden,

dass diese Summe der Widerstände der Bewegungsgrösse proportional ist,
da ja, nach der übereinstimmenden Meinung aller, die Bewegungsgrösse,
welche der Körper in jedem Augenblicke verliert, dem Produkte aus dem
Widerstande und der unendlich kleinen Zeitdauer dieses Augenblickes
proportional ist, und dass die Summe dieser Produkte offenbar dem
Gesamtwiderstande gleich ist. Die ganze Schwierigkeit reduziert sich
daher darauf, zu entscheiden, ob man die Kraft durch die absolute
Menge der Hindernisse oder durch die Summe der von ihnen geleisteten
Widerstände messen soll. Es dürfte naturgemässer erscheinen, die
Kraft auf die letztere Art zu messen; denn ein Hindernis gilt nur
so viel, als es Widerstand leistet und es ist, kurz gesagt, die Summe
der Widerstände, welche die Überwindung der Hindernisse ausmacht;
andererseits hat man, wenn man die Kraft in dieser Weise abschätzt,
den Vorteil, einen gemeinsamen Maasstab für den Fall des Gleichgewichtes und für jenen der verzögerten Bewegung zu besitzen. Nichtsdestoweniger glaube ich, da wir nur dann einen präzisen und klaren
Begriff mit dem Worte „Kraft" verbinden, wenn wir diesen Ausdruck
auf die Bezeichnung einer Wirkung beschränken, dass man jedem
einzelnen hierin die freie Entscheidung nach seinem Gutdünken überlassen muss; und die ganze Frage kann dann nur mehr in einer sehr
wertlosen metaphysischen Untersuchung bestehen, oder gar nur in einem
Wortstreit, einer noch unwürdigeren Beschäftigung für Philosophen.

Was wir soeben gesagt haben, wird genügen, um unsere Leser
dies empfinden zu lassen. Aber eine sehr naheliegende Überlegung
wird sie hiervon vollends überzeugen. Gesetzt, ein Körper hätte ein
blosses Streben, sich mit einer gewissen Geschwindigkeit zu bewegen,
welches Streben durch irgend ein Hindernis gehemmt wird, oder er
bewege sich wirklich und gleichförmig mit dieser Geschwindigkeit,
oder aber, er bewege sich anfangs mit dieser Geschwindigkeit, diese
werde aber durch was immer für eine Ursache nach und nach auf-
gezehrt und zum Verschwinden gebracht; in allen diesen Fällen ist die
durch den Körper hervorgebrachte Wirkung verschieden, aber der
Körper an sich betrachtet besitzt in dem einen dieser drei Fälle nichts,
was er nicht auch in jedem anderen besässe; nur die Wirkungsweise
der Ursache, welche die Wirkung hervorbringt, äussert sich verschieden. Im ersten Fall beschränkt sich die Wirkung auf ein blosses
Streben, welches eigentlich keine präzise Messung zulässt, da aus
demselben keine Bewegung hervorgeht; im zweiten Falle besteht die
Wirkung in dem in der gegebenen Zeit gleichförmig durchlaufenen
Raum, und diese Wirkung ist der Geschwindigkeit proportional; im

dritten besteht die Wirkung in dem bis zum vollständigen Erlöschen der Bewegung durchlaufenen Raume, und diese letztere Wirkung verhält sich wie das Quadrat der Geschwindigkeit. Nun sind diese verschiedenen Wirkungen offenbar durch eine und dieselbe Ursache hervorgebracht; daher konnten diejenigen, welche sagten, die Kraft verhalte sich bald wie die Geschwindigkeit, bald wie deren Quadrat nur von der Wirkung sprechen, wenn sie sich in dieser Weise ausdrückten. Diese Verschiedenheit der von einer und derselben Ursache hervorgerufenen Wirkungen kann, nebenbei bemerkt, dazu dienen, um einsehen zu lehren, wie wenig Berechtigung und Exaktheit das vermeintliche Axiom besitzt, von welchem so oft Gebrauch gemacht wird, nämlich jenes über die Proportionalität der Ursachen und ihrer Wirkungen.

Endlich werden diejenigen, welche nicht imstande sind, bis auf die metaphysischen Grundlagen der Frage der lebendigen Kräfte zurückzugehen, dieselbe leicht als einen blossen Wortstreit erkennen, wenn sie darauf achten, dass die beiden Parteien im übrigen hinsichtlich der fundamentalen Prinzipien des Gleichgewichtes und der Bewegung vollkommen einig sind. Wenn man dasselbe Problem der Mechanik zweien Mathematikern, von denen der eine ein Gegner, der andere ein Anhänger der lebendigen Kräfte ist, vorlegt, so werden ihre Ergebnisse, wenn sie richtig sind, immer vollkommen übereinstimmen; die Frage der Messung der Kräfte ist also vollkommen unnütz für die Mechanik und hat nicht einmal einen wirklichen Gegenstand. Auch hätte dieselbe zweifellos nicht so viele Bände in die Welt gesetzt, wenn man es sich hätte angelegen sein lassen, zu unterscheiden, was an ihr Klares und Dunkles sei. Wenn man so vorgegangen wäre, hätte man nur einige Zeilen gebraucht, um diese Frage zu entscheiden; aber es hat den Anschein, als ob die Mehrzahl derjenigen, welche diesen Gegenstand behandelt haben, davor in Angst waren, denselben mit wenig Worten zu behandeln.

Die von uns vorgenommene Zurückführung aller Gesetze der Mechanik auf drei, jenes der Trägheit, jenes der zusammengesetzten Bewegung und jenes des Gleichgewichtes, kann zur Lösung des grossen *metaphysischen Problems* dienen, *das vor kurzem von einer der berühmtesten Akademien Europas vorgelegt wurde, „ob die Gesetze der Statik und der Dynamik von notwendiger oder bloss zufälliger Gültigkeit sind?“* Um in dieser Frage zu festen Begriffen zu gelangen, müssen wir dieselbe zuvörderst auf den einzigen vernünftigen Sinn, welchen sie haben kann, zurückführen. Es handelt sich nicht darum,

zu entscheiden, ob der Schöpfer der Natur derselben andere Gesetze
hätte geben können, als jene, welche wir an derselben beobachten;
sobald man ein mit Intelligenz begabtes Wesen annimmt, das imstande
ist, auf die Materie zu wirken, ist offenbar, dass dieses Wesen in
jedem Augenblicke dieselbe nach seinem Belieben bewegen und auf-
halten kann, sei es nun nach gleichbleibenden Gesetzen, sei es nach
Gesetzen, welche für jeden Augenblick und für jeden Teil der Materie
andere sind; die fortwährende Erfahrung über die Bewegungen unseres Leibes beweist uns zur Genüge, dass die Materie, dem Willen
eines denkenden Prinzips unterworfen, in ihren Bewegungen von
jenen abweichen kann, welche dieselbe hätte, wenn sie sich selbst
überlassen wäre. Die vorgelegte Frage reduziert sich also darauf, zu
entscheiden, ob die Gesetze des Gleichgewichtes und der Bewegung,
welche man in der Natur beobachtet, von jenen verschieden sind,
welche die Materie, sich selbst überlassen, befolgt haben würde.
Entwickeln wir diese Idee weiter. Es ist im höchsten Grade einleuchtend, dass, wenn man sich darauf beschränkt, die Existenz der
Materie und der Bewegung anzunehmen, aus dieser doppelten Existenz
notwendig bestimmte Wirkungen folgen müssen; dass ein Körper,
durch irgend eine Ursache in Bewegung versetzt, entweder am Ende
einer bestimmten Zeit zur Ruhe kommen oder sich fortgesetzt weiter
bewegen muss; dass ein Körper, der sich nach den beiden Seiten eines
Parallelogrammes zu bewegen strebt, notwendigerweise die Diagonale
oder irgend eine andere Linie beschreiben muss; dass, wenn mehrere
in Bewegung befindliche Körper einander begegnen und stossen, notwendigerweise infolge ihrer Undurchdringlichkeit irgend welche Veränderung in dem Zustande aller dieser Körper oder wenigstens im
Zustande einiger derselben vor sich gehen muss. Wenn aber nun
mehrere Wirkungen möglich sind, sei es in der Bewegung eines einzelnen Körpers, sei es in jener mehrerer Körper, welche auf einander
wirken, so giebt es immer eine unter ihnen, welche in jedem einzelnen
Falle unausbleiblich als Folge der alleinigen Existenz der Materie
und abgesehen von jedem anderen hievon verschiedenen Prinzip, welches
diese Wirkung beeinflussen oder verändern könnte, statthaben muss.
Dies wäre also der Weg, den ein Philosoph einschlagen müsste, um
die Frage, um die es sich handelt, zu lösen. Er müsste zunächst bestrebt sein, durch Überlegung zu finden, welches die Gesetze der Statik
und Mechanik innerhalb der sich selbst überlassenen Materie wären;
hierauf muss er mit Hilfe der Erfahrung untersuchen, welches diese
Gesetze im Universum sind; wenn die einen von den anderen ver-

schieden sind, wird er daraus schliessen, dass die Gesetze der Statik
und Mechanik, wie sie die Erfahrung uns liefert, von bloss zufälliger
Gültigkeit sind, da sie ja die Folge einer speziellen und ausdrücklichen
Willensäusserung des höchsten Wesens sind; wenn im Gegenteile die
von der Erfahrung gelieferten Gesetze mit jenen, welche die Überlegung allein finden liess, übereinstimmen, wird er daraus den Schluss
ziehen, dass die beobachteten Gesetze notwendige Wahrheiten sind,
nicht in dem Sinne, dass der Schöpfer nicht etwa ganz andere Gesetze
hätte aufstellen können, sondern in dem Sinne, dass sein Entschluss
nicht dahin ging, andere aufzustellen als jene, welche aus der blossen
Existenz der Materie sich ergeben.

Nun glauben wir in diesem Werke gezeigt zu haben, dass ein sich
selbst überlassener Körper immerwährend in dem Zustande der Ruhe
oder gleichförmigen Bewegung verharren muss; wir glauben ebenso
gezeigt zu haben, dass wenn er sich zu gleicher Zeit nach den zwei
Seiten irgend eines Parallelogrammes zu bewegen strebt, die Diagonale
die Richtung bezeichnet, welche er von selbst einschlagen und so zu
sagen unter allen anderen auswählen muss. Wir haben endlich gezeigt, dass alle Gesetze der Mitteilung von Bewegung zwischen den
Körpern sich auf die Gesetze des Gleichgewichtes zurückführen lassen,
und dass die Gesetze des Gleichgewichtes selbst sich auf jene des
Gleichgewichtes zweier gleicher Körper, die in entgegengesetztem Sinne
mit gleichen virtuellen Geschwindigkeiten begabt sind, zurückführen
lassen. In diesem letzteren Falle zerstören sich offenbar die Bewegungen
der beiden Körper gegenseitig, und vermöge einer mathematischen
Folgerung wird auch dann noch notwendig Gleichgewicht herrschen,
wenn ihre Massen im umgekehrten Verhältnis der Geschwindigkeit
stehen; man muss nur noch entscheiden, ob es nur einen einzigen Fall
des Gleichgewichtes giebt, d. h. ob, wenn die Massen nicht im umgekehrten Verhältnis der Geschwindigkeit stehen, einer der Körper
notwendigerweise den anderen zwingen wird, sich zu bewegen. Nun
ist es leicht einzusehen, dass, sobald es einen möglichen und notwendigen
Fall des Gleichgewichtes giebt, es keinen anderen geben kann, sonst
würden die Gesetze des Stosses der Körper, welche sich notwendigerweise auf jene des Gleichgewichtes gründen, unbestimmt; was nicht
sein kann, da, wenn ein Körper mit einem anderen zusammenstösst,
notwendig eine eindeutig bestimmte Wirkung daraus hervorgehen muss,
als unvermeidliche Folge der Existenz und der Undurchdringlichkeit
dieser Körper. Man kann übrigens die Eindeutigkeit des Gesetzes
des Gleichgewichtes auch durch eine andere Überlegung beweisen,

die jedoch zu mathematisch ist, um in dieser Einleitung dargelegt zu
werden, die ich jedoch in meinem Werke auseinanderzusetzen versucht
habe, worauf ich den Leser verweise. *)

Aus allen diesen Überlegungen folgt, dass die Gesetze der Statik
und der Mechanik, die in diesem Buche auseinandergesetzt sind, diejenigen sind, welche aus der Existenz der Materie und der Bewegung
folgen. Nun lehrt uns die Erfahrung, dass diese Gesetze an den
Körpern, welche uns umgeben, wirklich beobachtet werden. Die Gesetze des Gleichgewichtes und der Bewegung, wie die Beobachtung
sie uns kennen lehrt, sind also von notwendiger Gültigkeit. Ein Meta-
physiker würde sich vielleicht mit dem Beweise begnügen, dass er sagt,
es wäre in der Weisheit des Schöpfers und in der Einfachheit seiner
Gesichtspunkte gelegen, keine anderen Gesetze des Gleichgewichtes
und der Bewegung aufzustellen, als jene, welche aus der Existenz der
Körper selbst und aus ihrer gegenseitigen Undurchdringlichkeit folgen;
aber wir glaubten uns dieser Art der Überlegung enthalten zu sollen,
da sie uns auf ein zu vages Prinzip zu führen schien; die Natur des
höchsten Wesens ist uns viel zu verborgen, als dass wir erkennen
könnten, was mit den Grundsätzen seiner Weisheit übereinstimmt
und was nicht; wir können nur das Wirken dieser Weisheit bei
der Beobachtung der Gesetze der Natur ahnen, wenn die mathematische Überlegung uns die Einfachheit dieser Gesetze hat erkennen
lassen, und wenn die Erfahrung uns die Tragweite und den Gültigkeits-
bereich derselben gelehrt hat.

Diese Überlegung kann dazu dienen, wie mir scheint, um die
Beweise zu beurteilen, welche mehrere Philosophen von den Gesetzen
der Bewegung auf Grund des Prinzips der letzten Zwecke, d. h. auf
Grund der Ziele, die sich der Schöpfer der Natur gesteckt haben musste,
als er diese Gesetze aufstellte, gegeben haben. Solche Beweise können
keine Kraft besitzen, ausser sofern sie vorbereitet und gestützt werden
durch direkte, aus Prinzipien, welche unserer Fassungskraft zugäng-
licher sind, geschöpfte Gründe, sonst würde es oft geschehen, dass sie
uns zu Irrtümern verleiten. Durch Verfolgung dieses Weges ist
Descartes, indem er glaubte, dass es der Weisheit des Schöpfers ent-
spreche, immer dieselbe Bewegungsquantität im Universum zu erhalten,
zu unrichtigen Anschauungen über die Gesetze des Stosses gelangt.
Jene, welche ihm nachahmen wollten, würden Gefahr laufen, entweder,
so wie er, in Irrtümer zu geraten, oder etwas für ein allgemeines

---

*) Siehe Artikel 46, Ende des dritten Falles, und Artikel 47.

Prinzip auszugeben, was nur in bestimmten Fällen statthat, oder endlich etwas als ein ursprüngliches Naturgesetz anzusehen, was nur eine
rein mathematische Folgerung einiger Formeln ist.

Nachdem ich so dem Leser eine allgemeine Vorstellung von dem
Gegenstande gegeben habe, den ich mir in diesem Werke vorlegte,
erübrigt mir nur noch ein Wort über die Form, welche ich demselben
geben zu sollen geglaubt habe, zu sagen. Im ersten Teile versuchte
ich, so viel mir dies möglich war, die Prinzipien der Mechanik in den
Fassungskreis der Anfänger zu stellen; ich konnte es nicht vermeiden,
die Differentialrechnung in der Theorie der ungleichförmigen Bewegungen zu verwenden, die Natur des Gegenstandes zwingt mich
hierzu. Im übrigen habe ich in diesem ersten Teile eine ziemlich grosse
Zahl von Gegenständen auf einen ziemlich kleinen Raum zusammen-
gedrängt; und wenn ich nicht in alle Einzelheiten, zu welchen der
Gegenstand Anlass geben könnte, eingegangen bin, so ist es geschehen,
da ich, allein auf die Darlegung und Entwicklung der für die Mechanik
wesentlichen Prinzipien achtend, und in der Absicht, das Werk auf
dasjenige, was es neues in diesem Gebiete enthalten konnte, zu beschränken, den Umfang desselben nicht durch eine Menge spezieller
Sätze vergrössern zu sollen glaubte, die man leicht anderswo finden wird.

Der zweite Abschnitt, in welchem ich mir die Gesetze der Bewegung der Körper in ihrem Einflusse auf einander zu behandeln vor-
nahm, bildet den wesentlicheren Teil des Werkes: dies ist der Grund,
der mich veranlasste, dem Buche den Titel „Abhandlung über die
Dynamik“ zu geben. Dieser Name, welcher eigentlich die Wissenschaft der treibenden Kräfte oder der bewegenden Ursachen bezeichnet,
dürfte vielleicht für dieses Buch, in welchem ich die Mechanik mehr
als Wissenschaft von den Wirkungen denn als solche der Ursachen
im Auge hatte, zunächst nicht ganz passend erscheinen; dennoch glaubte
ich, da das Wort „Dynamik“ heutzutage unter den Gelehrten sehr
in Gebrauch ist, um die Wissenschaft von den Körpern, die in irgend
einer Weise auf einander wirken, zu bezeichnen, dasselbe beibehalten
zu sollen, um schon durch den Titel dieser Abhandlung den Mathematikern anzukündigen, dass ich vor allem diesen Teil der Mechanik
vervollkommnen und erweitern wollte. Da derselbe ebenso interessant
als schwierig ist, und da die Probleme, welche hierher gehören, eine
sehr ausgedehnte Klasse bilden, haben sich die bedeutendsten Mathematiker seit einigen Jahren damit beschäftigt, aber sie haben bis jetzt
nur eine sehr kleine Zahl von Problemen dieser Art gelöst und dies
nur in speziellen Fällen. Die meisten Lösungen, die sie uns gegeben

haben, sind ausserdem auf Prinzipien gegründet, die noch niemand
allgemein bewiesen hat; wie z B. dasjenige von der Erhaltung der
lebendigen Kräfte. Ich glaubte also vor allem auf diesen Gegenstand
näher eingehen und darlegen zu sollen, wie man alle Fragen der
Dynamik auf dieselbe sehr einfache und sehr direkte Methode lösen
kann, welche, wie ich oben gesagt habe, nur in der Verbindung der
Prinzipien des Gleichgewichtes und der zusammengesetzten Bewegung
besteht. Ich zeige auch die Anwendung derselben an einer kleinen
Zahl von ausgewählten Problemen, deren einige schon bekannt,
andere ganz neu sind, wieder andere bis jetzt sogar durch die ge-
lehrtesten Mathematiker nicht richtig gelöst wurden.

Da die Eleganz der Lösung eines Problems vor allem darin besteht, bei derselben nur unmittelbare Prinzipien, und zwar in möglichst
geringer Anzahl zu verwenden, so wird man nicht überrascht sein,
dass die Gleichförmigkeit, welche in allen meinen Lösungen herrscht,
und die ich in erster Linie im Auge hatte, dieselben manchmal etwas
länger gestaltet, als wenn ich sie aus weniger direkten Prinzipien
abgeleitet hätte. Der Beweis, welchen ich von diesen Prinzipien hätte
liefern müssen, würde mich andererseits wieder von der Kürze, die
ich mit deren Hilfe angestrebt hätte, entfernt haben, und der umfang-
reichste Teil meines Buches wäre dann nichts anderes mehr gewesen
als eine formlose Anhäufung von einzelnen Problemen, kaum wert,
das Licht des Tages zu erblicken, trotz der Abwechslung, welche ich
in dasselbe zu bringen bestrebt war, und der Schwierigkeiten, welche
jedem einzelnen derselben eigentümlich sind.

Im übrigen muss ich bemerken, dass ich, da dieser zweite Teil
in erster Linie für solche bestimmt ist, welche schon bewandert in
der Differential- und Integralrechnung, sich mit den im ersten Teil
aufgestellten Prinzipien vertraut gemacht haben oder schon in der
Lösung bekannter, gewöhnlicher Probleme der Mechanik geübt sind,
um Umschreibungen zu vermeiden, mich häufig des unklaren Ausdruckes
„Kraft" und einiger anderer, welche man gewöhnlich gebraucht, wenn
man von der Bewegung der Körper handelt, bedient habe; aber ich
habe nie mit diesen Ausdrücken andere Begriffe verbinden wollen als
jene, welche aus den Prinzipien, die ich, sei es in dieser Einleitung,
sei es im ersten Teile dieser Abhandlung aufgestellt habe, sich ergeben.

Endlich habe ich aus demselben Prinzip, das mich zur Lösung
aller Probleme der Dynamik führt, auch mehrern Eigenschaften des
Schwerpunktes abgeleitet, von denen einige ganz neu sind, andere bis
jetzt nur in vager und unklarer Weise bewiesen wurden, und beschliesse

das Werk mit einem Beweise des Prinzips, welches man gewöhnlich
„die Erhaltung der lebendigen Kräfte" nennt.

Die Aufnahme, die diese erste Arbeit bei ihrem Erscheinen im
Jahre 1743 gefunden hat, veranlasste mich, im Jahre 1744 ein anderes
Werk zu veröffentlichen, in welchem die Bewegung und das Gleichgewicht der Flüssigkeiten nach derselben Methode und nach demselben
Prinzip behandelt werden. Dieser heikle und schwierige Gegenstand
ist nicht der einzige, auf welchen ich dieses Prinzip angewandt habe;
ich habe hiervon in meinen „Untersuchungen über die Präcession der
Äquinoktien", ein Problem, dessen Lösung zuerst ich gegeben habe,
während viele sehr bedeutende Mathematiker darnach lange vergeblich
forschten, den weitgehendsten Gebrauch gemacht; ferner in meinem
„Versuch über den Widerstand der Flüssigkeiten", auf eine ganz neue
Theorie gegründet; in meinen „Untersuchungen über die Ursachen der
Winde", um die Schwankungen zu berechnen, welche die Einwirkung
der Sonne und des Mondes in unserer Atmosphäre hervorbringen
müssen, und die bisher niemand zu bestimmen unternahm; endlich
wage ich zu sagen, dass ich, je mehr ich Gelegenheit hatte, die in
diesem Werk auseinandergesetzten und entwickelten Methoden zu verwenden, desto mehr die Einfachheit, Allgemeinheit und Fruchtbarkeit
dieser Methoden erkannt habe.

Aus:

Analytische Mechanik

von

Joseph Louis Lagrange.

(1736—1813.)

Über die verschiedenen Prinzipien der Statik.

Die Statik ist die Lehre vom Gleichgewicht der Kräfte. Man versteht im allgemeinen unter K r a f t die Ursache, sie mag übrigens wie immer beschaffen sein, welche dem Körper, an dem man sie sich angebracht denkt, eine Bewegung entweder wirklich erteilt oder zu erteilen strebt; und nach der Grösse dieser Bewegung, die erteilt wird oder erteilt werden könnte, muss auch die Kraft geschätzt werden. Im Zustande des Gleichgewichts hat die Kraft keine wirkliche Bethätigung, sie bringt ein blosses Bestreben zur Bewegung hervor; aber immer muss sie gemessen werden durch die Wirkung, welche sie hervorbringen würde, wenn sie nicht gehemmt wäre. Nimmt man eine gewisse Kraft oder ihre Wirkung als Einheit an, so ist der Ausdruck jeder anderen Kraft nichts als ein Verhältnis zu jener, folglich eine mathematische Grösse, die durch Zahlen oder Linien ausgedrückt werden kann, und unter diesem Gesichtspunkt muss man die Kräfte in der Mechanik betrachten.

Das Gleichgewicht entsteht durch die Aufhebung mehrerer Kräfte, die einander bekämpfen, und welche wechselweise die Wirkung vernichten, die sie aufeinander ausüben; und Zweck der Statik ist es, die Gesetze anzugeben, nach welchen sich diese Aufhebung vollzieht. Diese Gesetze beruhen auf allgemeinen Prinzipien, die sich auf drei zurückführen lassen: das des H e b e l s, das der Z u s a m m e n s e t z u n g d e r K r ä f t e und das der v i r t u e l l e n G e s c h w i n d i g k e i t e n.

1. Archimedes, der einzige unter den Alten, der uns eine Theorie des Gleichgewichtes in seinen zwei Büchern: *De aequiponderantibus* oder *De planorum aequilibriis* hinterlassen hat, ist der Urheber des Hebelprinzips, welches, wie alle Kenner der Mechanik wissen, darin besteht, dass, wenn ein gerader Hebel mit irgendwelchen zwei Gewichten zu beiden Seiten des Unterstützungspunktes belastet ist, in Ab-

ständen von diesem Punkt, welche sich umgekehrt verhalten wie die
Gewichte selbst, dieser Hebel im Gleichgewicht sein und sein Unterstützungspunkt durch die Summe der Gewichte belastet sein wird.
ARCHIMEDES nimmt dieses Gesetz in dem Falle gleicher Gewichte in
gleichen Abständen vom Unterstützungspunkt für ein von selbst ein-
leuchtendes Axiom der Mechanik oder wenigstens für ein Erfahrungs-
gesetz; und auf diesen einfachen und ersten Fall bringt er dann auch
den, wo die Gewichte ungleich sind, indem er sich diese Gewichte,
wenn sie kommensurabel sind, in mehrere unter einander gleiche Teile
geteilt vorstellt und annimmt, dass die Teile jedes Gewichts von
einander sich trennen und auf beiden Seiten des Hebels in gleichen
Entfernungen sich verteilen lassen, so dass der ganze Hebel sich belastet zeigt durch mehrere kleine unter einander gleiche Gewichte in
gleichen Abständen vom Unterstützungspunkt. Hierauf erweist er
auch die Wahrheit desselben Theorems für inkommensurable Gewichte
mit Hilfe der Exhaustionsmethode, indem er zeigt, dass zwischen diesen
Gewichten nicht anders Gleichgewicht stattfinden kann, als wenn sie
im umgekehrten Verhältnis ihrer Entfernungen vom Unterstützungs-
punkte stehen.

Einige neuere Schriftsteller, wie STEVIN in seiner Statik und
GALILEI in seinen Gesprächen über die Bewegung, haben des ARCHI-
MEDES Beweis dadurch einfacher zu machen gesucht, dass sie annahmen,
die an dem Hebel angebrachten Gewichte seien zwei in ihrer Mitte
horizontal aufgehangene Parallelepipede, deren Breiten und Höhen einander gleich, deren Längen aber doppelt so gross sind, als die ihnen
umgekehrt entsprechenden Hebelarme. Denn auf diese Art stehen die
beiden Parallelepipede in umgekehrtem Verhältnis ihrer Hebelarme,
und zugleich stossen sie so aneinander, dass sie nur ein einziges
ausmachen, dessen Mittelpunkt genau dem Unterstützungspunkt des
Hebels entspricht. ARCHIMEDES hatte schon eine ähnliche Betrachtung
angewendet, um den Schwerpunkt einer aus zwei parabolischen Flächen
zusammengesetzten Grösse zu bestimmen (im ersten Satze des zweiten
Buches über das Gleichgewicht der Flächen).

Andere dagegen haben Fehler in ARCHIMEDES' Beweis zu finden
geglaubt und diesem verschiedene Wendungen gegeben, um ihn strenger
zu machen. Aber man muss zugeben, dass sie, indem sie die Einfachheit dieses Beweises schmälerten, zu seiner Exaktheit beinahe
nichts hinzugefügt haben.

Immerhin ist unter denjenigen, welche den Beweis des ARCHIMEDES
über das Gleichgewicht am Hebel zu ergänzen gesucht haben,

HUYGHENS hervorzuheben, von dem wir ein Schriftchen besitzen, betitelt: *Demonstratio aequilibrii bilancis*, gedruckt 1693, in der Sammlung der alten Denkschriften der Akademie der Wissenschaften.

HUYGHENS weist hin auf ARCHIMEDES' stillschweigende Voraussetzung, dass, wenn mehrere gleiche Gewichte an einem wagrechten Hebel in gleichen Abständen voneinander angebracht sind *), sie die nämliche Kraft ausüben, um den Hebel zu neigen, ob sich nun alle auf derselben Seite des Drehpunktes befinden oder die einen auf der einen, die andern auf der andern Seite. Um diese bedenkliche Annahme zu vermeiden, hat HUYGHENS, statt wie ARCHIMEDES die aliquoten Teile der beiden kommensurablen Gewichte auf den nämlichen Hebel zu verteilen, diesseits und jenseits der Punkte, in denen die ganzen Gewichte angebracht zu denken waren, sie auf die nämliche Art verteilt, aber auf zwei andere horizontale Hebel, welche rechtwinklig zum ersten an seinen Enden in Form eines T angebracht sind. Auf diese Weise hat man eine mit mehreren gleichen Gewichten belastete wagrechte Ebene, welche offenbar auf der Linie des ersten Hebels im Gleichgewicht ist, da sich die Gewichte gleich und symmetrisch zu beiden Seiten dieser Linie verteilt finden. Aber HUYGHENS beweist, dass diese Ebene auch im Gleichgewichte ist bezüglich einer Geraden, welche gegen jene geneigt ist und durch den Punkt geht, der den ersten Hebel umgekehrt proportional zu den Gewichten teilt, mit denen er der Voraussetzung nach beschwert ist; denn er zeigt, dass die kleinen Gewichte sich ebenfalls in gleichen Abständen zu beiden Seiten der nämlichen Geraden vorfinden, woraus er schliesst, dass die Ebene und infolge dessen der vorausgesetzte Hebel inbezug auf eben jenen Punkt im Gleichgewicht sein muss.

Dieser Beweis ist sinnreich, aber er ergänzt nicht völlig das, was an dem des ARCHIMEDES in der That noch zu wünschen bleibt.

2. Das Gleichgewicht eines geraden wagrechten Hebels, dessen Enden durch gleiche Gewichte belastet sind, und dessen Drehpunkt im Mittelpunkt des Hebels liegt, ist eine unmittelbar einleuchtende Wahrheit, weil es keinen Grund giebt, warum eines der Gewichte vor dem anderen einen Vorrang haben sollte, da sich zu beiden Seiten des Drehpunktes alles gleich verhält. Nicht ebenso steht es mit der Annahme, dass der Druck auf den Unterstützungspunkt der Summe der beiden Gewichte gleich sei. Es scheint, dass dies alle Mechaniker

---

*) Diese etwas schwer verständliche Stelle wird verdeutlicht durch die Figuren 5 bis 9ª in MACH, Mechanik, III. Aufl., S. 12 bis 16. — [Anm. d. Übersetzers.]

als ein Ergebnis der täglichen Erfahrung genommen haben, welche lehrt, dass das Gewicht eines Körpers nur von seiner ganzen Masse und in keiner Weise von seiner Gestalt abhängt.*) Man kann nichtsdestoweniger diese Wahrheit aus der ersten herleiten, wenn man wie HUYGHENS das Gleichgewicht einer Ebene auf einer Linie betrachtet.

Zu diesem Zwecke braucht man sich nur eine dreieckige Ebene vorzustellen, die mit zwei gleichen Gewichten an den beiden Enden der Grundlinie belastet ist und mit einem doppelten Gewichte an ihrer Spitze. Diese Ebene wird offenbar im Gleichgewicht sein, wenn sie durch eine gerade Linie oder eine feste Achse unterstützt ist, welche durch die Mitte der beiden Seiten des Dreieckes geht. Denn man kann jede der Seiten als einen Hebel betrachten, der an seinen beiden Enden durch zwei gleiche Gewichte belastet ist und seinen Drehpunkt auf der Achse hat, die durch seine Mitte geht. Hierauf kann man dieses Gleichgewicht auf eine andere Art betrachten, indem man die Basis des Dreieckes selbst als einen Hebel auffasst, dessen Enden durch zwei gleiche Gewichte belastet sind, und indem man sich einen querliegenden Hebel vorstellt, welcher die Spitze des Dreieckes und die Mitte seiner Grundlinie in der Form eines T verbindet und dessen eines Ende belastet ist durch das doppelte Gewicht an der Spitze und dessen anderes Ende als der Unterstützungspunkt für den Hebel dient, der die Basis bildet. Es ist klar, dass dieser letztere Hebel im Gleichgewicht sein wird auf dem querliegenden Hebel, welcher ihn in seiner Mitte trägt, und dass dieser infolge dessen im Gleichgewicht sein wird inbezug auf die Achse, auf welcher die Ebene schon im Gleichgewicht ist. Wie nun die Achse durch die Mitte der beiden Seiten des Dreieckes geht, so wird sie auch notwendig durch die Mitte der Geraden gehen, welche von der Spitze des Dreieckes zur Mitte der Basis gezogen ist. Somit wird der querliegende Hebel seinen Drehpunkt im Mittelpunkt haben und demgemäss gleichmässig an seinen beiden Enden belastet sein. Der Druck also, welchen der Unterstützungspunkt des Hebels zu tragen hat, der die Grundlinie des Dreieckes bildet und an seinen beiden Enden mit gleichen Gewichten belastet ist, wird gleich sein dem doppelten Gewichte an der Spitze und folglich gleich der Summe der beiden Gewichte.

*) D'ALEMBERT ist, wie ich glaube, der erste, welcher diesen Satz zu beweisen gesucht hat. Aber der Beweis, den er in den Memoiren der Akademie der Wissenschaften von 1769 gegeben hat, ist nicht völlig befriedigend. Der seither von FOURIER im fünften Hefte des *Journal de l'école polytechnique* gegebene ist streng und sehr sinnreich. Aber er ist nicht von der Natur des Hebels hergenommen. — [Anm. von LAGRANGE.]

Denkt man sich an Stelle des Dreieckes ein Trapez, das an seinen vier Ecken mit gleichen Gewichten belastet ist, so findet man auf die nämliche Art, dass die zwei Hebel von ungleicher Länge, welche die Parallelseiten des Trapezes bilden, auf ihre Drehpunkte mit gleichen Kräften wirken.

3. Ist dieser Satz einmal eingeführt, so ist es klar, dass man, wie es ARCHIMEDES that, ein Gewicht, das an einem Hebel im Gleichgewicht ist, ersetzen kann durch zwei gleiche Gewichte, deren jedes die Hälfte von jenem ist und die an dem nämlichen Hebel in gleichen Abständen zu beiden Seiten des Punktes, an dem das Gewicht angebracht war, verteilt sind. Denn die Wirkung dieses Gewichtes ist die nämliche, wie die eines Hebels, der in seiner Mitte auf dem nämlichen Punkte aufliegt und an seinen beiden Enden belastet ist durch zwei gleiche Gewichte, deren jedes die Hälfte jenes Gewichtes beträgt. Und es ist einleuchtend, dass nichts hindert, den letzteren Hebel an den ersteren so heranzurücken, dass er einen Teil von ihm ausmacht. Oder vielleicht noch strenger: man braucht den letzteren Hebel einfach als durch eine Kraft im Gleichgewicht gehalten zu betrachten, welche in seinem Mittelpunkt angebracht, gegen oben gerichtet und gleich ist dem Gewichte, dessen beide Hälften man sich an seinen Enden angebracht denkt. Indem man sodann diesen im Gleichgewicht befindlichen Hebel an dem ersteren anbringt, von dem vorausgesetzt ist, dass er auf seinem Unterstützungspunkt im Gleichgewicht sei, so wird das gesamte Gleichgewicht fortbestehen, und wenn dieses Anbringen derart geschieht, dass die Mitte des zweiten Hebels zusammenfällt mit dem Ende des einen Armes des ersten Hebels, so wird die Kraft, die den zweiten Hebel trägt, als an dem Gewichte, an dem der Arm belastet ist, selbst angebracht genommen werden können; worauf dieses Gewicht, indem es unterstützt ist, keine Wirkung mehr auf den Hebel ausüben, sondern ersetzt erscheinen wird durch zwei gleiche halb so grosse Gewichte, die zu beiden Seiten jenes Gewichtes auf der Verlängerung des ersten Hebels angeordnet sind. Eine solche Superposition von Gleichgewichtsstellungen bildet für die Mechanik ein ebenso fruchtbares Prinzip, als es in der Geometrie die Superposition der Figuren ist.

4. Hiermit kann man das Gleichgewicht des geraden wagrechten Hebels, der mit zwei Gewichten belastet ist, die sich verkehrt verhalten wie ihre Abstände vom Unterstützungspunkt des Hebels, als eine streng bewiesene Wahrheit betrachten. Und mit Hilfe des Prinzips der Superposition ist es leicht, den Satz auszudehnen auf irgend einen

74 Lagrange.

Winkelhebel, dessen Drehpunkt im Scheitel des Winkels liegt, und an dessen Armen im entgegengesetzten Sinne Kräfte ziehen, welche zur Richtung der Arme senkrecht stehen. In der That ist es klar, dass ein gleicharmiger Winkelhebel, der um den Scheitel des Winkels drehbar ist, durch zwei gleiche Kräfte im Gleichgewicht gehalten werden wird, die senkrecht zu den beiden Armen an deren Enden angreifen und ihn im entgegengesetzten Sinne zu drehen streben. Ist also ein gerader Hebel im Gleichgewicht gegeben, von dem der eine Arm gleich ist den Armen des Winkelhebels, und ist sein Ende belastet mit einem Gewicht, welches gleichwertig ist jeder der an dem Winkelhebel angebrachten Kräfte, während der andere Arm mit dem zum Gleichgewicht erforderlichen Gewichte belastet ist; superponiert man sodann diese Hebel in der Art, dass die Spitze des Winkelhebels zusammenfällt mit dem Drehpunkt des anderen, und dass die gleichen Arme des einen und des anderen zusammenfallen und nur einen einzigen Hebel bilden: so wird die am Arme des Winkelhebels angebrachte Kraft das Gewicht aufheben, welches an dem gleichen Arm des geraden Hebels angebracht ist, so dass man von dem einen wie dem anderen absehen kann und den aus der Vereinigung dieser beiden entstehenden Hebelarm als beseitigt betrachten kann. Das Gleichgewicht wird dann noch bestehen für die beiden anderen Arme, welche einen Winkelhebel bilden, der an seinen Enden durch senkrechte Kräfte gezogen wird, die im verkehrten Verhältnis der Länge der Arme wie beim geraden Hebel stehen.

Nun kann eine Kraft als an was immer für einem Punkt ihrer Richtung angreifend gedacht werden. Also werden zwei Kräfte, die an was immer für Punkten einer durch einen festen Punkt gehaltenen Ebene angebracht und in dieser Ebene wie immer gerichtet sind, im Gleichgewicht stehen, wenn sie sich verkehrt verhalten wie die von diesem Punkte auf ihre Richtungen gefällten Senkrechten. Denn man kann diese Senkrechten wie einen Winkelhebel ansehen, dessen Drehpunkt der feste Punkt der Ebene ist. Dies ist es, was man gegenwärtig als das Prinzip der Momente bezeichnet, indem man unter Moment das Produkt einer Kraft in den Arm des Hebels, an welchem sie angreift, versteht.

Dieses allgemeine Prinzip reicht aus, um sämtliche Probleme der Statik zu lösen. Die Untersuchung des Wellrades hat dies gezeigt von den ersten Schritten an, die nach ARCHIMEDES in der Theorie der einfachen Maschinen gethan wurden, wie man aus dem Werke des GUIDO UBALDI sieht, das den Titel *Mechanicorum liber* führt und zu

Pesaro 1577 erschienen ist. Aber dieser Autor hat das Prinzip weder
auf die schiefe Ebene noch auf andere Maschinen anzuwenden gewusst,
die von ihr abhängen, wie Keil und Schraube, von denen er nur eine
wenig exakte Theorie gegeben hat.

5. Das Verhältnis der Kraft zur Last auf einer schiefen Ebene
war lange Zeit für die modernen Mechaniker ein Problem. STEVIN
war der erste, der es gelöst hat; aber seine Lösung gründet sich
auf eine mittelbare und von der Theorie des Hebels unabhängige Betrachtung. STEVIN denkt sich ein festes Dreieck, das auf seiner wagrechten Grundlinie steht, so dass seine beiden Seiten zwei schiefe
Ebenen darstellen; und er stellt sich vor, dass ein Kranz von mehreren
in gleichen Abständen aufgefädelten Gewichten oder besser eine Kette
von gleichmässiger Dicke so auf die beiden Seiten dieses Dreieckes
gelegt sei, dass der ganze obere Teil zu beiden Seiten des Dreiecks
anliegt, der untere aber frei unter die Grundlinie herabhängt, wie
wenn er an den beiden Enden dieser Grundlinie befestigt wäre.

STEVIN bemerkt nun, dass, wenn man annehme, die Kette könne
auf dem Dreieck frei gleiten, sie doch in Ruhe bleiben müsse; denn
finge sie an, von selbst in dem einen Sinne zu gleiten, so müsste sie
auch zu gleiten fortfahren, da ja eben dieselbe Ursache der Bewegung
fortbestünde, indem die Kette wegen der Gleichförmigkeit ihrer Teile
immer in derselben Art auf dem Dreiecke läge; woraus eine beständige Bewegung sich ergäbe — was widersinnig ist.

Es findet also notwendig Gleichgewicht zwischen allen Teilen
der Kette statt. Nun kann man aber den unter der Basis hängenden
Teil der Kette als schon für sich im Gleichgewicht stehend auffassen;
daher muss der Zug aller Gewichte, welche auf der einen Seite auf-
liegen, dem der Gewichte auf der andern Seite das Gleichgewicht
halten. Die Summe der erstern verhält sich aber zur Summe der
andern wie die Längen der Seiten, durch welche sie unterstützt
werden; folglich bedarf es immer derselben Kraft, um ein oder mehrere
auf einer schiefen Ebene befindliche Gewichte zu halten, wenn das
ganze Gewicht proportional ist der Länge der Ebene, gleiche Höhen
vorausgesetzt. Ist aber die Ebene vertikal, so ist die Kraft der Last
gleich, folglich verhält sich bei jeder schiefen Ebene die Kraft zur
Last, wie die Höhe der Ebene zu ihrer Länge.

Ich habe den Beweis STEVINs hier wiedergegeben, weil er sinnreich und sonst wenig bekannt ist. Überdies leitet STEVIN aus dieser
Theorie die des Gleichgewichts zwischen drei Kräften her, die auf
einen Punkt wirken, und er findet, dass dieses Gleichgewicht statt-

findet, wenn die Kräfte den drei Seiten irgend eines geradlinigen Dreiecks parallel und proportional sind. (Man sehe die Elemente der Statik und die Zusätze zur Statik von diesem Autor in den *Hypomnemata mathematica*, gedruckt zu Leyden 1605, und in den gesammelten Werken von STEVIN, ins Französische übersetzt und gedruckt 1634 bei Elzevir.) Indes ist zu bemerken, dass dieser grundlegende Satz der Statik, wiewohl er allgemein STEVIN zugeschrieben wird, von diesem Forscher doch nur für den Fall bewiesen worden ist, in welchem die Richtungen der zwei Kräfte miteinander einen rechten Winkel bilden.

STEVIN bemerkt mit Recht, dass eine Last, welche durch eine schiefe Ebene unterstützt und durch eine zur Ebene parallele Kraft zurückgehalten wird, im nämlichen Zustand ist, als wenn sie durch zwei Fäden gehalten würde, der eine senkrecht, der andere parallel zur Ebene; und nach seiner Theorie der schiefen Ebene findet er, dass sich die Last zu der der Ebene parallelen Kraft so verhält, wie die Hypotenuse zur Basis eines rechtwinkligen Dreiecks, welches an der Ebene durch zwei Gerade gebildet wird, die eine vertikal, die andere senkrecht zur Ebene. STEVIN begnügt sich im weiteren, diese Proportion auf den Fall auszudehnen, wo der die Last auf der schiefen Ebene zurückhaltende Faden auch gegen die Ebene geneigt ist, indem er ein analoges Dreieck mit denselben Linien konstruiert, die eine vertikal, die andere senkrecht zur Ebene, wobei er die Basis in der Richtung des Fadens nimmt. Aber dazu müsste er gezeigt haben, dass die nämliche Proportion stattfinde beim Gleichgewicht einer Last, die auf einer schiefen Ebene durch eine zur Ebene geneigte Kraft gehalten wird, was sich aber aus der Betrachtung STEVINs über die fingierte Kette nicht ableiten lässt.

6. In der Mechanik von GALILEI, die zuerst französisch durch den Pater Mersenne 1634 veröffentlicht wurde, wird das Gleichgewicht der schiefen Ebene zurückgeführt auf das eines Winkelhebels mit zwei gleichen Armen, deren einer als senkrecht zur Ebene und mit einem auf der Ebene liegenden Gewichte belastet angenommen ist, während der andere wagrecht und belastet ist durch ein Gewicht, das gleichwertig ist der Kraft, welche erforderlich ist, um das Gewicht auf der Ebene zurückzuhalten. Dieses Gleichgewicht wird dann zurückgeführt auf das eines geraden wagrechten Hebels, indem das mit dem geneigten Arme verbundene Gewicht so aufgefasst wird, als wäre es aufgehängt an einem wagrechten Arme, der mit dem wagrechten Arme des Winkelhebels einen geraden Hebel bildet. So steht die Last zur

Kraft, die sie auf der schiefen Ebene hält, im verkehrten Verhältnis
der beiden Arme des geraden Hebels, und es ist leicht zu beweisen,
dass diese Arme sich unter einander verhalten, wie die Höhe der
Ebene zur Länge. Man kann sagen, dass das der erste direkte Beweis ist, den man
für das Gleichgewicht an der schiefen Ebene besitzt. Galilei hat
sich seiner später bedient zum strengen Beweis für die Gleichheit der
Geschwindigkeiten, welche schwere Körper erlangen, wenn sie durch
gleichen Höhen über Ebenen von verschiedenen Neigungen herabsinken,
welche Gleichheit er sich in der ersten Ausgabe seiner Dialoge bloss
vorauszusetzen begnügt hatte.

Es wäre für Galilei leicht gewesen, eine Auflösung auch für den
Fall zu geben, wo die das Gewicht zurückhaltende Kraft eine gegen
die Ebene geneigte Richtung hat. Aber dieser neue Schritt ist erst
einige Zeit später durch Roberval in einer Abhandlung über Mechanik, gedruckt 1636, in der *Harmonie universelle* von Mersenne,
gethan worden.

7. Roberval sieht ebenfalls das auf der schiefen Ebene ruhende
Gewicht als an dem Arme eines zur Ebene senkrechten Hebels angebracht an und betrachtet die Kraft als an dem nämlichen Arme
nach einer gegebenen Richtung wirkend. So hat er einen Hebel mit
nur einem Arm, dessen eines Ende fix ist und dessen anderes gezogen
wird durch zwei Kräfte, die der Last und die der Kraft, welche jene
zurückhält; er setzt hierauf für diesen Hebel einen Winkelhebel mit
zwei Armen, welche zu den Richtungen der beiden Kräfte senkrecht
sind, und der den nämlichen festen Punkt als Drehpunkt hat. Die
zwei an den Armen dieses Hebels angebrachten Kräfte lässt er in
ihren ursprünglichen Richtungen wirken, was ihm im Falle des Gleichgewichts das Verhältnis der Last zur Kraft liefert, nämlich das ver-
kehrte Verhältnis der zwei Arme des Winkelhebels, d. h. der von
dem festen Punkt auf die Richtungen der Last und der Kraft gezogenen
Senkrechten.

Daraus leitet dann Roberval das Gleichgewicht für ein Gewicht
ab, das durch zwei Schnüre gehalten wird, die miteinander einen
beliebigen Winkel einschliessen, indem er für den zur Ebene senkrechten Hebel eine Schnur einführt, die am Drehpunkte des Hebels
befestigt ist, und für die Kraft eine andere Schnur, welche durch eine
Kraft nach der Richtung dieser Kraft gezogen wird; und durch verschiedene Konstruktionen und etwas komplizierte Analogien gelangt
er zu dem Schluss, dass wenn man durch irgend einen in der Verti-

kalen des Gewichts angenommenen Punkt eine Parallele zu einer der
Schnüre zieht, bis sie die andere Schnur trifft, das entstandene Dreieck Seiten haben wird, die der Last und den in der Richtung eben
dieser Seiten wirkenden Kräften proportional sind; was, wie man sieht,
der von STEVIN angegebene Satz ist.

Ich glaubte diesen Beweis ROBERVALs erwähnen zu sollen, nicht
allein, weil er der erste strenge Beweis für STEVINs Theorem ist,
sondern auch weil er in einer heute ziemlich selten gewordenen Abhandlung „Über die Harmonie", wo ihn zu suchen sich niemand ein-
fallen lässt, unbeachtet geblieben ist. Schliesslich bin ich auf diese die
Theorie des Hebels betreffenden Einzelheiten nur eingegangen, um
denen ein Vergnügen zu machen, welche gerne den Schritten des
Geistes in den Wissenschaften folgen und die Wege, welche die Ent-
decker einhielten, sowie die direkteren Wege, welche sie hätten ein-
halten können, kennen lernen wollen.

8. Die Abhandlungen über die Statik, welche nach der von
ROBERVAL erschienen sind, bis zum Zeitpunkte der Entdeckung der Zusammensetzung der Kräfte, haben nichts zu diesem Teile der Mechanik
hinzugefügt. Man findet hier nichts als die schon bekannten Eigenschaften des Hebels und der schiefen Ebene und ihre Anwendung auf
andere einfache Maschinen. Überdies giebt es noch einige Abhandlungen,
die wenig exakte Theorien enthalten, wie die von LAMI über das Gleichgewicht fester Körper, wo er eine falsche Proportion zwischen der Last
und der sie auf der schiefen Ebene haltenden Kraft giebt. Ich spreche
hier nicht von DESCARTES, TORICELLI und WALLIS, weil sie für das
Gleichgewicht ein Prinzip angenommen haben, das in Beziehung zu
dem der virtuellen Geschwindigkeiten steht, für das sie aber keinen
Beweis hatten.

9. Der zweite grundlegende Satz der Statik ist der von der Zusammensetzung der Kräfte. Er beruht auf der Voraussetzung, dass
wenn zwei Kräfte zugleich auf einen Körper nach verschiedenen
Richtungen wirken, sie einer einzigen Kraft gleichwertig sind, die
imstande ist, dem Körper dieselbe Bewegung zu erteilen, welche die
beiden Kräfte ihm erteilen würden, wenn sie gesondert wirkten. Nun
aber durchläuft ein Körper, den man gleichförmig nach zwei verschiedenen Richtungen zugleich sich bewegen lässt, notwendig die
Diagonale des Parallelogramms, dessen Seiten er jede besonders
durchlaufen hätte gemäss jeder der zwei Bewegungen. Hieraus ist
zu schliessen, dass irgend welche zwei Kräfte, die zugleich auf ein
und denselben Körper wirken, gleichwertig sind einer einzigen Kraft,

deren Grösse und Richtung durch die Diagonale des Parallelogramms
dargestellt wird, dessen Seiten einzeln die Grössen und Richtungen
der beiden gegebenen Kräfte ausdrücken. Das ist es, worin der
zweite Grundsatz besteht, den man als d i e Z u s a m m e n s e t z u n g
d e r K r ä f t e bezeichnet.

Dieser Grundsatz reicht allein hin, um die Gesetze des Gleichgewichts in allen Fällen zu bestimmen; denn indem man nach und
nach die Kräfte zu je zwei zusammensetzt, muss man endlich zu einer
einzigen gelangen, die allen diesen Kräften gleichwertig ist, und welche
folglich für den Fall des Gleichgewichts gleich Null sein muss, solange
es im System keinen festen Punkt giebt; giebt es aber einen festen
Punkt, so muss die Richtung dieser einzigen Kraft durch ihn gehen.
Dies kann man in allen Büchern über Statik finden, und insbesondere
in der neuen Mechanik von VARIGNON, wo die Theorie der Maschinen
ausschliesslich aus dem soeben erörterten Grundsatz abgeleitet
worden ist.

Es ist klar, dass STEVINs Satz vom Gleichgewichte dreier Kräfte,
die den drei Seiten irgend eines Dreiecks parallel und proportional
sind, eine unmittelbare und notwendige Folge des Gesetzes von der
Zusammensetzung der Kräfte ist, oder vielmehr dass es dasselbe Grundgesetz ist, nur in anderer Form dargestellt. Allein es hat den
Vorzug, auf einfachen und natürlichen Begriffen zu beruhen, wogegen
STEVINs Theorem nur auf indirekte Betrachtungen gegründet ist.

10. Die Alten haben die Zusammensetzung der Bewegungen ge-
kannt, wie man aus einigen Stellen des ARISTOTELES in seinen Mechanischen Fragen sehen kann. Die Geometer haben sie überdies angewendet für die Beschreibung der Kurven, wie ARCHIMEDES für die
Spirale, NIKOMEDES für die Conchoide usw., und von den Neueren hat
ROBERVAL daraus eine sinnreiche Methode gewonnen, um Tangenten
an Kurven zu ziehen, welche beschrieben gedacht werden können
durch zwei Bewegungen, deren Gesetze gegeben sind. Aber GALILEI
ist der erste, der die Betrachtung der zusammengesetzten Bewegung
in der Mechanik angewendet hat, um die Kurve zu bestimmen, welche
von einem schweren Körper infolge der Wirkung der Schwere und der
Kraft des Wurfes beschrieben wird.

In dem zweiten Satze des Vierten Tages seiner Dialoge beweist
GALILEI, dass, wenn ein Körper mit zwei gleichförmigen Geschwindigkeiten, einer horizontalen und einer vertikalen bewegt wird, er eine
Geschwindigkeit annehmen muss, die durch die Hypotenuse des Dreiecks
dargestellt wird, dessen beide andere Seiten diese beiden Geschwindig-

keiten darstellen. Jedoch scheint es zugleich, dass GALILEI nicht die volle Wichtigkeit dieses Satzes für die Lehre vom Gleichgewicht erkannt habe. Denn in dem dritten Dialog, wo er von der Bewegung der schweren Körper auf schiefen Ebenen spricht, leitet er, anstatt den Grundsatz der Zusammensetzung der Bewegung zur direkten Bestimmung der relativen Schwere eines Körpers auf der schiefen Ebene anzuwenden, vielmehr diese Bestimmung aus der Theorie des Gleichgewichts auf schiefen Ebenen her auf Grund dessen, was er vorher in seiner Abhandlung *Della scienza Meccanica* festgesetzt hat, in welcher er die schiefe Ebene auf den Hebel zurückführt.

Ferner findet man die Theorie der zusammengesetzten Bewegungen in den Schriften von DESCARTES, ROBERVAL, MERSENNE, WALLIS u. a.; aber bis zum Jahre 1687, in welchem die Mathematischen Prinzipien von NEWTON und der Entwurf einer neuen Mechanik von VARIGNON erschienen sind, hat niemand daran gedacht, bei der Zusammensetzung der Bewegungen die Kräfte für die durch sie hervorzurufenden Bewegungen einzusetzen und die zusammengesetzte Kraft, welche aus zwei gegebenen Kräften resultiert, ebenso zu bestimmen, wie man die zusammengesetzte Bewegung aus zwei gegebenen geradlinig gleichförmigen Bewegungen bestimmt.

In dem zweiten Zusatz zum dritten Gesetze der Bewegung zeigt NEWTON in wenigen Worten, wie die Gesetze des Gleichgewichts sich leicht mittels der Zusammensetzung und Zerlegung der Kräfte ableiten lassen, indem er die Diagonale eines Parallelogramms als die Kraft nimmt, welche zusammengesetzt ist aus den zwei durch die Seiten dargestellten Kräfte. Aber mehr im einzelnen ist dieser Gegenstand dargestellt in dem Werke von VARIGNON, und die Neue Mechanik, welche nach seinem Tode 1725 erschien, enthält eine vollständige Theorie für das Gleichgewicht der Kräfte an verschiedenen Maschinen, ausschliesslich aus der Betrachtung der Zusammensetzung und Zerlegung der Kräfte abgeleitet.

11. Das Prinzip der Zusammensetzung der Kräfte giebt sogleich die Bedingungen für das Gleichgewicht dreier Kräfte, welche auf einen Punkt wirken, die man aus dem Gleichgewicht des Hebels nicht anders als durch eine Folge von Schlüssen hatte ableiten können. Andererseits freilich ist man, um nach diesem Prinzip die Bedingungen für das Gleichgewicht zwischen zwei an den Enden eines geraden Hebels angebrachten parallelen Kräften zu finden, zu mittelbaren Betrachtungen genötigt, indem man für den geraden Hebel einen Winkelhebel setzt, wie es NEWTON und D'ALEMBERT gethan haben; oder indem man

zwei fremde Kräfte hinzufügt, die sich gegenseitig aufheben, aber
indem sie mit den gegebenen Kräften zusammengesetzt werden, ihre
Richtungen konvergent machen; oder endlich, indem man sich denkt,
dass die Richtungen der Kräfte sich bei Verlängerung im unendlichen
treffen, und beweist, dass die zusammengesetzte Kraft durch den
Stützpunkt geht. Das ist die Methode, deren sich VARIGNON in seiner
Mechanik bedient hat. Hierbei ist es bemerkenswert, dass, wiewohl
strenggenommen die zwei Prinzipien, das des Hebels und das der
Kräftezusammensetzung, immer zu dem nämlichen Ergebnis führen,
doch der für das eine Prinzip einfachere Fall der verwickeltere für
das andere wird.

12. Man kann aber eine unmittelbare Verbindung zwischen diesen
beiden Prinzipien gewinnen durch den Satz, welchen VARIGNON in
seiner Neuen Mechanik (Abschn. I, Satz XVI) gegeben hat und der
darin besteht, dass wenn irgend ein Punkt in der Ebene eines Parallelogramms angenommen wird und man Senkrechte auf die Diagonale
und die beiden sie einschliessenden Seiten fällt, das Produkt der
Diagonale und ihrer Senkrechten gleich ist der Summe der Produkte
der beiden Seiten und ihrer entsprechenden Senkrechten, solange der
Punkt ausserhalb des Parallelogramms liegt; oder ihrem Unterschiede,
wenn er innerhalb liegt. VARIGNON zeigt durch eine sehr einfache
Konstruktion, indem er die Dreiecke bildet, welche die Diagonale und
die beiden Seiten als Grundlinien und den gegebenen Punkt als ge-
meinschaftlichen Scheitel haben, dass das über der Diagonale entstehende Dreieck im ersten Fall gleich der Summe und im zweiten
gleich der Differenz der an den Seiten liegenden Dreiecke ist; was
auch an und für sich ein schöner Satz der Geometrie ist, unabhängig von seiner Anwendung auf die Mechanik.[1]

Dieses Theorem hätte in gleicher Weise Geltung, und der Beweis
wäre der nämliche, wenn man auf der Verlängerung der Diagonale
und der Seiten wo immer gleiche Stücke dieser Linien nehmen wollte;
und auf diese Art, da immer die ganze Kraft als an irgend einem
Punkte ihrer Richtung angebracht vorausgesetzt werden kann, ist
allgemein zu schliessen, dass je zwei nach Grösse und Richtung durch
zwei Gerade einer Ebene dargestellten Kräfte eine Zusammengesetzte
oder Resultierende haben, welche der Grösse und Richtung nach durch

---

[1] Diese Fassung des Satzes ist mangelhaft; s. GRASSMANN, Ges. W. I. Bd.
1. Teil, § 39. Es handelt sich nicht darum, ob der Punkt innerhalb oder ausserhalb des Parallelogramms liegt, sondern in welchem der vier Winkelräume er liegt. —
[Anm. des Übersetzers.]

eine Gerade dargestellt ist, die in der nämlichen Ebene liegt, deren
Verlängerung durch den Schnittpunkt der zwei Geraden geht, und die
so beschaffen ist, dass, wenn man in dieser Ebene irgend einen
Punkt annimmt, von ihm auf die drei nötigenfalls verlängerten
Geraden Senkrechte fällt, das Produkt aus der Resultierenden
und ihrer Senkrechten gleich ist der Summe oder dem Unterschiede
der entsprechenden Produkte der beiden Komponenten und ihrer Senkrechten, jenachdem der Punkt, von dem die drei Senkrechten ausgehen, innerhalb oder ausserhalb der die Komponenten darstellenden
Kräfte angenommen wird.

Sobald von diesem Punkte angenommen wird, dass er auf die
Richtung der Resultierenden zu liegen komme, tritt diese Kraft
nicht mehr in der Gleichung auf, und man hat Gleichheit zwischen
den beiden Produkten der Komponenten und ihrer Senkrechten. Das
aber ist der Fall bei jedem geraden oder Winkelhebel, dessen Unterstützungspunkt selbst der Punkt ist, um den es sich handelt, weil
dann die Wirkung der Resultierenden durch den Widerstand der
Unterstützung aufgehoben ist.

Dieser Satz, den wir Varignon verdanken, ist die Grundlage fast
aller modernen Darstellungen der Statik, wo er das allgemeine Prinzip
bildet, welches man als das der Momente bezeichnet. Sein grosser
Nutzen besteht darin, dass die Zusammensetzung und Zerlegung der
Kräfte auf Additionen und Subtraktionen zurückgeführt sind, so
dass, welches immer die Zahl der zusammensetzenden Kräfte sei,
man leicht die resultierende Kraft findet, welche im Falle des Gleichgewichtes gleich Null sein muss.

13. Ich habe den Zeitpunkt der Entdeckung Varignons zusammenfallen lassen mit der Veröffentlichung seines Entwurfs, wiewohl man
in der Ankündigung an der Spitze seiner Neuen Mechanik behauptet
hat, dass er schon zwei Jahre früher in der *Histoire de la république
des lettres* eine Abhandlung über Flaschenzüge mitgeteilt habe, in
welcher er sich der zusammengesetzten Bewegung bediente, um alles,
was diese Maschinen betrifft, zu bestimmen; aber ich muss bemerken,
dass diese Notiz der Genauigkeit entbehrt. Die Abhandlung, welche
von den Rollen handelt, findet sich erst in den *Nouvelles de la république des lettres* vom Mai 1687 unter dem Titel: Neuer allgemeiner
Beweis über den Gebrauch der Flaschenzüge. Der Verfasser betrachtet
daselbst das Gleichgewicht einer Last, die durch eine über eine Rolle
gehende Schnur gehalten wird, deren beide Teile nicht parallel sind. Hier
macht er weder Gebrauch von der Zusammensetzung der Kräfte, noch

thut er ihrer auch nur Erwähnung, sondern er wendet die bereits bekannten Sätze über Gewichte an, die durch Seile gehalten sind, und führt die Werke über Statik von Pardis und von Dechales an. In einem zweiten Beweis führt er die Aufgabe auf den Hebel zurück, indem er die Gerade, welche die zwei Punkte verbindet, an denen das Seil die Rolle verlässt, als einen Hebel betrachtet, der mit dem an der Rolle angebrachten Gewicht belastet ist und an dessen Enden die beiden Teile der Schnur ziehen, durch welche die Rolle getragen wird.

Um nichts zu übergehen, was sich auf die Geschichte der Entdeckung der Kräftezusammensetzung bezieht, muss ich noch mit einem Worte einer kleinen Schrift gedenken, die von Lami 1687 unter dem Titel „Eine neue Art, die grundlegenden Sätze der Elemente der Mechanik zu beweisen", veröffentlicht wurde. Der Verfasser bemerkt, dass wenn ein Körper durch zwei Kräfte nach zwei verschiedenen Richtungen getrieben wird, er notwendig eine mittlere Richtung einschlagen wird, so dass, wenn ihm der Weg nach dieser Richtung versperrt wäre, er in Ruhe bleiben müsste und die beiden Kräfte sich das Gleichgewicht hielten. Hierauf bestimmt er die mittlere Richtung durch die Zusammensetzung der beiden Bewegungen, welche der Körper im ersten Augenblick infolge jeder der beiden Kräfte annähme, falls sie jede für sich wirkten, was ihm die Diagonale des Parallelogramms liefert, dessen beide Seiten die in derselben Zeit infolge der Wirkung beider Kräfte durchlaufenen Wege wären und die infolgedessen den Kräften proportional sind. Daraus erhält er sofort den Satz, dass die zwei Kräfte untereinander im verkehrten Verhältnis der Sinus der Winkel stehen, die ihre Richtungen mit der mittleren Richtung bilden, welche der Körper einschlüge, falls er nicht festgehalten wäre. Und weiter macht er hievon Anwendung auf die schiefe Ebene und auf den Hebel für den Fall, dass an seinen Enden Kräfte angreifen, deren Richtungen mit einander einen Winkel bilden; für den Fall aber, dass diese Richtungen parallel sind, wendet er ein ungenaues und wenig beweiskräftiges Schlussverfahren an.

Die Übereinstimmung des von Lami angewendeten Prinzips mit dem von Varignon veranlasste den Verfasser der *Histoire des Ouvrages des Savants* (April 1688) zu erklären, es habe den Anschein, dass der erstere dem letzteren die Entdeckung seines Prinzips verdanke. Lami rechtfertigte sich gegenüber dieser Zumutung in einem Brief, der im *Journal des Savants* am 13. September 1688 veröffentlicht wurde, auf welchen der Herausgeber im Dezember desselben Jahres antwortete.

Aber dieser Streit, an welchem VARIGNON sich nicht beteiligte, wurde nicht fortgesetzt, und die Schrift von LAMI scheint der Vergessenheit anheimgefallen zu sein.

Schliesslich hatte die Einfachheit des Prinzips der Zusammensetzung der Kräfte und die Leichtigkeit, es auf alle Probleme des Gleichgewichtes anzuwenden, den Erfolg, dass es bald nach seiner Entdeckung von allen Mechanikern angenommen worden ist, und man kann sagen, dass es die Grundlage für fast alle seither erschienenen Abhandlungen über Statik bildet.

14. Indes kann man doch nicht umhin, anzuerkennen, dass das Prinzip des Hebels allein den Vorteil hat, auf die Natur des Gleichgewichtes gegründet zu sein, insofern dieses nur an sich und als ein von der Bewegung unabhängiger Zustand betrachtet wird; und überdies besteht ein wesentlicher Unterschied in der Art, die Kräfte zu schätzen, welche sich nach diesen beiden Prinzipien das Gleichgewicht halten; so zwar, dass, wenn man nicht dazu gelangt wäre, sie auf Grund ihrer Resultate in Zusammenhang zu bringen, man mit Grund hätte zweifeln können, ob es erlaubt sei, für den grundlegenden Satz vom Hebel denjenigen zu setzen, der aus der ihm fremden Betrachtung der zusammengesetzten Bewegungen hervorgeht.

In der That sind beim Gleichgewicht am Hebel die Kräfte Gewichte oder können als solche betrachtet werden, und eine Kraft wird nur dann als das zwei- oder dreifache einer anderen gerechnet, wenn sie aus der Vereinigung von zwei oder drei unter einander gleichen Kräften hervorgegangen ist. Aber das Bestreben zur Bewegung wird als das nämliche bei jeder Kraft vorausgesetzt, was immer auch ihre Stärke sei; wogegen man beim Prinzip der Zusammensetzung der Kräfte den Wert der Kräfte nach dem Grade der Geschwindigkeit schätzt, welche sie dem Körper, an dem sie angebracht sind, erteilen würden, wenn jede von ihnen für sich frei wirken könnte. Vielleicht ist es gerade dieser Unterschied in der Art, die Kräfte aufzufassen, welcher die Mechaniker lange gehindert hat, die bekannten Gesetze der Zusammensetzung der Bewegungen auf die Theorie des Gleichgewichtes anzuwenden, von welcher der einfachste Fall der des Gleichgewichtes schwerer Körper ist.

15. Man hat seither versucht, das Prinzip der Zusammensetzung der Kräfte unabhängig zu machen von der Betrachtung der Bewegung und es ausschliesslich auf unmittelbar einleuchtende Wahrheiten zu gründen. Zuerst hat DANIEL BERNOULLI in den Kommentarien der Akademie von Petersburg Bd. I einen sehr sinnreichen Beweis für

das Kräfteparallelogramm gegeben, der aber lang und verwickelt ist, und den D'Alembert später im ersten Bande seiner Kleinen Schriften etwas vereinfacht hat.

Dieser Beweis ist auf zwei Prinzipien gegründet:

(1.) Wenn zwei Kräfte auf einen Punkt nach verschiedenen Richtungen wirken, so haben sie als Resultierende eine einzige Kraft, die den Winkel ihrer Richtungen halbiert, falls die beiden Kräfte gleich sind, und welche ihrer Summe gleich ist, wenn der Winkel gleich Null ist oder ihrer Differenz, wenn der Winkel gleich ist zwei Rechten.

(2.) Die gleichen Vielfachen der nämlichen Kräfte oder irgendwelche Kräfte, die ihnen proportional sind, haben als Resultierende das gleiche Vielfache, oder sind proportional jener Resultierenden, so lange die Winkel dieselben bleiben.

Dieses zweite Prinzip ist einleuchtend, indem man die Kräfte als Grössen betrachtet, welche zu einander hinzugefügt und von einander abgezogen werden können. Was das erste Prinzip betrifft, so beweist man es, indem man die Bewegung betrachtet, welche ein Körper annehmen muss, der durch zwei Kräfte angetrieben wird, die einander nicht das Gleichgewicht halten, und welche Bewegung, da sie notwendig nur eine einzige sein kann, auch nur einer einzigen Kraft zugeschrieben werden kann, welche den Körper in der Richtung seiner Bewegung antreibt. Eben deshalb aber kann man sagen, dass das Prinzip nicht in jeder Hinsicht frei zu halten ist von der Betrachtungen der Bewegung.

Was die Richtung der Resultierenden im Falle der Gleichheit der beiden Kräfte betrifft, so ist es klar, dass kein Grund vorliegt, warum sie mehr nach der einen als der anderen der beiden Kräfte geneigt sein sollte, und infolge dessen muss sie den Winkel ihrer Richtungen in zwei gleiche Teile teilen.

Nachmals hat man den Kern dieses Beweises in die Sprache der Analysis übersetzt und ihm verschiedene mehr oder minder einfache Formen gegeben, indem man die Resultierende als eine Funktion der zusammenzusetzenden Kräfte und des von ihnen eingeschlossenen Winkels auffasste. (Man vergleiche den zweiten Band der Vermischten Schriften der Turiner Gesellschaft, die Denkschriften der Akademie der Wissenschaften von 1769, den VI. Band der Kleinen Schriften von D'Alembert u. s. f.). Man muss aber zugestehen, dass wenn man auf diese Art das Prinzip der Zusammensetzung der Kräfte loslöst von dem der Zusammensetzung der Bewegungen, man es um seinen hauptsächlichsten Vorteil, die Evidenz und die Einfachheit, gebracht und zu einem blossen Resultat geometrischer Konstruktionen oder der Analysis herabgesetzt hat.

16. Ich komme endlich zum dritten Grundsatz, dem der virtuellen Geschwindigkeiten. Man hat unter virtueller Geschwindigkeit diejenige Geschwindigkeit zu verstehen, welche ein im Gleichgewicht befindlicher Körper zu empfangen bereit ist, falls das Gleichgewicht gestört wird, d. h. die Geschwindigkeit, welche der Körper im ersten Moment seiner Bewegung wirklich erhalten würde; und das Prinzip, um das es sich handelt, besteht darin, dass Kräfte im Gleichgewichte sind, wenn sie im verkehrten Verhältnisse ihrer virtuellen Geschwindigkeiten stehen, diese geschätzt nach der Richtung der Kräfte.

Erwägt man nur ein wenig die Bedingungen des Gleichgewichts beim Hebel und den anderen Maschinen, so ist es leicht, das Gesetz wiederzuerkennen, dass Last und Kraft immer im verkehrten Verhältnisse der Wege stehen, welche die eine und andere in der nämlichen Zeit durchlaufen können; indes scheint es nicht, dass die Alten von ihm Kenntnis gehabt haben. GUIDO UBALDI ist vielleicht der erste, der es am Hebel und den beweglichen Rollen oder Flaschenzügen (moufles *) bemerkt hat. GALILEI hat es sodann wieder erkannt an der schiefen Ebene und den Maschinen, welche von ihr abhängen, und er hat es als eine allgemeine Eigenschaft des Gleichgewichts der Maschinen angesehen. (Man vergleiche seine Abhandlungen über Mechanik und das Scholium zum zweiten Satz des dritten Dialoges in der Ausgabe von Bologna 1655.)

GALILEI versteht unter dem Moment einer Last oder einer Kraft, die an einer Maschine angebracht ist, den Kraftaufwand, die Wirksamkeit, die Energie, den „impetus" **) der Kraft zum Bewegen der Maschine, so dass zwischen zwei Kräften Gleichgewicht besteht, wenn ihre Momente, durch welche sie die Maschine in entgegengesetztem Sinne zu bewegen streben, gleich sind; und er zeigt, dass das Moment jederzeit proportional ist der Kraft multipliziert mit ihrer virtuellen Geschwindigkeit, welche von der Art abhängt, wie die Kraft wirkt.

Dieser Begriff des Moments wurde auch von WALLIS in seiner 1669 veröffentlichten Mechanik angenommen. Der Verfasser macht

---

*) Vgl. Anm. S. 89. [Anm. des Übersetzers.]

**) „Impetus" wird von WOHLWILL (Die Entdeckung des Beharrungsgesetzes) durch „Antrieb" übersetzt; von LASSWITZ (Atomistik und Kriticismus) durch „Andrang". [Anm. des Übersetzers.]

darin den Satz der Gleichheit der Momente zur Grundlage der Statik und leitet aus ihm umständlich die Theorie des Gleichgewichts bei den wichtigsten Maschinen her.

Heute versteht man gewöhnlich unter M o m e n t nur mehr das Produkt einer Kraft in den Abstand ihrer Richtung von einem Punkte, einer Linie oder einer Ebene, d. h. in den Hebelarm, mit welchem sie wirkt; aber es scheint mir, dass der Begriff, welchen Galilei und Wallis dem Worte „Moment" gegeben haben, viel natürlicher und allgemeiner ist, und ich sehe nicht ein, warum man ihn aufgegeben hat, um an seine Stelle einen andern zu setzen, der nur den Wert des Moments in gewissen Fällen, wie z. B. beim Hebel usw., ausdrückt.

Descartes hat in ähnlicher Weise die ganze Statik auf ein Prinzip zurückgeführt, welches im Grunde auf das von Galilei zurückkommt, aber auf eine minder allgemeine Art dargestellt ist. Dieses Prinzip besteht darin, dass man nicht mehr und nicht weniger Kraft braucht, um ein Gewicht zu einer gewissen Höhe zu erheben, als ein grösseres Gewicht zu einer in demselben Maasse geringeren Höhe oder ein geringeres Gewicht zu grösserer Höhe. (Vgl. den 73. Brief im ersten Bande, veröffentlicht 1657, und die Abhandlung über Mechanik in den nachgelassenen Werken.) Daraus folgt, dass zwischen zwei Gewichten Gleichgewicht bestehen wird, wenn sie so angeordnet sind, dass die lotrechten Wege, die sie zugleich durchlaufen können, im verkehrten Verhältnis der Gewichte stehen. Aber bei der Anwendung dieses Prinzips auf verschiedene Maschinen darf man nur die im ersten Augenblick der Bewegung durchlaufenen Wege, welche den virtuellen Geschwindigkeiten proportional sind, berücksichtigen, sonst würde man die wahren Gesetze des Gleichgewichts nicht erhalten.

Mag man übrigens das Prinzip der virtuellen Geschwindigkeit als eine allgemeine Eigenschaft des Gleichgewichts annehmen, wie dies Galilei thut, oder mag man es mit Descartes und Wallis für die wahre Ursache des Gleichgewichts halten, so wird man immer gestehen müssen, dass es ganz die Einfachheit besitzt, die man von einem grundlegenden Satze nur verlangen kann, und wir werden weiter unten sehen, wie sehr es sich überdies durch seine Allgemeinheit empfiehlt.

Torricelli, der berühmte Schüler des Galilei, ist der Urheber eines anderen Prinzips, welches ebenfalls von dem der virtuellen Geschwindigkeiten abhängt. Es besteht darin, dass, wenn zwei

88   Lagrange.

Gewichte so miteinander verbunden und in der Weise angeordnet
sind, dass ihr Schwerpunkt nicht sinken kann, sie in dieser Lage im
Gleichgewichte sind. Torricelli wendet das Prinzip nur auf die
schiefe Ebene an; allein man kann sich leicht davon überzeugen,
dass es bei den anderen Maschinen ebenso gilt. Man sehe seine 1644
erschienene Abhandlung „*De motu gravium naturaliter descendentium.*"

Aus Torricellis Prinzip ging ein anderes hervor, dessen sich
einige Schriftsteller bedient haben, um verschiedene statische Aufgaben
mit grösserer Leichtigkeit aufzulösen. Es ist folgendes: Bei einem
Systeme von schweren Körpern, das sich im Gleichgewicht befindet,
liegt der Schwerpunkt so tief als möglich. In der That weiss man
aus der Theorie der Maxima und Minima, dass der Schwerpunkt am
tiefsten liegt, wenn das Differential seiner Senkung gleich Null ist,
oder, was auf dasselbe hinauskommt, dass der Schwerpunkt weder
steigt noch fällt, während das System seinen Ort unendlich wenig
ändert.

17. Das Prinzip der virtuellen Geschwindigkeit kann sehr allgemein gestaltet werden in folgender Weise:

*Wenn irgend ein System von beliebig vielen Körpern oder Punkten,
an deren jedem irgendwelche Kräfte angreifen, im Gleichgewicht ist, und
man dem Systeme irgend eine geringe Bewegung erteilt, vermöge deren
jeder Punkt einen unendlich kleinen Weg durchläuft, der seine virtuelle
Geschwindigkeit ausdrückt, so wird die Summe aus den Produkten der
Kräfte und der Wege, die jeder Angriffspunkt nach der Richtung seiner
Kraft durchläuft, immer gleich Null sein, wobei man als positiv die im
Sinne der Kraft durchlaufenen kleinen Wege, als negativ die im entgegengesetzten Sinne durchlaufenen Wege nimmt.*

Johann Bernoulli ist meines Wissens der erste, der die grosse
Allgemeinheit dieses Satzes der virtuellen Geschwindigkeiten und
seinen Nutzen bei Auflösung statischer Aufgaben bemerkt hat; man
ersieht dies aus einem seiner Briefe an Varignon vom Jahre 1717,
den dieser an die Spitze des neunten Abschnittes seiner Neuen
Mechanik gestellt hat, welchen Abschnitt er ausschliesslich verwendet,
um die Wahrheit und den Nutzen dieses Satzes durch verschiedene
Anwendungen zu zeigen.

Eben dieses Prinzip veranlasste in der Folge das, welches
Maupertuis unter dem Namen des Gesetzes der Ruhe in den Denkschriften der Pariser Akademie der Wissenschaften für das Jahr 1740
aufgestellt, und das Euler noch mehr entwickelt und in den
Abhandlungen der Berliner Akademie für 1751 verallgemeinert hat.

Endlich liegt noch ebendasselbe Prinzip dem zu Grunde, welches COURTIVRON in den Denkschriften der Pariser Akademie der Wissenschaften für 1748 und 1749 angegeben hat.

Allgemein glaube ich behaupten zu können, dass alle allgemeinen Grundsätze, die man in der Wissenschaft vom Gleichgewicht allenfalls noch entdecken könnte, nichts anderes als jenes Gesetz der virtuellen Geschwindigkeiten sein werden, nur von verschiedenem Gesichtspunkten aus betrachtet und nur im Ausdrucke von ihm unterschieden.

Aber dieses Prinzip ist nicht nur an und für sich sehr einfach und allgemein, sondern es hat überdies auch den unschätzbaren und in seiner Art einzigen Vorzug, sich in eine allgemeine Formel umsetzen zu lassen, welche alle Aufgaben enthält, die man in betreff des Gleichgewichtes der Körper stellen kann. Wir werden diese Formel in ihrer ganzen Tragweite auseinandersetzen, ja wir wollen uns bemühen, sie in noch allgemeinerer Form, als es bisher geschehen ist, darzustellen und von ihr neue Anwendungen zu geben.

18. Was die Natur des Prinzips der virtuellen Geschwindigkeiten betrifft, so muss man zugeben, dass es nicht unmittelbar einleuchtend genug ist, um als ein letztes Prinzip aufgestellt zu werden; man kann es aber als einen allgemeinen Ausdruck der Gesetze des Gleichgewichts betrachten, welche aus den beiden Prinzipien abgeleitet sind, die wir soeben auseinandersetzten. Auch in den Beweisen, die von diesem Prinzip gegeben worden sind, hat man es immer von jenen durch mehr oder minder direkte Mittel abhängig gemacht. Aber es giebt in der Statik ein anderes allgemeines Prinzip, das von denen des Hebels und dem der Zusammensetzung der Kräfte unabhängig ist, wiewohl die Mechaniker es gewöhnlich mit diesen in Beziehung setzen, und das die natürliche Grundlage des Prinzips der virtuellen Geschwindigkeit zu sein scheint; man kann es das Prinzip der Rollen nennen.

Wenn mehrere Rollen unter einander in derselben Zwinge verbunden sind, so nennt man diese Verbindung Flasche (*polyspaste*, *moufle*) und die Verbindung zweier Flaschen [1]), von denen die eine fix, die andere beweglich ist, und die von derselben Schnur umschlungen sind, deren eines Ende fix ist und deren anderes Ende durch eine Kraft gezogen wird, bildet eine Maschine, bei welcher sich die Kraft zu der durch die bewegliche Flasche getragenen Last verhält wie die

---

[1]) Für diese Verbindung zweier Flaschen, welche „Flaschenzug" heisst, gebraucht LAGRANGE keinen eigenen Ausdruck. [Anm. des Übersetzers.]

Einheit zur Zahl der Schnüre, die an dieser Flasche endigen, wobei man alle Schnüre als parallel voraussetzt und von ihrer Reibung und Steifheit absieht. Denn es ist einleuchtend, dass infolge der gleichmässigen Spannung der Schnur längs ihrer ganzen Ausdehnung die Last getragen wird durch soviel Kräfte gleich derjenigen, welche die Schnur spannt, als Schnüre vorhanden sind, welche die bewegliche Flasche tragen, weil ja die Schnüre parallel sind und wie eine einzige betrachtet werden können, indem man, wenn man will, den Durchmesser der Rollen unendlich klein macht.

Indem man dann die fixen und beweglichen Flaschen vermehrt und sie alle mittelst verschiedener fixen Führungsrollen durch eine und dieselbe Schnur umschlungen sein lässt, so wird die nämliche am beweglichen Ende der Schnur angebrachte Kraft imstande sein, soviele Gewichte zu tragen, als bewegliche Flaschen da sind, deren jedes sich zu dieser Kraft verhält, wie die Zahl der Schnüre der sie haltenden Flasche zur Einheit.

Setzen wir behufs grösserer Einfachheit ein Gewicht an Stelle der Kraft, nachdem wir die letzte Schnur, die das als Einheit angenommene Gewicht trägt, über eine fixe Rolle haben gehen lassen, und denken wir uns, dass die verschiedenen beweglichen Flaschen, statt Gewichte zu tragen, an den als Punkte betrachteten Körpern befestigt und zwischen ihnen so angeordnet seien, dass sie irgend ein gegebenes System bilden. Auf diese Art wird dasselbe Gewicht mittelst der alle Flaschen umschlingenden Schnur verschiedene Kräfte hervorbringen, die auf die verschiedenen Punkte des Systems nach der Richtung der Schnüre wirken, welche zu den an diesen Punkten befestigten Flaschen hinführen, und welche sich zu den Gewichten verhalten, wie die Zahl der Schnüre zur Einheit; womit dann wieder diese Kräfte ihrerseits dargestellt sind durch die Zahl der Schnüre, welche sich durch ihre Spannung am Hervorbringen jener Kräfte beteiligen.

Es ist nun einleuchtend, dass, um das System, welches durch diese verschiedenen Kräfte gezogen wird, im Gleichgewichte zu erhalten, das Gewicht nicht sinken darf bei was immer für einer unendlich kleinen Verschiebung der Punkte des Systems; denn indem das Gewicht immer bestrebt ist zu sinken, wenn es eine Verschiebung des Systems giebt, die ihm ein solches Sinken gestattet, wird es notwendigerweise sinken und diese Verschiebung im Systeme hervorbringen.

Bezeichnen wir mit α, β, γ . . . . die unendlich kleinen Wege, welche die einzelnen Punkte des Systems infolge dieser Verbindung nach der Richtung der ziehenden Kräfte durchlaufen, und mit P, Q, R,.... die Zahl der Schnüre bei den einzelnen Flaschen, die an diesen Punkten angebracht wurden, um die nämlichen Kräfte hervorzubringen, so ist ersichtlich, dass die Strecken α, β, γ.... zugleich diejenigen sein werden, durch welche die beweglichen Flaschen sich den ihnen entsprechenden fixen nähern werden, und dass diese Annäherungen die Länge der umschlingenden Schnüre um die Grössen $P\alpha, Q\beta, R\gamma$.. vermindern werden, so dass infolge der Unveränderlichkeit der Schnurlänge die Last um die Strecke $P\alpha + Q\beta + R\gamma + \ldots$ sinken wird. Mithin ist zum Gleichgewicht der durch die Zahlen P, Q, R dargestellten Kräfte erforderlich, dass die Gleichung besteht:

$$P\alpha + Q\beta + R\gamma + \ldots = 0,$$

was der analytische Ausdruck des allgemeinen Satzes von den virtuellen Geschwindigkeiten ist.

19. Wenn die Grösse $P\alpha + Q\beta + R\gamma + \ldots$, statt 0 zu sein, negativ wäre, so scheint es, dass auch diese Bedingung für die Herstellung des Gleichgewichtes genügte, denn es ist unmöglich, dass das Gewicht von selbst steigt. Aber man muss berücksichtigen, dass, wie immer die Verbindung der das gegebene System bildenden Punkte beschaffen sein möge, die daraus zwischen den unendlich kleinen Grössen $\alpha, \beta, \gamma \ldots$ sich ergebenden Beziehungen nicht anders als durch Gleichungen zwischen Differentialen ausgedrückt werden können, die daher nach diesen Grössen linear sind. Auf diese Weise wird es notwendig eine oder mehrere unter ihnen geben, die unbestimmt bleiben und die grösser oder kleiner genommen werden können; infolge dessen werden die Werte aller dieser Grössen immer so beschaffen sein, dass sie alle auf einmal ihr Zeichen ändern können. Hieraus folgt, dass wenn bei einer gewissen Verschiebung des Systems der Wert der Grösse $P\alpha + Q\beta + R\gamma + \ldots$ negativ ist, er positiv werden wird, sobald man die Grössen α, β, γ .. mit verkehrten Zeichen nimmt; und somit wird die entgegengesetzte Verschiebung, welche ebenso möglich ist, das Gewicht sinken machen und das Gleichgewicht aufheben.

20. Umgekehrt lässt sich beweisen, dass wenn die Gleichung

$$P\alpha + Q\beta + R\gamma + \ldots = 0$$

für sämtliche möglichen unendlich kleinen Veränderungen des Systems giltig ist, dieses notwendig im Gleichgewicht sein wird; denn indem die Last während dieser Verschiebungen unbeweglich bleibt, verbleiben auch die Kräfte, welche auf das System wirken, in dem nämlichen Zustande, und es liegt kein Grund vor, warum sie eher die

eine als die andere dieser zwei Verschiebungen, für welche die
Grössen α, β, γ .. entgegengesetzte Zeichen erhalten, herbeiführen sollten.
Es ist das der Fall der Wage, die im Gleichgewichte bleibt, weil es
keinen Grund giebt, warum sie sich eher nach der einen als nach
der andern Seite neigen sollte.

Ist das Prinzip der virtuellen Geschwindigkeiten auf diese Art
für Kräfte bewiesen, die unter einander kommensurabel sind, so wird
es auch für irgend welche inkommensurable bewiesen sein, da man
ja weiss, dass jeder Satz, den man für kommensurable Grössen beweist,
durch die *reductio ad absurdum* auch bewiesen werden kann, wenn
diese Grössen inkommensurabel sind.

Über die verschiedenen Prinzipien der Dynamik.

Die Dynamik ist die Wissenschaft von den beschleunigenden oder verzögernden Kräften und von den ungleichförmigen Bewegungen, welche sie hervorbringen müssen. Diese Wissenschaft ist ganz den Neueren zu verdanken, und GALILEI ist es, der zu ihr den ersten Grund gelegt hat. Vor ihm hatte man die auf die Körper wirkenden Kräfte nur im Zustande des Gleichgewichtes betrachtet; und wiewohl man die Beschleunigung schwerer Körper und die krummlinige Bewegung der geworfenen Körper nichts anderem als der konstanten Wirkung der Schwere zuschreiben konnte, so war es niemandem gelungen, die Gesetze dieser alltäglichen, und aus einer so einfachen Ursache hervorgehenden Erscheinungen zu bestimmen. GALILEI hat zuerst diesen wichtigen Schritt gethan und dadurch einen neuen und unermesslichen Weg für die Fortschritte der Mechanik eröffnet. Diese Entdeckung ist dargelegt und entwickelt in dem Werke, das den Titel führt: *Discorsi e dimostrazioni matematiche intorno a due nuove scienze*, welches zuerst zu Leyden 1638 erschien. Sie trug aber GALILEI bei seinen Lebzeiten nicht soviel Ruhm ein, wie seine Arbeiten über den Himmel; heute aber macht sie den festesten und sachlichsten Anteil am Ruhme dieses grossen Mannes aus.

Die Entdeckungen der Jupiter-Trabanten, der Venus-Phasen, der Sonnenflecken u. s. f. erforderten nichts weiter als Teleskope und Ausdauer; aber es bedurfte eines ausserordentlichen Genies, die Gesetze der Natur bei Phänomenen zu entwirren, die man allezeit unter den Augen gehabt hatte, deren Erklärung aber nichts destoweniger immer den Untersuchungen der Philosophen entgangen war.

HUYGHENS, der dazu bestimmt schien, den grössten Teil der Entdeckungen GALILEIs zu vervollkommnen und zu ergänzen, fügte zur

Theorie der beschleunigten Bewegung schwerer Körper die der
Pendelbewegungen und der Centrifugalkräfte hinzu und bahnte so
den Weg zu der grossen Entdeckung der allgemeinen Gravitation.
Die Mechanik wurde zu einer neuen Wissenschaft unter den Händen
NEWTONs; und seine „Mathematischen Prinzipien", die zuerst 1687
erschienen, waren der Markstein dieser Umwälzung.

Endlich setzte die Erfindung der Infinitesimalrechnung die Mathematiker in den Stand, die Gesetze der Bewegung der Körper auf
analytische Gleichungen zu bringen, und die Untersuchung der Kräfte
und der daraus entspringenden Bewegungen ist seither der haupt-
sächlichste Gegenstand ihrer Arbeiten geworden.

Ich habe mir vorgenommen, ihnen hier ein neues Mittel zur Er-
leichterung dieser Untersuchung zu bieten; aber vorher wird es nicht
unnütz sein, die Prinzipien auseinanderzusetzen, die der Dynamik zur
Grundlage dienen, und die Reihen- und Stufenfolge der Gedanken
darzustellen, die am meisten zur Erweiterung und Vervollkommnung
dieser Wissenschaft beigetragen haben.

1. Die Theorie der ungleichförmigen Bewegungen und der beschleunigenden Kräfte, die sie hervorbringen, gründet sich auf folgende
allgemeine Gesetze: Jede einem Körper erteilte Bewegung ist ihrer
Natur nach gleichförmig und geradlinig; und: Verschiedene einem
Körper auf einmal oder nach und nach erteilte Bewegungen setzen
sich so zusammen, dass der Körper in jedem Augenblicke sich in
demselben Punkt des Raumes befindet, in dem er sich thatsächlich
durch die Zusammensetzung dieser Bewegungen befinden müsste, wenn
sie jede für sich wirklich und gesondert in dem Körper vorhanden wären.
In diesen beiden Gesetzen bestehen die bekannten Grundsätze der
Kraft der Trägheit und der zusammengesetzten Bewegung. GALILEI
hat zuerst diese beiden Grundsätze bemerkt und aus ihnen die Gesetze
der Bewegung der geworfenen Körper abgeleitet, indem er die seit-
liche Bewegung, als die Wirkung des dem Körper mitgeteilten
Stosses, mit seinem vertikalen Falle, als der Wirkung der Schwere,
zusammensetzte.

Was die Gesetze der beschleunigten Bewegung der schweren
Körper betrifft, so lassen sie sich aus der Betrachtung der beständigen
und gleichmässigen Wirkung der Schwere naturgemäss herleiten,
vermöge deren die Körper in gleichen Zeitteilchen gleiche Grade
der Geschwindigkeit nach derselben Richtung annehmen, weshalb die
ganze erlangte Geschwindigkeit am Ende irgend einer Zeit dieser
Zeit proportional sein muss; und es ist klar, dass dieses konstante

Verhältnis der Geschwindigkeiten zur Zeit der Stärke der Kraft
selbst proportional sein muss, welche die Schwere ausübt, um den
Körper zu bewegen; derart, dass bei der Bewegung auf schiefen
Ebenen dieses Verhältnis nicht proportional sein kann der absoluten
Kraft der Schwere wie bei der vertikalen Bewegung, sondern
ihrer relativen Kraft, welche von der Neigung der Ebene abhängt,
und nach den Regeln der Statik bestimmt wird, was ein leichtes
Mittel liefert, die Bewegungen der Körper unter einander zu vergleichen, die an verschieden geneigten Ebenen fallen.

Indessen scheint doch Galilei nicht auf diese Art die Gesetze
des Falles der schweren Körper entdeckt zu haben. Er begann vielmehr damit, zuerst den Begriff einer gleichmässig beschleunigten
Bewegung vorauszusetzen, bei welcher die Geschwindigkeiten wie die
Zeiten wachsen; hieraus leitete er geometrisch die hauptsächlichsten
Eigenschaften dieser Art von Bewegung ab und besonders das Gesetz,
dass die Fallräume wie die Quadrate der Zeiten zunehmen; endlich
überzeugte er sich durch Versuche, dass dieses Gesetz wirklich
bei der Bewegung der Körper statt hat, die vertikal oder an irgend
welchen schiefen Ebenen fallen. Um aber die Bewegungen auf verschiedenen schiefen Ebenen mit einander vergleichen zu können,
sah er sich zunächst genötigt, den bedenklichen Grundsatz mit anzunehmen, dass die durch den Fall von gleichen vertikalen Höhen
erlangten Geschwindigkeiten auch allezeit gleich sind; und erst kurz
vor seinem Tod und nach der Herausgabe seiner Gespräche fand er
den Beweis dieses Grundsatzes durch die Betrachtung der relativen
Wirkung der Schwere auf den schiefen Ebenen, welcher späterhin
in die anderen Ausgaben dieses Werkes aufgenommen worden ist.

2. Das konstante Verhältnis, welches bei den gleichmässig beschleunigten Bewegungen zwischen den Geschwindigkeiten und den
Zeiten, oder zwischen den Wegen und den Quadraten der Zeiten
bestehen muss, kann daher als das Maass der beschleunigenden Kraft
angesehen werden, die beständig auf das Bewegliche wirkt; denn in
der That kann diese Kraft nur nach der Wirkung beurteilt werden,
die sie auf den Körper hervorbringt, und die in den erzeugten
Geschwindigkeiten oder in den während gegebener Zeiten durchlaufenen
Wegen besteht.

Es genügt also für diese Schätzung der Kräfte, die in einer
gewissen endlichen oder unendlich kleinen Zeit erzeugte Bewegung
zu betrachten, wenn man nur die Kraft während dieser Zeit als
konstant ansieht. Man kann daher, wie auch die Bewegung des

Körpers und das Gesetz seiner Beschleunigung beschaffen sein mag,
da man nach dem Wesen der Differentialrechnung die Wirkung
jeder beschleunigenden Kraft während der unendlich kleinen Zeitteilchen als konstant auffassen kann, jederzeit den Wert der Kraft
bestimmen, die in jedem Zeitteilchen auf ihn wirkt, wenn man
die während dieses Zeitteilchens erlangte Geschwindigkeit ver-
gleicht mit der Dauer desselben, oder den während dieses Zeitteilchens durchlaufenen Weg mit dem Quadrat der Dauer desselben;
und es ist nicht einmal nötig, dass dieser Weg wirklich durch den
Körper beschrieben werde; es genügt, dass er als infolge einer
zusammengesetzten Bewegung beschrieben gedacht werden kann, indem die Wirkung der Kraft nach den oben vorgetragenen Grundsätzen der Bewegung in dem einen und anderen Falle gleich ist.

Auf eben diese Art entdeckte HUYGHENS, dass die Centrifugalkräfte der mit gleichbleibenden Geschwindigkeiten in Kreisen bewegten Körper sich verhalten wie die Quadrate der Geschwindigkeiten dividiert durch die Kreishalbmesser, und er konnte diese
Kräfte mit der Kraft der Schwere an der Oberfläche der Erde vergleichen, wie man aus den Beweisen sieht, die er von seinen Lehrsätzen über die Centrifugalkraft am Ende seiner 1673 erschienen
Abhandlung „Horologium oscillatorium" hinterlassen hat.

Hätte HUYGHENS diese Theorie der Centrifugalkräfte mit der
ebenfalls von ihm geschaffenen Evolutentheorie in Verbindung gesetzt, welche jedes Element irgend einer Kurve auf Kreisbögen zurückführt, so wäre es ihm leicht gewesen, jene Theorie der Centrifugalkräfte auf alle Kurven auszudehnen. Es blieb aber NEWTON vorbehalten, diesen neuen Schritt zu thun und die Lehre von den ungleichförmigen Bewegungen und den sie erzeugenden beschleunigenden
Kräften zu vervollständigen. Gegenwärtig besteht diese Lehre nur
aus einigen sehr einfachen Differentialformeln; aber NEWTON bediente
sich stets der geometrischen Methode, die er nur durch die Betrachtung der ersten und letzten Verhältnisse*) einfacher machte; und
wenn er sich bisweilen der Analysis bediente, so ist es einzig die
Methode der Reihen, die er anwendete, welche von der Methode der
Differentialrechnung unterschieden werden muss, so leicht es auch
ist, die beiden einander näher zu bringen und auf einerlei Grund-
gedanken zurückzuführen.

Die Mathematiker, welche nach NEWTON die Theorie der beschleu-

---

*) Differenzen- und Differential-Quotienten.   [Anm. d. Übersetzers.]

nigenden Kräfte behandelten, begnügten sich fast alle damit, seine Lehrsätze zu verallgemeinern und sie in Differentialausdrücke zu übersetzen. Daher stammen die verschiedenen Formeln der Centralkräfte, die man in mehreren Werken über Mechanik findet, deren man sich aber jetzt nicht mehr bedient, weil sie nur auf Kurven anwendbar sind, die man sich infolge einer gegen einen einzigen Centralpunkt wirkenden Kraft beschrieben denkt, und man gegenwärtig allgemeine Formeln hat, um die Bewegungen, die durch irgend eine Kraft hervorgebracht sind, zu bestimmen.

3. Stellt man sich vor, dass die Bewegung eines Körpers und die ihn hiezu anregenden Kräfte nach drei zu einander senkrechten Geraden zerlegt seien, so kann man die auf jede der drei Richtungen bezogenen Bewegungen und Kräfte einzeln betrachten. Denn aus der Rechtwinkligkeit der Richtungen ist es ersichtlich, dass jede dieser Teilbewegungen als unabhängig von den beiden andern betrachtet werden und eine Abänderung nur seitens derjenigen Kraft erfahren kann, die nach der Richtung dieser Bewegung wirkt. Hieraus lässt sich also schliessen, dass jede dieser drei Bewegungen für sich den Gesetzen der geradlinigen, durch gegebene Kräfte beschleunigten oder verzögerten Bewegungen folgen muss. Da nun bei der geradlinigen Bewegung die Wirkung der beschleunigenden Kraft nur in einer Veränderung der Geschwindigkeit des Körpers besteht, so muss diese Kraft durch das Verhältnis zwischen dem Zuwachs oder der Abnahme der Geschwindigkeit während eines gewissen Zeitteilchens und dessen Dauer, d. h. durch das Differential der Geschwindigkeit dividiert durch das der Zeit gemessen werden; und da nun die Geschwindigkeit bei den ungleichförmigen Bewegungen selbst wieder durch das Differential der Wege dividiert durch das der Zeit ausgedrückt wird, so folgt, dass die erwähnte Kraft durch das zweite Differential des Weges dividiert durch das Quadrat des ersten Differentials der Zeit, dieses als konstant angenommen, gemessen wird. Es wird daher auch das zweite Differential des Weges, den der Körper nach jeder der drei senkrechten Richtungen durchläuft, oder den man sich wenigstens von ihm durchlaufen denken kann, dividiert durch das Quadrat des konstanten Differentials der Zeit, die beschleunigende Kraft ausdrücken, durch die der Körper nach eben dieser Richtung getrieben werden muss, und jener zweite Differentialquotient wird folglich der wirklichen Kraft gleich zu setzen sein, die man als nach dieser Richtung wirkend angenommen hat. Das ist es, worin das so bekannte Prinzip der beschleunigenden Kräfte besteht.

Es ist nicht notwendig, dass die drei Richtungen, auf die man
die augenblickliche Bewegung des Körpers bezieht, absolut fest seien;
es genügt, wenn sie es während eines Zeitteilchens sind. Man kann
also bei Bewegungen in krummen Linien in jedem Augenblick solche
Richtungen annehmen, und zwar die eine in der Tangente und die
beiden anderen in den auf der Kurve Senkrechten. Die beschleunigende Kraft, die nach der Tangente wirkt, und die man Tangential-
kraft nennt, wird dann ganz dazu verwendet, die absolute Geschwindigkeit des Körpers zu ändern und wird durch das Element dieser
Geschwindigkeit dividiert durch das Zeitelement ausgedrückt werden.

Die Kräfte dagegen, welche senkrecht wirken, werden nur die
Richtung des Körpers verändern und von der Krümmung der Linie
abhängen, die er beschreibt. Vereinigt man die Normalkräfte in
eine einzige, so muss diese zusammengesetzte Kraft in der Ebene der
Krümmung liegen und durch Quadrat der Geschwindigkeit dividiert
durch den Krümmungshalbmesser ausgedrückt werden, da in jedem
Augenblicke der Körper als in dem Krümmungskreis bewegt angesehen werden kann.

In dieser Weise hat man die bekannten Formeln für die tangen-
tialen und normalen Kräfte gefunden, deren man sich lange Zeit
bediente, um die Probleme über die Bewegung von Körpern infolge
gegebener Kräfte zu lösen. Die Mechanik von EULER, welche 1736
erschien, und welche man als das erste grosse Werk zu betrachten
hat, in welchem die Analysis auf die Wissenschaft von der Bewegung angewendet worden ist, ist noch durchaus auf diese Formeln
gegründet. Man hat sie aber seither beinahe aufgegeben, weil man
eine einfachere Methode gefunden hat, um die Wirkung der beschleunigenden Kräfte auf die Bewegung der Körper auszudrücken.

Sie besteht darin, die Bewegung der Körper und die Kräfte,
durch die sie hervorgebracht sind, auf feste Richtungen im Raume
zu beziehen. Nimmt man nämlich, um den Ort des Körpers im
Raume zu bestimmen, drei rechtwinkelige Koordinaten an, welche
eben diese Richtungen haben, so werden die Variationen dieser Koordinaten offenbar die von dem Körper nach den Richtungen dieser
Koordinaten durchlaufenen Räume vorstellen; folglich werden die
zweiten Differentiale dieser Koordinaten, dividiert durch das
Quadrat des konstanten Differentials der Zeit, die beschleunigenden
Kräfte ausdrücken, die nach diesen nämlichen Koordinaten wirken
müssen. Setzt man daher diese Ausdrücke denen der Kräfte gleich,
welche durch die Natur der Aufgabe gegeben sind, so erhält man

drei einander ähnliche Gleichungen, die dazu dienen, alle Umstände
der Bewegung zu bestimmen. Diese Methode, die Bewegungs-
gleichungen eines durch irgend welche Kräfte getriebenen Körpers
zu bestimmen, indem man die Bewegung auf geradlinige zurückführt.
verdient wegen ihrer Einfachheit den Vorzug vor allen andern.
Sie hätte sich eigentlich von Anfang darbieten müssen; doch
scheint sie erst Maclaurin in seinem Werke über Fluxionen, das
1742 in englischer Sprache erschien, verwendet zu haben; sie ist
jetzt allgemein angenommen.

4. Durch die eben vorgetragenen Grundsätze ist man nun imstande, die Gesetze der Bewegung eines freien Körpers zu bestimmen,
der durch irgendwelche Kräfte getrieben wird; vorausgesetzt, dass
man den Körper als einen Punkt ansieht.

Eben diese Grundsätze aber lassen sich auch bei der Untersuchung
der Bewegung mehrerer Körper anwenden, die auf einander eine
gegenseitige Anziehung nach einem Gesetze ausüben, welches durch
eine bekannte Funktion der Abstände ausdrückbar ist. Endlich ist
es nicht schwer, sie auf die Bewegung in widerstehenden Mitteln.
sowie auch auf diejenigen, die auf gegebenen krummen Flächen vor
sich gehen, auszudehnen. Denn der Widerstand des Mittels ist nichts
anderes als eine Kraft, die in einer der Richtung des Beweglichen
entgegengesetzten Richtung wirkt; und ist der Körper gezwungen, sich
auf einer gegebenen Oberfläche zu bewegen, so giebt es notwendig
eine zur Oberfläche senkrechte Kraft, die ihn auf dieser festhält und
deren unbekannter Wert nach den aus der Natur dieser Oberfläche
sich ergebenden Bedingungen bestimmt werden kann.

Sucht man aber die Bewegung mehrerer Körper, die aufeinander
durch Stoss oder Druck wirken, sei es unmittelbar wie beim gewöhnlichen Stoss, sei es durch Vermittlung von Fäden oder unbiegsamen
Hebeln, an welchen sie befestigt sind, oder allgemein durch was immer
für eine andere Vermittlung, so ist die Aufgabe von höherer Art und
die vorhergehenden Prinzipien reichen zu ihrer Lösung nicht mehr
aus. Denn hier sind die auf die Körper wirkenden Kräfte unbekannt,
und man muss·sie herleiten aus der Wirkung, welche die Körper je
nach ihrer gegenseitigen Lage auf einander auszuüben gezwungen
sind. Man muss daher notwendig einen neuen Grundsatz zu Hilfe
nehmen, der dazu dient, die Kraft der sich bewegenden Körper
mit Rücksicht auf ihre Masse und Geschwindigkeit zu bestimmen.

5. Dieser Grundsatz besteht darin, dass man, um einer gegebenen
Masse, sei sie nun in Ruhe oder in Bewegung, eine gewisse Ge-

schwindigkeit nach irgend einer Richtung zu erteilen, eine Kraft nötig
hat, deren Wert dem Produkt der Masse in die Geschwindigkeit
proportional ist, und deren Richtung die dieser Geschwindigkeit ist.
Dieses Produkt der Masse eines Körpers in seine Geschwindigkeit
wird gewöhnlich B e w e g u n g s g r ö s s e dieses Körpers genannt, weil
sie in der That die Summe der Bewegungen aller materieller Teile
des Körpers ist. Die Kräfte werden also durch die Bewegungsgrössen,
die sie hervorzubringen fähig sind, gemessen und hinwieder ist die
Bewegungsgrösse eines Körpers das Maass der Kraft, die der Körper
gegen ein Hindernis auszuüben im stande ist, und die S t o s s k r a f t
genannt wird. Hieraus folgt, dass wenn zwei nicht elastische Körper nach
entgegengesetzten Richtungen mit gleichen Bewegungsgrössen gegen
einander stossen, ihre Kräfte einander aufwiegen und zerstören,
und die Körper infolgedessen zum Stillstand kommen und in Ruhe
bleiben müssen. Geschähe aber der Stoss vermittels eines Hebels,
so müssten, wenn die Bewegung der Körper aufgehoben werden
sollte, ihre Kräfte dem bekannten Gesetz des Gleichgewichts am
Hebel folgen.

Es scheint, dass DESCARTES der erste war, der den eben be-
sprochenen Grundsatz bemerkt hat; aber er irrte sich in dessen Anwendung auf den Stoss der Körper, indem er glaubte, die nämliche
Grösse der absoluten Bewegung müsse sich immer erhalten.

WALLIS ist eigentlich der erste, der eine klare Vorstellung von
diesem Grundsatze hatte, und sich desselben mit Erfolg bediente, um die
Gesetze der Mitteilung der Bewegung beim Stoss harter oder elastischer
Körper zu bestimmen, wie man aus den *Philosophical Transactions*
von 1669 und aus dem dritten Teile seiner Abhandlung *De motu*, gedruckt 1671, ersieht.

Ebenso wie das Produkt der Masse in die Geschwindigkeit die
endliche Kraft eines sich bewegenden Körpers ausdrückt, so wird
das Produkt der Masse in die baschleunigende Kraft, die, wie wir
gesehen haben, durch das Element der Geschwindigkeit dividiert durch
das Zeitelement dargestellt wird, die elementare oder erst entstehende
Kraft ausdrücken; und betrachtet man nun diese Grösse als das Maass
der Wirkung, die der Körper vermöge der elementaren Geschwindigkeit, die er angenommen hat oder anzunehmen strebt, ausüben
kann, so macht diese Grösse das aus, was man D r u c k nennt. Sieht
man sie aber als das Maass der Kraft an, die erfordert wird, diese
Geschwindigkeit hervorzubringen, so ist sie eben das, was man

b e w e g e n d e K r a f t nennt. Druckkräfte oder bewegende Kräfte *heben sich daher auf oder halten einander das Gleichgewicht, wenn sie einander gleich und gerade entgegengesetzt sind, oder wenn sie, an irgend einer Maschine angebracht, deren Gleichgewichtsbedingungen entsprechen.*

6. Sind die Körper so untereinander verbunden, dass sie den empfangenen Stössen und beschleunigenden Kräften, von denen sie getrieben werden, nicht frei folgen können, so üben diese Körper notwendig auf einander beständige Pressungen aus, welche ihre Bewegungen abändern und dadurch die Bestimmung schwierig machen.

Die erste und einfachste Aufgabe dieser Art, mit der die Mathematiker sich beschäftigt haben, ist die vom Schwingungsmittelpunkt. Dieses Problem war berühmt zu Beginn des letzten Jahrhunderts und sogar schon seit der Mitte des vorhergehenden durch die Bemühungen und Versuche, die die grössten Mathematiker anwendeten, um mit ihm zum Ziel zu kommen. Und da man vornehmlich diesen Bemühungen die grossartigen Fortschritte verdankt, die seither die Dynamik gemacht hat, so glaube ich hier eine kurze Geschichte derselben geben zu sollen, um zu zeigen, auf welchen Stufen sich diese Wissenschaft zu der Vollkommenheit erhob, die sie in dieser letzten Zeit erlangt zu haben scheint.

Descartes' Briefe zeigen die ersten Spuren von Untersuchungen über den Schwingungsmittelpunkt. Man sieht aus ihnen, dass Mersenne den Mathematikern die Aufgabe gestellt hatte, die Grösse zu bestimmen, die ein Körper von irgend einer Gestalt haben muss, damit er, an einem Punkt aufgehangen, seine Schwingungen in derselben Zeit vollführe, wie ein Faden von gegebener Länge, der mit einem einzigen Gewicht an seinem Ende belastet ist. Descartes bemerkt, dass diese Frage in einem gewissen Zusammenhang mit der des Schwerpunktes steht, und dass ebenso wie bei einem schweren Körper, der frei fällt, ein Schwerpunkt existiert, um den die Wirkungen der Schwere aller Teile des Körpers im Gleichgewichte sind, so dass dieser Mittelpunkt auf dieselbe Art herabfällt, als wenn der Körper im übrigen vernichtet oder in eben diesem Mittelpunkt vereinigt wäre, es bei schweren Körpern, die sich um eine feste Achse drehen, einen Mittelpunkt gebe, den er M i t t e l p u n k t d e s A n t r i e b e s nennt, rings um den die Kräfte des Antriebes aller Teile des Körpers sich so aufwiegen, dass dieser Mittelpunkt, von der Wirkung dieser Kräfte frei, sich so bewegen würde, wie wenn die andern Teile des Körpers vernichtet oder in eben diesem Mittelpunkte vereinigt wären; und dass infolge

dessen alle Körper, bei denen dieser Mittelpunkt gleich weit von
der Umdrehungsachse absteht, ihre Schwingungen in gleicher Zeit
vollführen werden.

Nach diesem Begriff vom Mittelpunkt des Antriebes giebt
DESCARTES eine allgemeine Methode, ihn bei Körpern beliebiger Gestalt
zu bestimmen. Diese Methode besteht darin, den Schwerpunkt der
alle Teile des Körpers antreibenden Kräfte zu suchen, indem man
diese Kräfte nach den Produkten der Massen in die Geschwindigkeiten, die hier den Abständen von der Umdrehungsachse proportional
sind, misst und annimmt, die Teile des Körpers seien auf die Ebene,
die durch seinen Schwerpunkt und durch seine Umdrehungsachse
gehen, so projiziert, dass sie ihre Abstände von dieser Achse beibehalten.

Diese Lösung von DESCARTES wurde zum Gegenstand eines
Streites zwischen ihm und ROBERVAL. Dieser behauptete, dass die
Lösung nur dann zutreffend sei, wenn alle Teile des Körpers auf
ein und derselben durch die Rotationsachse gehenden Ebene liegen
oder daselbst liegend gedacht werden können, dass man aber in
allen anderen Fällen nur diejenigen Bewegungen betrachten dürfe,
welche zu der durch die Rotationsachse und den Schwerpunkt des
Körpers gelegten Ebene normal sind, und dass man jedes Teilchen
auf den Punkt beziehen müsse, wo diese Ebene durch die Richtung
der Bewegung dieses Teilchens getroffen wird, welche Richtung
immer normal ist zur Ebene, die durch dieses Teilchen und die
Rotationsachse gelegt wird. Doch ist leicht zu beweisen, dass in Bezug
auf die Rotationsachse die auf diese Art geschätzten Kraftmomente
immer gleich sind den nach der Methode von DESCARTES geschätzten
Momenten.

Auch betont ROBERVAL, und dies mit mehr Recht, dass DESCARTES
nur den Mittelpunkt des Stosses gesucht habe, um welchen die
Stösse oder ihre Momente gleich sind, und dass, um den wahren
Schwingungsmittelpunkt eines schweren Pendels zu finden, man auch
auf die Wirkung der Schwere Rücksicht nehmen muss, vermöge deren
das Pendel sich bewegt. Die Untersuchung aber war für die Mechanik
der damaligen Zeit zu hoch; und die Mathematiker fuhren daher
fort, stillschweigend anzunehmen, dass der Mittelpunkt des Stosses
mit dem der Schwingung einerlei sei. HUYGHENS war der erste, der
diesen letzteren Mittelpunkt in seiner wahren Bedeutung auffasste.
Auch glaubte er diese Aufgabe als ganz neu ansehen zu müssen,
und da er sie durch die bekannten Gesetze der Bewegung nicht zu
lösen vermochte, so ersann er ein neues aber mittelbares Prinzip, das

seither unter dem Namen der Erhaltung der lebendigen Kräfte
berühmt geworden ist.

7. Ein Faden, den man als eine starre Linie ohne Schwere und
Masse ansieht, und der mit einem Ende an einen festen Punkt geheftet,
am anderen aber mit einem kleinen Gewicht belastet ist, das man
sich als in einen Punkt vereinigt vorstellen kann, bildet ein soge-
nanntes einfaches Pendel; und das Gesetz der Schwingungen
dieses Pendels hängt allein von seiner Länge, d. h. vom Abstand
zwischen dem Gewicht und dem Aufhängepunkt ab. Befestigt man
aber an diesem Faden noch ein oder mehrere Gewichte in verschiedenen Abständen vom Aufhängepunkt, so erhält man ein zusammengesetztes Pendel, dessen Bewegung eine Art Mittel zwischen
den verschiedenen einfachen Pendeln einhält, die man erhalten würde,
wenn jedes dieser Gewichte allein an einem Faden aufgehängt wäre.
Da einerseits die Schwerkraft bestrebt ist, alle Gewichte in gleichen
Zeiten in gleicher Weise sinken zu machen, während andrerseits
die Unbiegsamkeit des Fadens sie zwingt, in eben dieser Zeit ungleiche
und ihren Entfernungen vom Aufhängepunkt proportionale Bögen zu
beschreiben, so muss zwischen diesen Gewichten eine Art von Aus-
gleichung und Verteilung ihrer Bewegungen stattfinden, so dass die
dem Aufhängepunkt am nächsten liegenden Gewichte die Schwingungen
der entfernteren zu grösserer Raschheit antreiben und diese wiederum
die Schwingungen der ersteren verlangsamen werden. Es wird also
in dem Faden einen Punkt geben, woselbst ein Körper in seiner
Bewegung durch die anderen Gewichte weder beschleunigt noch
verzögert wird, sondern sich ebenso bewegen würde, wie wenn er
allein an dem Faden aufgehängt wäre. Dieser Punkt wird somit der
wahre Schwingungsmittelpunkt des zusammengesetzten Pendels sein,
und ein solcher Mittelpunkt muss sich auch in jedem um eine
horizontale Achse schwingenden festen Körper von was immer für einer
Gestalt finden.

HUYGHENS sah wohl ein, dass man diesen Mittelpunkt nicht
in strenger Weise bestimmen könne, ohne das Gesetz zu kennen,
nach dem die verschiedenen Gewichte des zusammengesetzten Pendels
gegenseitig die Bewegungen ändern, die die Schwere in jedem Augenblick ihnen zu erteilen strebt; aber anstatt dieses Gesetz aus den
Fundamentalsätzen der Mechanik herzuleiten, begnügte er sich, statt
dessen einen indirekten Grundsatz einzuführen, der darin besteht,
dass man annimmt: wenn mehrere auf irgend eine Weise an einem
Pendel befestigten Gewichte durch die blosse Wirkung der Schwere

herabfallen, und sie nun in einem Augenblick von einander gelöst und getrennt werden, so kann jedes derselben vermöge seiner durch den Fall erlangten Geschwindigkeit zu einer solchen Höhe steigen, dass der gemeinschaftliche Schwerpunkt zu derselben Höhe gelangt, von der er herabgesunken ist. Zwar führt Huyghens diesen Grundsatz nicht unmittelbar ein, sondern er leitet ihn von zwei Hypothesen her, von denen er meint, dass sie als Postulate der Mechanik zugelassen werden müssten. Die eine ist, dass der Schwerpunkt eines Systems von schweren Körpern nie zu einer grösseren Höhe steigen kann, als von der aus er gefallen ist, wie man auch die gegenseitige Stellung der Körper verändern mag, weil sonst eine immerwährende Bewegung nicht mehr unmöglich wäre. Die zweite ist, dass ein zusammengesetztes Pendel von selbst immer wieder zu derselben Höhe steigen kann, von der aus es ungehindert herabgesunken ist. Überdies bemerkt Huyghens, dass das nämliche Prinzip auch bei der Bewegung von irgendwie unter einander verbundenen schweren Körpern, sowie auch bei der Bewegung der flüssigen Körper Geltung habe.

Es ist nicht zu erraten, was diesem Forscher den Gedanken eines solchen Prinzips eingegeben hat, aber vermuten kann man wohl, dass er dazu durch den Lehrsatz geführt worden ist, den Galilei für den Fall schwerer Körper erwiesen hatte, die gleichviel, ob sie vertikal oder auf schiefen Ebenen herunterfallen, immer Geschwindigkeiten erlangen, welche sie befähigen, sich zu denselben Höhen wieder zu erheben, aus welchen sie gefallen sind. Dieser Satz verallgemeinert und auf den Schwerpunkt eines Systems schwerer Körper angewendet, giebt den Satz von Huyghens.

Sei dies wie immer, es liefert doch jedenfalls das Prinzip eine Gleichung zwischen der vertikalen Höhe, von welcher herab der Schwerpunkt des Systems in irgend einer Zeit gesunken ist, und den verschiedenen vertikalen Höhen, bis zu welchen die das System zusammensetzenden Körper mit ihren erlangten Geschwindigkeiten wieder emporsteigen können, welche Höhen nach den Lehrsätzen des Galilei sich wie die Quadrate dieser Geschwindigkeiten verhalten. Nun sind bei einem Pendel, das um eine horizontale Achse schwingt, die Geschwindigkeiten der verschiedenen Punkte ihren Abständen von dieser Achse proportional; man kann also die Gleichung auf nur zwei unbekannte Grössen bringen, von denen die eine die Senkung des Schwerpunktes des Pendels in irgend einer Zeit, und die andere die Höhe ist, bis zu welcher ein gegebener Punkt dieses

Pendels vermöge seiner erlangten Geschwindigkeit steigen könnte. Aber die Senkung des Schwerpunktes bestimmt die jedes andern Punktes des Pendels; man erhält somit eine Gleichung zwischen der Höhe, aus welcher irgend ein Punkt des Pendels herabgelangt ist, und der, bis zu welcher er vermöge der durch seinen Fall erlangten Geschwindigkeit wieder steigen könnte. Für den Schwingungsmittelpunkt müssen diese beiden Höhen gleich sein, indem freie Körper jederzeit zu der nämlichen Höhe wieder steigen können, von der sie gefallen sind; und die Gleichung zeigt, dass diese Gleichheit nur für einen Punkt der Linie stattfinden kann, welche auf der Rotationsachse senkrecht steht und durch den Schwerpunkt des Pendels geht. Der Abstand dieses Punktes von jener Achse sei gegeben durch eine Grosse, welche sich ergibt, indem man alle Gewichte, aus denen sich das Pendel zusammensetzt, mit den Quadraten ihrer Abstände von der Achse multipliziert und die Summe dieser Produkte dividiert durch die mit der Distanz seines Schwerpunktes von derselben Achse multiplizierten Masse des Pendels. Diese Grösse wird also die Länge eines einfachen Pendels ausdrücken, dessen Bewegung der des zusammengesetzten gleich sein wird.

HUYGHENS hat diese Theorie in seinem *Horologium oscillatorium* auseinandergesetzt, und sie dort mit einer grossen Zahl sinnreicher Anwendungen begleitet. Es wäre dabei nichts zu wünschen übrig geblieben, wenn er sie nicht auf ein zweifelhaftes Prinzip gestützt hätte, und es blieb immer noch dieses Prinzip zu beweisen, um die Theorie gegen jeden Angriff zu sichern.

Gegen diese Theorie erschienen im Jahre 1681 im *Journal des savants de Paris* einige nicht stichhaltige Einwürfe, auf die HUYGHENS auch nur unbestimmt und wenig befriedigend antwortete. Doch hatte dieser Streit die Aufmerksamkeit des JACOB BERNOULLI auf sich gezogen und gab ihm Gelegenheit, der Theorie von HUYGHENS auf den Grund zu gehen, und sich zu bemühen, sie auf die ersten Grundsätze der Dynamik zurückzuführen. Er betrachtet zuerst nur zwei einander gleiche an einer geraden starren Linie angebrachte Gewichte, und bemerkt, dass die Geschwindigkeit, die das erste, dem Aufhängepunkt nähere Gewicht, beim Durchlaufen irgend eines Bogens erlangt, kleiner sein müsse, als die Geschwindigkeit, die es erlangt haben würde, falls es ungehindert denselben Bogen beschrieben hätte, und dass zu gleicher Zeit die durch das andere Gewicht erlangte Geschwindigkeit grösser sein müsse als diejenige, welche es erlangt haben würde, wenn es denselben Bogen ungehindert beschrieben

hätte. Die vom ersten Gewicht verlorene Geschwindigkeit hat sich
also dem andern mitgeteilt, und da diese Mitteilung vermittelst eines
um einen festen Punkt beweglichen Hebels geschieht, so muss sie
dem Gesetze des Gleichgewichts der an diesem Hebel angebrachten
Kräfte folgen, so dass der Verlust an Geschwindigkeit des ersten
Gewichtes zu dem Gewinn des zweiten im umgekehrten Verhältnis
der Hebelarme, d. h. der Abstände vom Aufhängepunkt steht. Hieraus
und aus dem Umstande, dass die wirklichen Geschwindigkeiten der
zwei Gewichte sich wie diese Abstände verhalten, kann man leicht
diese Geschwindigkeiten und folglich auch die Bewegung des Pendels
bestimmen.

8. Dies ist der erste Schritt, der zur direkten Auflösung dieses
berühmten Problems gethan wurde. Der Gedanke, die aus den durch
die Gewichte gewonnenen oder verlorenen Geschwindigkeiten entspringenden Kräfte auf den Hebel zu beziehen, ist sehr sinnreich
und giebt den Schlüssel zur wahren Theorie, aber Jacob Bernoulli
irrte sich darin, dass er die während einer endlichen Zeit erlangten Geschwindigkeiten in Betracht zog; vielmehr hätte er die
elementaren während eines Zeitteilchens erlangten Geschwindigkeiten
betrachten und mit denen, die die Schwere während desselben Augenblickes zu erteilen strebt, vergleichen sollen. Dies war es, was
später L'Hôpital in einer in das Journal von Rotterdam 1690 ein-
gerückten Schrift gethan hat. Er nimmt irgend zwei an dem unbiegsamen Faden, der das zusammengesetzte Pendel darstellt, befestigte
Gewichte an und setzt die von diesen Gewichten in einem beliebigen
Zeitteilchen verlorenen Bewegungsgrössen mit den gewonnenen ins
Gleichgewicht, nämlich die Differenzen der Bewegungsgrössen, die die
Gewichte in diesem Augenblick wirklich erlangen, mit denen, welche die
Schwere ihnen zu erteilen strebt. Hierdurch bestimmt er das Verhältnis der augenblicklichen Beschleunigung jedes Gewichts zu der,
welche die Schwere allein ihm zu geben strebt, und er findet den
Schwingungsmittelpunkt, indem er den Punkt des Pendels sucht,
für den diese beiden Beschleunigungen einander gleich sind.
Sodann dehnt er seine Theorie auf eine grössere Zahl von Gewichten aus, doch betrachtet er hierbei die ersteren als nach und
nach in ihrem Schwingungsmittelpunkt vereinigt, was nicht mehr
so direkt ist und nicht ohne Beweis zugegeben werden kann.

Dieses Verfahren liess Jacob Bernoulli auf das seinige wieder
zurückkommen und führte schliesslich zu der ersten direkten und
strengen Lösung des Problems vom Schwingungsmittelpunkte, welche

die Aufmerksamkeit der Mathematiker umsomehr verdient, als sie den Keim desjenigen Prinzips der Dynamik enthält, welches sich in D'ALEMBERT'S Händen so fruchtbar erwiesen hat.

Der Verfasser zieht gleichzeitig die Bewegungen in Betracht, die die Schwere jeden Augenblick den das Pendel zusammensetzenden Körpern erteilt, und da diese Körper wegen ihrer Verbindung ihnen nicht folgen können, so stellt er sich die Bewegungen, welche sie annehmen müssen, als aus denen zusammengesetzt vor, die ihnen erteilt sind, und aus andern, die, hinzugefügt oder weggenommen, einander gegenseitig aufheben und das Pendel im Gleichgewicht lassen müssen. Die Aufgabe ist so auf die Prinzipien der Statik zurückgeführt und bedarf nur mehr der Hilfe der Analysis. Hierdurch fand auch Jacob Bernoulli allgemeine Formeln für die Schwingungsmittelpunkte von Körpern beliebiger Gestalt, zeigte ihre Übereinstimmung mit Huyghens Grundsatz und bewies die Indentität des Mittelpunktes der Schwingung und des Stosses. Diese Auflösung war schon 1691 in den Leipziger *Actis eruditorum* skizziert worden, aber vollständig wurde sie erst 1703 in den Memoiren der Pariser Akademie der Wissenschaften gegeben.

9. Um nichts in Betreff der Geschichte des Problems vom Schwingungsmittelpunkte vermissen zu lassen, müsste ich noch über die Auflösung berichten, die in der Folge Johann Bernoulli in eben diesen Memoiren dafür gegeben hat. Da sie zu gleicher Zeit auch Taylor in seinem Werke: *Methodus incrementorum* brachte, so veranlasste sie einen lebhaften Streit zwischen diesen beiden Mathematikern. So sinnreich indess der Gedanke ist, auf den diese neue Auflösung sich gründet und der darin besteht, das zusammengesetzte Pendel mit einem Schlage auf ein einfaches zurückzuführen, indem man für die verschiedenen Massenteile andere einsetzt, die alle in einem Punkt vereinigt sind und deren Massen und Gewichte so angenommen werden, dass sie die nämliche Winkelbeschleunigung und die nämlichen Momente in Bezug auf die Drehungsachse hervorbringen, so muss man dennoch gestehen, dass diese Idee weder so natürlich noch so lichtvoll ist wie die vom Gleichgewicht zwischen den gewonnenen und verlorenen Bewegungsgrössen.

Man findet ausserdem noch in Hermann's *Phoronomia* von 1716 eine neue Methode, dasselbe Problem zu lösen, die auf dem andern Grundsatz beruht, dass die bewegenden Kräfte, durch welche die das Pendel ausmachenden Gewichte getrieben werden müssen, wenn eine

Bewegung in starrer Verbindung möglich sein soll mit denen, die von
der Einwirkung der Schwere herrühren, gleichwertig sind; so dass die
erstern, wenn man sie als im entgegengesetzten Sinne angebracht
annimmt, diesen letzteren das Gleichgewicht halten müssen.

Dieses Prinzip ist im Grunde kein anderes als das des JACOB
BERNOULLI, auf weniger einfache Art dargestellt, und es ist leicht,
das eine auf das andere durch die Prinzipien der Statik zurückführen.
EULER hat es sodann noch verallgemeinert und sich seiner bedient,
um die Schwingungen biegsamer Körper zu bestimmen, in einer Abhandlung von 1740, die sich in Band VII der alten Petersburger
Kommentarien befindet.

Es wäre zu weitläufig, von den andern Problemen der Dynamik
zu reden, die nach der vom Schwingungsmittelpunkte den Scharfsinn
der Mathematiker beschäftigten, ehe noch die Kunst sie aufzulösen
auf feste Regeln gebracht war. Man findet diese Probleme, welche
BERNOULLI, CLAIRAUT und EULER sich gegenseitig stellten, zerstreut
in den ersten Bänden der Memoiren von Petersburg und Berlin, in
den Memoiren von Paris (in den Jahrgängen 1736 und 1742), in den
Werken von JOHANN BERNOULLI und in EULER's Kleinen Schriften.
Sie bestehen darin, die Bewegungen mehrerer schwerer oder
nicht schwerer Körper zu bestimmen, die sich stossen oder sich
ziehen durch Fäden oder unbiegsame Hebel, an denen sie fest angebracht sind oder längs deren sie frei gleiten können, und die,
nachdem sie irgendwelche Anstösse empfangen haben, sich selbst
überlassen oder gezwungen sind, sich auf gegebenen krummen Linien
oder Flächen zu bewegen.

Bei Auflösung dieser Aufgaben gebrauchte man fast immer
HUYGHENS Grundsatz; da indessen dieser Grundsatz nur eine einzige
Gleichung giebt, so suchte man die andern durch Betrachtung der
unbekannten Kräfte auf, mit welchen, wie man annahm, die Körper
sich stossen oder ziehen sollten, und die man als elastische Kräfte
ansah, die gleichförmig nach entgegengesetzten Richtungen wirkten.
Die Anwendung dieser Kräfte ersparte die Rücksicht auf die Verbindung der Körper unter einander, und gestattete die Gesetze der
Bewegung der freien Körper anzuwenden. Endlich dienten die
Bedingungen, die nach der Natur der Aufgabe zwischen den Bewegungen der verschiedenen Körper stattfinden mussten dazu, die unbekannten Kräfte zu bestimmen, die man in die Rechnung eingeführt
hatte. Doch erforderte es jederzeit einen besonderen Kunstgriff,
bei jeder Aufgabe alle die Kräfte ausfindig zu machen, auf welche

Rücksicht zu nehmen war. Dies machte gerade diese Aufgaben so
verlockend und geeignet, den Wettstreit zu erregen.

10. Das Werk über Dynamik, von D'ALEMBERT, das 1743 erschien, machte allen diesen Herausforderungen ein Ende, indem es
eine direkte und allgemeine Methode bietet, um alle dynamischen
Aufgaben, wie man sie sich ausdenken mag, aufzulösen, oder doch
wenigstens in Gleichungen umzusetzen. Diese Methode führt alle
Gesetze der Bewegung der Körper auf die ihres Gleichgewichts, und
hiermit die Dynamik auf die Statik zurück. Wir haben schon bemerkt,
dass der Grundsatz, dessen sich JACOB BERNOULLI bei der Untersuchung
des Schwingungsmittelpunktes bedient hatte, den Vorteil gehabt hat,
diese Untersuchung von den Bedingungen des Gleichgewichts am
Hebel abhängig zu machen; aber es blieb D'ALEMBERT vorbehalten,
diesen Grundsatz unter einem allgemeinen Gesichtspunkte aufzufassen
und ihm all die Einfachheit und Fruchtbarkeit zu geben, deren er
fähig ist.

Wenn man mehreren Körpern Bewegungen erteilt, welche infolge
der Wechselwirkung der Körper Veränderung erleiden müssen, so ist
es klar, dass man diese Bewegungen so auffassen kann, als wären
sie zusammengesetzt aus denjenigen, welche die Körper in Wirklichkeit
bekommen, und anderen Bewegungen, welche zerstört werden;
hieraus folgt, dass diese letzteren so beschaffen sein müssen, dass
die von diesen Bewegungen allein getriebenen Körper im Gleichgewicht sind.

Dies ist der Grundsatz, welchen D'ALEMBERT in seinem Werke
über Dynamik mitgeteilt hat und von dem er glücklichen Gebrauch
bei mehreren Problemen gemacht hat, insbesondere bei dem der
Präzession der Tag- und Nachtgleichen.

Dieses Prinzip liefert zwar nicht unmittelbar die zur Auflösung
der verschiedenen Aufgaben der Dynamik nötigen Gleichungen, aber
es zeigt doch, wie man sie aus den Bedingungen des Gleichgewichts
abzuleiten habe. Indem man so diesen Grundsatz mit den gewöhnlichen Grundsätzen des Gleichgewichts des Hebels oder der Zusammensetzung der Kräfte verbindet, kann man immer die Gleichungen für
jede Aufgabe finden: allein die Schwierigkeit, die Kräfte, welche sich
zerstören sollen, sowie auch die Gesetze des Gleichgewichts zwischen
diesen Kräften zu bestimmen, macht die Anwendung dieses Prinzips
oft misslich und schwierig. Die hieraus sich ergebenden Auf-
lösungen sind fast immer verwickelter, als wenn sie aus weniger
einfachen und direkten Grundsätzen hergeleitet worden wären, wie

man sich aus dem zweiten Teile des nämlichen Werkes über Dynamik überzeugen kann.*)

11. Wenn man die Zerlegung der Bewegung, welche dieses Prinzip fordert, vermeiden wollte, so bliebe nichts übrig, als von vornherein das Gleichgewicht zwischen den Kräften und den aus ihnen erwachsenden Bewegungen, letztere in entgegengesetzter Richtung genommen, einzuführen. Denn wenn man sich vorstellt, dass man jedem Körper in entgegengesetztem Sinne diejenige Bewegung erteilt, welche er anzunehmen gezwungen ist, so ist es klar, dass das System zur Ruhe gebracht sein wird; und es wird demnach notwendig sein, dass diese Bewegungen jene aufheben, die die Körper erhalten haben, und welchen sie ohne ihre gegenseitige Einwirkung gefolgt wären, so dass Gleichgewicht bestehen muss zwischen allen diesen Bewegungen oder zwischen den Kräften, welche sie hervorzubringen vermögen.

Diese Art, die Gesetze der Dynamik auf die Statik zurückzuführen, ist zwar weniger direkt als diejenige, welche sich aus dem Prinzip von D'ALEMBERT ergiebt, sie gewährt aber grössere Einfachheit in ihren Anwendungen. Sie läuft auf die von HERMANN und EULER hinaus, der sie zur Auflösung vieler Probleme der Mechanik verwendet hat; man findet sie in einigen Schriften über Mechanik unter dem Namen des D'ALEMBERT'schen Prinzips.

12. Im ersten Teile dieses Werkes haben wir die ganze Statik auf eine einzige allgemeine Formel zurückgeführt, welche die Gesetze des Gleichgewichtes irgend eines Systems von Körpern angiebt, an dem beliebig viele Kräfte angreifen. Man kann demnach auch die ganze Dynamik auf eine allgemeine Formel zurückführen; denn um die Formel für das Gleichgewicht irgend eines Systems von Körpern auf dessen Bewegung anzuwenden, genügt es, in die Gleichgewichtsformel die Kräfte einzuführen, welche von den Veränderungen der Bewegung jedes Körpers herrühren und welche einander aufheben müssen. Die Entwicklung dieser Formel wird, indem man auf die von der Natur dieses Systems abhängigen Bedingungen Rücksicht nimmt, alle Gleichungen liefern, welche zur Bestimmung der Bewegung des Körpers erforderlich sind. Und man braucht dann nur mehr diese Gleichungen zu integrieren, was Sache der Analyse ist.

13. Einer der Vorteile der in Rede stehenden Formel besteht darin, dass sie sogleich die allgemeinen Gleichungen liefert, welche

---

*) Es trägt noch dazu bei, diese Lösungen verwickelter zu machen, dass der Verfasser, wie er selbst bemerkt (Art. 94), es vermeiden wollte, die Zeitelemente *dt* als constant zu nehmen.   [Anm. von LAGRANGE.]

die unter dem Namen der **Erhaltung der lebendigen Kräfte**, der **Erhaltung der Bewegung des Schwerpunktes**, der **Erhaltung des Momentes der Rotation** oder des Satzes der **Flächen** und des **Satzes der kleinsten Wirkung** bekannten Grund- oder Lehrsätze enthalten. Man hat alle diese Sätze vielmehr als allgemeine Resultate der Gesetze der Dynamik, denn als ursprüngliche Grundsätze dieser Wissenschaft anzusehen. Da sie indess wie solche bei Auflösung der Aufgaben oft angewandt werden, so glaube ich auch von ihnen sprechen und aufzeigen zu sollen, worin sie bestehen und welchen Forschern wir sie verdanken, damit ich in dieser vorläufigen Auseinandersetzung der Prinzipien der Dynamik nichts vermissen lasse.

14. Den ersten dieser vier Sätze, nämlich den der Erhaltung der lebendigen Kräfte hat HUYGHENS gefunden, jedoch in einer Form, die von derjenigen etwas verschieden ist, die man ihm jetzt zu geben pflegt; wir haben seiner schon bei Gelegenheit der Aufgabe vom Schwingungsmittelpunkte Erwähnung gethan. Es besteht dieser Satz, so wie er bei Auflösung dieser Aufgabe angewandt worden ist, in der Gleichheit zwischen dem Sinken und dem Steigen des Schwerpunktes mehrerer schweren Körper, die miteinander verbunden sinken und hierauf einzeln wieder steigen, indem jeder mit der erlangten Geschwindigkeit wieder emporgetrieben wird. Nach den bekannten Eigenschaften des Schwerpunktes aber wird der von diesem Punkt nach irgend einer Richtung durchlaufene Weg ausgedrückt durch die Summe der Produkte der Masse jedes der Körper in den nach der nämlichen Richtung durchlaufenen Weg, dividiert durch die Summe der Massen. Andrerseits ist nach den Lehrsätzen GALILEI's der von einem schweren Körper durchlaufene vertikale Weg dem Quadrat der Geschwindigkeit proportional, die er in seinem freien Fall erhalten hat, und mit der er wieder zu derselben Höhe hinaufsteigen könnte. Somit kommt der Grundsatz von HUYGHENS darauf zurück, dass bei der Bewegung schwerer Körper die Summe der Produkte der Massen durch die Quadrate der Geschwindigkeiten in jedem Augenblicke die nämliche ist, gleichviel ob die Körper sich auf irgend eine Art unter einander verbunden bewegen, oder ob sie die nämlichen vertikalen Höhen frei durchlaufen. Eben dies hat auch HUYGHENS selbst mit wenigen Worten in einer kleinen Schrift, betreffend die Methoden von JACOB BERNOULLI und von L'HÔPITAL, für den Schwingungsmittelpunkt bemerkt.

Bisher war dieser Satz nur als ein einfaches Theorem der Mechanik angesehen worden; allein seit sich Johann Bernoulli der von Leibnitz eingeführten Unterscheidung zwischen den toten Kräften oder Druckkräften, welche ohne thatsächliche Bewegung wirken, und den lebendigen Kräften, welche diese Bewegung begleiten und welche gemessen werden durch die Produkte aus den Massen und den Quadraten der Geschwindigkeiten, angeschlossen hatte, sah er in dem erwähnten Satze nichts als eine Folge der Theorie der lebendigen Kräfte und ein allgemeines Gesetz der Natur, nach dem die Summe der lebendigen Kräfte mehrerer Körper sich unverändert erhält, während diese Körper durch einfachen Druck auf einander wirken, und beständig der einfachen lebendigen Kraft gleich ist, die aus der Thätigkeit der wirkenden Kräfte, die die Körper bewegen, hervorgeht. Er gab ihm daher den Namen der Erhaltung der lebendigen Kräfte, und bediente sich desselben mit Erfolg bei der Auflösung einiger Aufgaben, die bisher nicht gelöst waren und bei denen es schwierig schien, durch direkte Methoden zum Ziel zu kommen.

Daniel Bernoulli hat dann diesem Prinzip noch grössere Ausdehnung gegeben und leitete aus ihm die Gesetze der Bewegung von Flüssigkeiten in Gefässen ab, ein Gegenstand, der vor ihm nur in einer oberflächlichen und willkürlichen Weise behandelt worden war. Endlich aber gab er diesem Satz eine grosse Verallgemeinerung in den Memoiren von Berlin für das Jahr 1748, indem er zeigte, wie man ihn auf die Bewegung der Körper anwenden kann, die durch beliebige gegenseitige Anziehungen auf einander wirken, oder die nach festen Mittelpunkten durch Kräfte gezogen werden, welche irgendwelchen Funktionen der Abstände proportional sind.

Der grosse Vorteil dieses Prinzips besteht darin, dass es unmittelbar auf eine endliche Gleichung zwischen den Geschwindigkeiten der Körper und der veränderlichen Grössen, die ihre Lage im Raume bestimmen, führt, so dass wenn nach der Natur des Problems alle veränderlichen Grössen nur auf eine gebracht werden, diese Gleichung hinreicht, es vollständig zu lösen; und dies ist der Fall bei der Aufgabe von den Schwingungsmittelpunkten. Überhaupt giebt die Erhaltung der lebendigen Kräfte jederzeit ein erstes Integral der verschiedenen Differentialgleichungen jeder Aufgabe, was bei vielen Gelegenheiten von grossem Nutzen ist.

15. Den zweiten Satz verdanken wir Newton, der im Anfange seiner Mathematischen Prinzipien erweist, dass der Zustand der Ruhe

oder der Bewegung des Schwerpunktes mehrerer Körper durch die
gegenseitige Wirkung dieser Körper, wie sie auch beschaffen sein
mag, nicht gestört wird, so dass der Schwerpunkt von Körpern, die
irgendwie auf einander wirken, sei es durch Fäden oder durch Hebel
oder nach Anziehungsgesetzen u. s. w., ohne dass irgend eine äussere
Wirkung oder ein Hindernis vorhanden ist, sich immerwährend in
Ruhe befindet oder gleichförmig in gerader Linie bewegt.

D'ALEMBERT gab in der Folge diesem Prinzip ein grösseres An-
wendungsgebiet, indem er zeigte, dass wenn jeder Körper durch eine
konstante beschleunigende Kraft getrieben wird, die längs paralleler
Linien oder nach einem festen Punkte gerichtet ist und der Distanz
proportional wirkt, der Schwerpunkt die nämliche krumme Linie
beschreiben muss, als wenn die Körper frei wären. Man kann noch
hinzusetzen, dass die Bewegung dieses Mittelpunktes allgemein die
nämliche bleibt, als wenn alle Kräfte der Körper, wie sie auch beschaffen sein mögen, jede nach ihrer eigenen Richtung daran angebracht wären.

Es ist ersichtlich, dass dieser Grundsatz dazu dient, die Bewegung
des Schwerpunktes unabhängig von den Bewegungen der einzelnen
Körper zu bestimmen, und dass er so immer drei endliche Gleichungen
zwischen den Koordinaten der Körper und der Zeit liefern wird, welche
die Integrale der Differentialgleichungen der Aufgabe sein werden.

16. Der dritte Satz ist viel weniger alt als die beiden vorhergehenden; es scheinen ihn EULER, DANIEL BERNOULLI und D'ARCY gleichzeitig, jedoch unter verschiedenen Gestalten, entdeckt zu haben.

Nach den beiden ersten besteht er darin, dass bei der Bewegung
mehrerer Körper um einen festen Mittelpunkt die Summe der Produkte
der Masse jedes Körpers in die Geschwindigkeit seines Umlaufs um
den Mittelpunkt und seinen Abstand von dem nämlichen Mittelpunkte
allezeit von der gegenseitigen Wirkung unabhängig ist, die die
Körper auf einander ausüben können und immer dieselbn bleibt, so
lange von aussen weder eine Einwirkung noch ein Hindernis auftritt.
DANIEL BERNOULLI hat diesen Grundsatz im ersten Bande der Memoiren der Berliner Akademie vom Jahre 1746 mitgeteilt; und EULER
veröffentlichte ihn in demselben Jahre im ersten Bande seiner
Ospuscula; auch ist es dieselbe Aufgabe, die beide darauf geführt
hat, nämlich die Untersuchung der Bewegung mehrerer beweglichen
Körper in einer Röhre von gegebener Gestalt, die sich nur um einen
Punkt oder ein festes Centrum drehen kann.

Der Satz von D'Arcy, so wie er ihn der Akademie der Wissenschaften in den Memoiren von 1747 vorgelegt hat, die jedoch erst 1752 erschienen, besteht darin, dass die Summe der Produkte der Masse jedes Körpers in die Fläche, die sein Leitstrahl um einen festen Punkt beschreibt, für die nämliche Projektionsebene immer der Zeit proportional ist. Man sieht, dass dieser Satz nur eine Verallgemeinerung des schönen Theoremes von Newton über die infolge irgendwelcher Centripetalkräfte beschriebenen Flächen ist. Um aber die Analogie oder vielmehr Identität desselben mit dem Euler's und Daniel Bernoulli's einzusehen, braucht man nur zu bedenken, dass die Geschwindigkeit des Umlaufs durch das Element des Kreisbogens dividiert durch das Zeitelement ausgedrückt wird, und dass das erstere dieser Elemente multipliziert mit der Distanz vom Mittelpunkte das Element der um diesen Mittelpunkt beschriebenen Fläche giebt; man sieht also, dass dieser letztere Satz nichts anderes als der Differentialausdruck von dem D'Arcy's ist.

Dieser Autor hat nachmals seinen Grundsatz unter einer Form dargestellt, die der vorhergehenden näher kommt, und welche darin besteht, dass die Summe der Produkte der Massen in die Geschwindigkeiten und in die vom Mittelpunkte auf die Richtungen des Körpers gezogenen Senkrechten eine konstante Grösse ist.

Unter diesem Gesichtspunkt machte er daraus sogar eine Art metaphysischen Prinzips, das er die Erhaltung der Wirkung nannte, um ihn dem Grundsatze der kleinsten Wirkung entgegen oder vielmehr an dessen Stelle zu setzen; wie wenn unbestimmte oder willkürliche Benennungen das Wesen der Gesetze der Natur ausmachten und wie wenn sie einfache Resultate der bekannten Gesetze der Mechanik durch irgend eine verborgene Eigenschaft zu Zweckursachen erheben könnten.

Wie dies auch sei, so hat der Grundsatz, von dem jetzt die Rede ist, überhaupt bei jedem System von Körpern statt, die auf einander in irgend einer Weise wirken, es sei nun durch Fäden, durch unbiegsame Linien, nach Anziehungsgesetzen u. s. w. und die überdies durch irgendwelche Centralkräfte getrieben werden, es mag nun das System entweder übrigens völlig frei, oder aber genötigt sein, sich um den Centralpunkt zu bewegen. Die Summe der Produkte der Massen in die um diesen Mittelpunkt beschriebenen und auf irgend einer Ebene projizierten Flächen ist immer der Zeit proportional, so dass, wenn man diese Flächen auf drei zu einander senkrechte Ebenen bezieht, man drei Differentialgleichungen erster Ordnung zwischen der Zeit und den Koordinaten der durch die Körper beschriebenen krummen Linien erhält. Gerade in diesen Gleichungen besteht die Natur des eben genannten Grundsatzes.

17. Ich komme endlich zum vierten Satz, den ich Satz der kleinsten Wirkung nenne nach der Analogie desjenigen, den MAUPERTUIS unter dieser Bezeichnung eingeführt hatte und den die Schriften mehrerer angesehenen Autoren nachher so berühmt gemacht haben.

Dieser Grundsatz besteht analytisch betrachtet darin, dass bei der Bewegung der auf einander wirkenden Körper die Summe der Produkte der Massen in die Geschwindigkeiten und in die durchlaufenen Räume ein Minimum ist. Der Verfasser leitet hieraus die Gesetze der Reflexion und Brechung des Lichts, sowie auch die des Stosses der Körper in zwei Arbeiten ab, von denen die eine der Pariser Akademie der Wissenschaften 1744 und die andere zwei Jahre später der Berliner Akademie vorgelegt wurde.

Indess sind diese Anwendungen zu speziell, als dass sie die Wahrheit eines allgemeinen Grundsatzes erhärten könnten; ausserdem haben sie etwas unbestimmtes und willkürliches an sich, wodurch die Folgerungen, welche man allenfalls hieraus für die Strenge des Prinzips ziehen möchte, nur unsicher werden können. Auch hätte man meines Erachtens unrecht, diesen Satz mit dem eben angeführten auf eine Linie zu stellen. Es lässt sich aber ein anderer Gesichtspunkt von grösserer allgemeiner Strenge finden, der allein die Aufmerksamkeit der Mathematiker verdient. Die erste Anregung dazu gab EULER am Schlusse seiner Abhandlung *De Isoperimetricis*, die zu Lausanne 1744 erschien, indem er zeigte, dass bei den Bahnen, die durch Centralkräfte beschrieben werden, das Integral der Geschwindigkeit multipliziert mit dem Element der krummen Linie allezeit ein Maximum oder ein Minimum bildet.

Diese Eigenschaft, welche EULER bei der Bewegung einzelner Körper gefunden hatte und die auf solche beschränkt schien, habe ich vermittelst der Erhaltung der lebendigen Kräfte auf die Bewegung jedes Systems der Körper, die auf irgend eine Art auf einander wirken, ausgedehnt; hieraus erwächst als neuer allgemeiner Satz der, dass die Summe der Produkte der Massen in die Integrale der Geschwindigkeiten multipliziert mit den Elementen der durchlaufenen Räume beständig ein Maximum oder ein Minimum ist.

Dies ist der Grundsatz, dem ich hier, wiewohl uneigentlich, den Namen der kleinsten Wirkung gebe und den ich nicht als einen metaphysischen Grundsatz, sondern als ein einfaches und allgemeines Resultat der Gesetze der Mechanik betrachte. Welchen Gebrauch ich von ihm bei Auflösung mehrerer schwierigen dynamischen Aufgaben gemacht habe, kann man im zweiten Bande der Memoiren von Turin nachsehen. Dieser Grundsatz verbunden mit dem der Erhaltung der lebendigen Kräfte und nach den Regeln der Variationsrechnung entwickelt, giebt unmittelbar alle zur Auflösung jeder Aufgabe nötigen Gleichungen und hieraus entsteht dann eine ebenso einfache als allgemeine Methode, die die Bewegung der Körper betreffenden Aufgaben zu behandeln; allein diese Methode ist nur eine Folge von der, die den Gegenstand des zweiten Teiles dieses Werkes ausmacht, und die zugleich den Vorzug hat, dass sie aus den ersten Grundlehren der Mechanik hergeleitet ist.

Aus:

Vorlesungen über Mechanik

von

Gustav Kirchhoff

(1824—1887.)

Vorrede.

Die Vorlesungen, die ich hiermit der Oeffentlichkeit übergebe, behandeln insofern das ganze Gebiet der *reinen Mechanik*, d. h. der Lehre von denjenigen Erscheinungen, bei welchen ausschliesslich *Bewegungen* ins Auge zu fassen sind, als sie sich mit der Bewegung materieller Punkte, starrer, flüssiger und elastischer fester Körper beschäftigen. Es ist aber bei ihnen die Annahme festgehalten, dass die Materie stetig den Raum erfüllt, wie sie es zu thun scheint; die Theorieen, die auf der Annahme von Molekülen beruhen, sind in ihnen nicht berührt.

Der Ausgangspunkt der Darstellung, den ich gewählt habe, ist von dem gewöhnlichen verschieden. Man pflegt die Mechanik als die Wissenschaft von den *Kräften* zu definiren, und die Kräfte als die *Ursachen*, welche Bewegungen hervorbringen oder hervorzubringen *streben*. Gewiss ist diese Definition bei der Entwicklung der Mechanik von dem grössten Nutzen gewesen, und sie ist es auch noch bei dem Erlernen dieser Wissenschaft, wenn sie durch Beispiele von Kräften, die der Erfahrung des gewöhnlichen Lebens entnommen sind, erläutert wird. Aber ihr haftet die Unklarheit an, von der die Begriffe der Ursache und des Strebens sich nicht befreien lassen. Diese Unklarheit hat sich z. B. gezeigt in der Verschiedenheit der Ansichten darüber, ob der Satz von der Trägheit und der Satz vom Parallelogramm der Kräfte anzusehen sind als Resultate der Erfahrung, als Axiome oder als Sätze, die logisch bewiesen werden können und bewiesen werden müssen. Bei der Schärfe, welche die Schlüsse in der Mechanik sonst gestatten, scheint es mir wünschenswerth, solche Dunkelheiten aus ihr zu entfernen, auch wenn das nur möglich ist durch eine Einschränkung ihrer Aufgabe. Aus diesem Grunde stelle ich es als die Aufgabe der Mechanik hin, die in der Natur vor sich gehenden Bewegungen zu *beschreiben*, und zwar vollständig und auf die einfachste Weise zu beschreiben. Ich will damit sagen, dass es sich nur darum handeln soll, anzugeben, *welches* die Erscheinungen sind, die stattfinden, nicht aber darum, ihre *Ursachen* zu ermitteln. Wenn man hiervon ausgeht und die Vorstellungen von Raum, Zeit und Materie voraussetzt, so gelangt man durch rein mathematische Betrachtungen zu den allgemeinen Gleichungen der Mechanik. Man hat auch auf diesem Wege es mit dem Begriffe der Kraft zu thun und ist nicht im Stande, eine vollständige Definition desselben zu geben. Die Unvollständigkeit dieser Definition hat hier aber keine Unklarheit zur Folge, da die Einführung der Kräfte hier nur ein Mittel bildet, um die Ausdrucksweise zu vereinfachen, um nämlich in kurzen Worten Gleichungen auszudrücken, die ohne Hülfe dieses Namens nur schwerfällig durch Worte sich würden wiedergeben lassen. Hier reicht es aus, um jede Dunkelheit zu entfernen, die Kräfte soweit zu definiren, dass jeder Satz der Mechanik, in dem von Kräften die Rede ist, in Gleichungen übersetzt werden kann; und das geschieht auf dem eingeschlagenen Wege.

Bei dem grossen Umfange des Stoffes, der in verhältnissmässig kleinem Raume behandelt worden ist, kann eine Erschöpfung des Gegenstandes nicht erwartet werden; möge die getroffene Auswahl als eine zweckmässige befunden werden!

Berlin, im Januar 1876.

Dr. GUSTAV KIRCHHOFF.

Aus:

Die Prinzipien der Mechanik

von

Heinrich Hertz

(1857—1894.)

Aus dem Vorworte zu Hertz' Mechanik

von

Hermann von Helmholtz

(1821—1894.)

Einleitung.

Es ist die nächste und in gewissem Sinne wichtigste Aufgabe unserer bewussten Naturerkenntnis, dass sie uns befähige, zukünftige Erfahrungen vorauszusehen, um nach dieser Voraussicht unser gegenwärtiges Handeln einrichten zu können. Als Grundlage für die Lösung jener Aufgabe der Erkenntnis benutzen wir unter allen Umständen vorangegangene Erfahrungen, gewonnen durch zufällige Beobachtungen oder durch absichtlichen Versuch. Das Verfahren aber, dessen wir uns zur Ableitung des Zukünftigen aus dem Vergangenen und damit zur Erlangung der erstrebten Voraussicht stets bedienen, ist dieses: Wir machen uns innere Scheinbilder oder Symbole der äusseren Gegenstände, und zwar machen wir sie von solcher Art, dass die denknotwendigen Folgen der Bilder stets wieder die Bilder seien von den naturnotwendigen Folgen der abgebildeten Gegenstände. Damit diese Forderung überhaupt erfüllbar sei, müssen gewisse Übereinstimmungen vorhanden sein zwischen der Natur und unserem Geiste. Die Erfahrung lehrt uns, dass die Forderung erfüllbar ist und dass also solche Übereinstimmungen in der That bestehen. Ist es nun einmal geglückt, aus der angesammelten bisherigen Erfahrung Bilder von der verlangten Beschaffenheit abzuleiten, so können wir an ihnen, wie an Modellen, in kurzer Zeit die Folgen entwickeln, welche in der äusseren Welt erst in längerer Zeit oder als Folgen unseres eigenen Eingreifens auftreten werden; wir vermögen so den Thatsachen vorauszueilen und können nach der gewonnenen Einsicht uusere gegenwärtigen Entschlüsse richten. — Die Bilder, von welchen wir reden, sind unsere Vorstellungen von den Dingen; sie haben mit den Dingen die e i n e wesentliche Übereinstimmung, welche in der Erfüllung der genannten Forderung liegt, aber es ist für ihren Zweck nicht nötig, dass sie

irgend eine weitere Übereinstimmung mit den Dingen haben. In der
That wissen wir auch nicht, und haben auch kein Mittel zu erfahren,
ob unsere Vorstellungen von den Dingen mit jenen in irgend etwas
anderem übereinstimmen, als allein in eben jener e i n e n fundamentalen Beziehung.

Eindeutig sind die Bilder, welche wir uns von den Dingen machen
wollen, noch nicht bestimmt durch die Forderung, dass die Folgen
der Bilder wieder die Bilder der Folgen seien. Verschiedene Bilder
derselben Gegenstände sind möglich und diese Bilder können sich nach
verschiedenen Richtungen unterscheiden. Als unzulässig sollten wir
von vornherein solche Bilder bezeichnen, welche schon einen Widerspruch gegen die Gesetze unseres Denkens in sich tragen und wir
fordern also zunächst, dass alle unsere Bilder logisch zulässige oder
kurz zulässige seien. Unrichtig nennen wir zulässige Bilder dann,
wenn ihre wesentlichen Beziehungen den Beziehungen der äusseren
Dinge widersprechen, das heisst wenn sie jener ersten Grundforderung
nicht genügen. Wir verlangen demnach zweitens, dass unsere Bilder
richtig seien. Aber zwei zulässige und richtige Bilder derselben
äusseren Gegenstände können sich noch unterscheiden nach der Zweckmässigkeit. Von zwei Bildern desselben Gegenstandes wird dasjenige
das zweckmässigere sein, welches mehr wesentliche Beziehungen des
Gegenstandes wiederspiegelt als das andere; welches, wie wir sagen
wollen, das deutlichere ist. Bei gleicher Deutlichkeit wird von zwei
Bildern dasjenige zweckmässiger sein, welches neben den wesentlichen
Zügen die geringere Zahl überflüssiger oder leerer Beziehungen enthält, welches also das einfachere ist. Ganz werden sich leere Beziehungen nicht vermeiden lassen, denn sie kommen den Bildern schon
deshalb zu, weil es eben nur Bilder und zwar Bilder unseres besonderen Geistes sind und also von den Eigenschaften seiner Abbildungs-
weise mitbestimmt sein müssen.

Wir haben bisher die Anforderungen aufgezählt, welche wir an
die Bilder selbst stellen; etwas ganz anderes sind die Anforderungen,
welche wir an eine wissenschaftliche Darlegung solcher Bilder stellen.
Wir verlangen von der letzteren, dass sie uns klar zum Bewusstsein
führe, welche Eigenschaften den Bildern zugelegt seien um der Zulässigkeit willen, welche um der Richtigkeit willen, welche um der
Zweckmässigkeit willen. Nur so gewinnen wir die Möglichkeit an
unsern Bildern zu ändern, zu bessern. Was den Bildern beigelegt
wurde um der Zweckmässigkeit willen, ist enthalten in den Bezeichnungen, Definitionen, Abkürzungen, kurzum in dem, was wir nach

Willkür hinzuthun oder wegnehmen können. Was den Bildern zukommt um ihrer Richtigkeit willen, ist enthalten in den Erfahrungsthatsachen, welche beim Aufbau der Bilder gedient haben. Was den Bildern zukommt, damit sie zulässig seien, ist gegeben durch die Eigenschaften unseres Geistes. Ob ein Bild zulässig ist oder nicht, können wir eindeutig mit ja und nein entscheiden und zwar mit Gültigkeit unserer Entscheidung für alle Zeiten. Ob ein Bild richtig ist oder nicht, kann ebenfalls eindeutig mit ja und nein entschieden werden, aber nur nach dem Stande unserer gegenwärtigen Erfahrung und unter Zulassung der Berufung an spätere reifere Erfahrung. Ob ein Bild zweckmässig sei oder nicht, dafür giebt es überhaupt keine eindeutige Entscheidung, sondern es können Meinungsverschiedenheiten bestehen. Das eine Bild kann nach der einen, das andere nach der andern Richtung Vorteile bieten, und nur durch allmähliches Prüfen vieler Bilder werden im Laufe der Zeit schliesslich die zweckmässigsten gewonnen.

Dies sind die Gesichtspunkte, nach welchen man, wie mir scheint, den Wert physikalischer Theorieen und den Wert der Darstellung physikalischer Theorieen zu beurteilen hat. Jedenfalls sind es die Gesichtspunkte, von welchen aus wir jetzt die Darstellungen betrachten wollen, welche man von den Prinzipien der Mechanik gegeben hat. Dabei ist es freilich zunächst nötig, bestimmt zu erklären, was wir mit diesem Namen bezeichnen.

In strengem Sinne verstand man ursprünglich in der Mechanik unter einem Prinzip jede Aussage, welche man nicht wieder auf andere Sätze der Mechanik selbst zurückführte, sondern welche man als unmittelbares Ergebnis anderer Quellen der Erkenntnis angesehen wissen wollte. Es konnte infolge der geschichtlichen Entwickelung nicht ausbleiben, dass Sätze, welche unter besonderen Voraussetzungen einmal mit Recht als Prinzipien bezeichnet wurden, später diesen Namen, wiewohl mit Unrecht, beibehielten. Seit LAGRANGE ist die Bemerkung häufig wiederholt worden, das die Prinzipien des Schwerpunktes und der Flächen im Grunde nur Lehrsätze allgemeinen Inhalts seien. Man kann aber mit gleichem Rechte bemerken, dass auch die übrigen sogenannten Prinzipien nicht unabhängig von einander diesen Namen führen können, sondern dass jedes von ihnen auf den Rang einer Folgerung oder eines Lehrsatzes herabsteigen muss, so bald die Darstellung der Mechanik auf eines oder mehrere der übrigen gegründet wird. Der Begriff des mechanischen Prinzipes ist demnach kein scharf festgehaltener. Wir wollen deshalb zwar jenen Sätzen in Einzelaussagen ihre herkömmliche Benennung belassen; wenn wir aber schlechthin und allgemein von den Prinzipien der Mechanik reden, so wollen wir darunter nicht jene einzelnen konkreten Sätze verstanden wissen, sondern jede übrigens beliebige Auswahl unter ihnen und unter ähnlichen Sätzen, welche der Bedingung genügt, dass sich aus ihr ohne weitere Berufung auf die Erfahrung die gesamte Mechanik rein deduktiv entwickeln lässt. Bei dieser Bezeichnungsweise stellen die Grundbegriffe der Mechanik zusammen mit den sie verkettenden Prinzipien das einfachste Bild dar, welches die Physik von den Dingen, der sinnlichen Welt und den Vorgängen in ihr herzustellen vermag. Und da wir von den Prinzipien der Mechanik durch verschiedene Auswahl der Sätze, welche wir zu Grunde legen, verschiedene Darstellungen geben können, so erhalten wir verschiedene solche Bilder der Dinge, welche wir prüfen und mit einander vergleichen können in Bezug auf ihre Zulässigkeit, ihre Richtigkeit und ihre Zweckmässigkeit.

1.

Ein erstes Bild liefert uns die gewöhnliche Darstellung der Mechanik. Wir verstehen hierunter die in den Einzelheiten abweichende, in der Hauptsache übereinstimmende Darstellung fast aller Lehrbücher, welche das Ganze der Mechanik behandeln, fast aller Vorlesungen, welche sich über den gesamten Inhalt dieser Wissenschaft verbreiten. Diese Darstellung bildet den königlichen Weg und die grosse Heerstrasse, auf welcher die Schar der Schüler in das Innere der Mechanik eingeführt wird; sie folgt genau dem Gang der historischen Entwickelung und der Reihenfolge der Entdeckungen; ihre Hauptstationen sind gekennzeichnet durch die Namen eines ARCHIMEDES, GALILEI, NEWTON, LAGRANGE. Als gegebene Vorstellungen legt diese Darstellung zu Grunde die Begriffe des Raumes, der Zeit, der Kraft und der Masse. Die Kraft ist dabei eingeführt als die vor der Bewegung und unabhängig von der Bewegung bestehende Ursache der Bewegung. Zuerst treten auf nur Raum und Kraft für sich, und ihre Beziehungen werden in der Statik behandelt. Die reine Bewegungslehre oder Kinematik begnügt sich, die beiden Begriffe Raum und Zeit in Verbindung zu setzen. Die GALILEI'sche Vorstellung von der Trägheit liefert einen Zusammenhang zwischen Raum, Zeit und Masse allein. In den NEWTON'schen Gesetzen der Bewegung treten zuerst alle vier Grundbegriffe neben einander in Verknüpfung auf. Diese Gesetze bilden die eigentliche Wurzel der weiteren Entwickelung, aber sie geben noch keinen allgemeinen Ausdruck für den Einfluss starrer räumlicher Verbindungen; hier erweitert das D'ALEMBERT'sche Prinzip das allgemeine Ergebnis der Statik auf den Fall der Bewegung und schliesst als letztes den Reigen der nicht aus einander ableitbaren, unabhängigen Grundaussagen. Alles weitere dagegen ist deduktive Ableitung. In der That sind die aufgezählten Begriffe und Gesetze nicht nur notwendig, sondern auch hinreichend, um den gesamten Inhalt der Mechanik aus ihnen mit Denknotwendigkeit zu entwickeln und alle übrigen sogenannten Prinzipien als Lehrsätze und Folgerungen aus besonderen Voraussetzungen erscheinen zu lassen. Jene aufgezählten Begriffe und Gesetze geben uns also ein erstes System der Prinzipien der Mechanik in unserer Ausdrucksweise; damit zugleich also auch das erste allgemeine Bild von den natürlichen Bewegungen der Körperwelt.

Es erscheint nun von vornherein sehr fernliegend, dass man an der logischen Zulässigkeit dieses Bildes auch nur zweifeln könne. Es erscheint fast unmöglich, dass man daran denke, logische Unvollkommenheiten aufzufinden in einem Systeme, welches von unzähligen und von den besten Köpfen immer und immer wieder durchdacht worden ist. Aber ehe man hierauf hin die Untersuchung abbricht, wird man fragen müssen, ob auch alle und ob die besten Köpfe immer von dem Systeme befriedigt gewesen sind. In jedem Falle muss es billig gleich im Anfang Wunder nehmen, wie leicht es ist, Betrachtungen an die Grundgesetze anzuknüpfen, welche sich ganz in der üblichen Redeweise der Mechanik bewegen und welche doch das klare Denken unzweifelhaft in Verlegenheit setzen. Versuchen wir dies zunächst an einem Beispiele zu zeigen. Wir schwingen einen Stein an einer Schnur im Kreise herum; wir üben dabei bewusstermassen eine Kraft auf den Stein aus; diese Kraft lenkt den Stein beständig von der geraden Bahn ab, und wenn wir diese Kraft, die Masse des Steines und die Länge der Schnur verändern, so finden wir, dass die Bewegung des Steines in der That stets in Übereinstimmung mit dem zweiten NEWTON'schen Gesetze erfolgt. Nun aber verlangt das dritte eine Gegenkraft zu der Kraft, welche von unserer Hand auf den Stein ausgeübt wird. Auf die Frage nach dieser Gegenkraft lautet die jedem geläufige Antwort; es wirke der Stein auf die Hand zurück infolge der Schwungkraft, und diese Schwungkraft sei der von uns ausgeübten Kraft in der That genau entgegensetzt gleich. Ist nun diese Ausdrucksweise zulässig? Ist das was wir jetzt Schwungkraft oder Centrifugalkraft nennen, etwas anderes als die Trägheit des Steines? Dürfen wir, ohne die Klarheit unserer Vorstellungen zu zerstören, die Wirkung der Trägheit doppelt in Rechnung stellen, nämlich einmal als Masse, zweitens als Kraft? In unseren Bewegungsgesetzen war die Kraft die vor der Bewegung vorhandene Ursache der Bewegung. Dürfen wir, ohne unsere Begriffe zu verwirren, jetzt auf einmal von Kräften reden, welche erst durch die Bewegung entstehen, welche eine Folge der Bewegung sind? Dürfen wir uns den Anschein geben, als hätten wir über diese neue Art von Kräften in unseren Gesetzen schon etwas ausgesagt, als könnten wir ihnen mit dem Namen „Kraft" auch die Eigenschaften der Kräfte verleihen? Alle diese Fragen sind offenbar zu verneinen, es bleibt uns nichts übrig als zu erläutern: die Bezeichnung der Schwungkraft als einer Kraft sei eine uneigentliche, ihr Name sei wie der Name der lebendigen Kraft als eine historische Überlieferung hinzunehmen und die Beibehaltung dieses Namens sei aus Nützlichkeitsgründen mehr zu entschuldigen als zu rechtfertigen. Aber wo bleiben alsdann die Ansprüche des dritten Gesetzes, welches eine Kraft fordert, die der tote Stein auf die Hand ausübt und welches durch eine wirkliche Kraft, nicht durch einen blossen Namen befriedigt sein will?

Ich glaube nicht, dass diese Schwierigkeiten künstlich oder mutwillig heraufbeschworen sind; sie drängen sich uns von selbst auf. Sollte sich nicht ihr Ursprung bis in die Grundgesetze zurückverfolgen lassen? Die Kraft, von welcher die Definition und die ersten beiden Gesetze reden, wirkt auf einen Körper in einseitig bestimmter Richtung. Der Sinn des dritten Gesetzes ist, dass die Kräfte stets zwei Körper verbinden und ebenso gut vom ersten zum zweiten, wie vom zweiten zum ersten gerichtet sind. Die Vorstellung der Kraft, welche dieses Gesetz und die Vorstellung, welche jene Gesetze voraussetzen und in uns erwecken, scheinen mir um ein Geringes verschieden, dieser geringe Unterschied aber reicht vielleicht aus, um die logische Trübung zu erzeugen, deren Folgen in unserem Beispiele zum Ausbruch kamen. Doch haben wir nicht nötig, auf die Untersuchung weiterer Beispiele einzugehen. Wir können allgemeine Wahrnehmungen als Zeugen für die Berechtigung unserer Zweifel aufrufen. Eine erste solche Wahrnehmung scheint mir die Erfahrung zu bilden, dass es sehr schwer ist, gerade die Einleitung in die Mechanik denkenden Zuhörern vorzutragen ohne einige Verlegenheit, ohne das Gefühl, sich hier und da entschuldigen zu müssen, ohne den Wunsch, recht schnell über die Anfänge hinwegzugelangen zu Beispielen, welche für sich selbst reden. Ich meine, NEWTON selbst müsse diese Verlegenheit empfunden haben, wenn er die Masse etwas gewaltthätig definiert als Produkt aus Volumen und Dichtigkeit. Ich meine, die Herren THOMSON und TAIT müssen ihm nachempfunden haben, wenn sie anmerken, dies sei eigentlich mehr eine Definition der Dichtigkeit als der Masse, und sich gleichwohl mit derselben als einzigen Definition der Masse begnügen. Auch LAGRANGE, denke ich, müsse jene Verlegenheit und den Wunsch, um jeden Preis vorwärtszukommen, verspürt haben, als er seine Mechanik kurzerhand mit der Erklärung einleitete, eine Kraft sei eine Ursache, welche einem Körper eine Bewegung erteilt „oder zu erteilen strebt"; gewiss nicht ohne die logische Härte einer solchen Überbestimmung zu empfinden. Ein zweites Zeugnis nehme ich aus der Thatsache, dass wir schon für die elementaren Sätze der Statik, für den Satz vom Parallelogramm der Kräfte, den Satz der virtuellen Geschwindigkeiten u. s. w. zahlreiche Beweise besitzen, welche von ausgezeichneten Mathematikern herrühren, welche den Anspruch machen, streng zu sein und welche doch wieder nach dem Urteil anderer hervorragender Mathematiker diesem Anspruch keineswegs genügen. In einer logisch vollendeten Wissenschaft, in der reinen Mathematik, ist eine Meinungsverschiedenheit in solcher Frage schlechterdings undenkbar. Als ein sehr belastendes Zeugnis erscheinen mir auch die über Gebühr oft gehörten Behauptungen: das Wesen der Kraft sei noch rätselhaft, es sei eine Hauptaufgabe der Physik, das Wesen der Kraft zu erforschen, und ähnliche Aussagen mehr. In gleichem Sinne bestürmt man den Elektriker immer wieder nach dem Wesen der Elektricität. Warum fragt nun niemand in diesem Sinne nach dem Wesen des Goldes oder nach dem Wesen der Geschwindigkeit? Ist uns das Wesen des Goldes bekannter als das der Elektricität, oder das Wesen der Geschwindigkeit bekannter als das der Kraft? Können wir das Wesen irgend eines Dinges durch unsere Vorstellungen, durch unsere Worte erschöpfend wiedergeben? Gewiss nicht. Ich meine, der Unterschied sei dieser: Mit den Zeichen „Geschwindigkeit" und „Gold" verbinden wir eine grosse Zahl von Beziehungen zu andern Zeichen, und zwischen allen diesen Beziehungen finden sich keine uns verletzenden Widersprüche. Das genügt uns und wir fragen nicht weiter. Auf die Zeichen „Kraft" und „Elektricität" aber hat man mehr Beziehungen gehäuft, als sich völlig mit einander vertragen; dies fühlen wir dunkel, verlangen nach Aufklärung und äussern unsern unklaren Wunsch in der unklaren Frage nach dem Wesen von Kraft und Elektricität. Aber offenbar irrt die Frage in Bezug auf die Antwort, welche sie

erwartet. Nicht durch die Erkenntnis von neuen und mehreren Beziehungen und Verknüpfungen kann sie befriedigt werden, sondern
durch die Entfernung der Widersprüche unter den vorhandenen, vielleicht also durch Verminderung der vorhandenen Beziehungen. Sind
diese schmerzenden Widersprüche entfernt, so ist zwar nicht die Frage
nach dem Wesen beantwortet, aber der nicht mehr gequälte Geist
hört auf, die für ihn unberechtigte Frage zu stellen.

Wir haben in diesen Ausführungen die Zulässigkeit des betrachteten Bildes so stark verdächtigt, dass es scheinen muss, als sei
es unsere Absicht, diese Zulässigkeit zu bestreiten und schliesslich
zu verneinen. Soweit geht indes unsere Absicht und unsere Überzeugung nicht. Mögen die logischen Unbestimmtheiten, welche uns
um die Sicherheit der Grundlagen besorgt machten, auch wirklich
bestehen, sie haben sicherlich keinen einzigen der zahllosen Erfolge
verhindert, welche die Mechanik in ihrer Anwendung auf die Thatsachen errungen hat. Sie können also auch nicht bestehen in Widersprüchen zwischen den wesentlichen Zügen unseres Bildes, also nicht
in Widersprüchen zwischen denjenigen Beziehungen der Mechanik,
welche Beziehungen der Dinge entsprechen. Sie müssen sich vielmehr
beschränken auf die unwesentlichen Züge, auf alles dasjenige, was
wir selbst nach Willkür dem von der Natur gegebenen wesentlichen
Inhalte hinzugedichtet haben. Dann aber lassen sich jene Verlegen-
heiten auch vermeiden. Vielleicht treffen unsere Einwände überhaupt
nicht den Inhalt des entworfenen Bildes, sondern nur die Form der
Darstellung dieses Inhalts. Wir sind gewiss nicht zu streng, wenn
wir meinen, diese Darstellung sei noch niemals zur wissenschaftlichen
Vollendung durchgedrungen, es fehle ihr noch durchaus die hinreichend scharfe Unterscheidung dessen, was in dem entworfenen
Bilde aus Denknotwendigkeit, was aus der Erfahrung, was aus unserer Willkür stammt. In diesem Urteile treffen wir zusammen mit
hervorragenden Physikern, welche sich mit diesen Fragen beschäftigt
und über dieselben geäussert haben,[1] freilich ohne dass von einer
Übereinstimmung aller gesprochen werden könnte.[2] Jenes Urteil
findet ferner eine Bestätigung in der wachsenden Sorgfalt, welche
in den neueren Lehrbüchern der Mechanik der logischen Zergliederung

---

[1] Siehe E. MACH, Die Mechanik in ihrer Entwickelung. Leipzig 1883, S. 228.
Siehe ferner in der „Nature" von 1893 eine neuerdings von Herrn O. LODGE an-
geregte und im Schosse der Physical Society in London fortgeführte Diskussion
über die Grundgesetze der Mechanik.
[2] Siehe THOMSON & TAIT, Theoretische Physik, § 205 ff.

der Elemente gewidmet wird.[1]) In Übereinstimmung mit den Verfassern dieser Lehrbücher und mit jenen Physikern sind wir selbst der Überzeugung, dass die vorhandenen Lücken nur Lücken der Form sind, und durch geeignete Anordnung der Definitionen, Bezeichnungen und weiter durch vorsichtige Ausdrucksweise jede Unklarheit und Unsicherheit vermieden werden kann. In diesem Sinne geben wir, wie Jedermann, die Zulässigkeit des Inhalts der Mechanik zu. Es erfordert aber die Würde und Grösse des Gegenstandes durchaus, dass die logische Reinheit nicht nur mit gutem Willen zugegeben, sondern dass sie durch eine vollendete Darstellung auch so erwiesen werde, dass es nicht möglich sei, sie auch nur zu verdächtigen.

Leichter und der allgemeinen Zustimmung sicherer können wir das Urteil fällen über die Richtigkeit des von uns betrachteten Bildes. Niemand wird widersprechen, wenn wir versichern, dass diese Richtigkeit nach dem ganzen Umfange unserer bisherigen Erfahrung eine vollkommene sei, dass alle diejenigen Züge unseres Bildes, welche überhaupt den Anspruch machen, beobachtbare Beziehungen der Dinge wiederzugeben, solchen Beziehungen auch wirklich und richtig entsprechen. Wir beschränken allerdings unsere Zuversicht auf den Inhalt der bisherigen Erfahrung; was zukünftige Erfahrungen anlangt, so werden wir noch Gelegenheit haben, auf die Frage nach der Richtigkeit zurückzukommen. Manchem wird freilich diese Vorsicht nicht nur übertrieben, sondern geradezu sinnwidrig dünken; in der Meinung vieler Physiker erscheint es als einfach undenkbar, dass auch die späteste Erfahrung an den feststehenden Grundsätzen der Mechanik noch etwas zu ändern finden könne. Und doch kann das, was aus Erfahrung stammt, durch Erfahrung wieder vernichtet werden; jene allzugünstige Meinung von den Grundgesetzen kann also offenbar nur deshalb entstehen, weil in ihnen die Elemente der Erfahrung einigermassen versteckt und mit den unabänderlichen denknotwendigen Elementen verschmolzen sind. Die logische Unbestimmtheit der Darstellung, welche wir vorher schlechtweg rügten, bietet also auch einen gewissen Vorteil; sie giebt den Fundamenten den Schein der Unabänderlichkeit; es war vielleicht in den Anfängen der Wissenschaft weise, sie einzuführen und eine zeitlang bestehen

---

[1]) Siehe E. BUDDE, Allgemeine Mechanik der Punkte und starren Systeme, Berlin 1890, S. 111—138. Die daselbst gegebene Darstellung giebt zugleich ein deutliches Bild von der Grösse der Schwierigkeiten, welchen die widerspruchsfreie Anwendung der Elemente begegnet.

zu lassen. Man stellte die Richtigkeit des Bildes auf alle Fälle
sicher dadurch, dass man sich vorbehielt im Notfalle aus einer Er-
fahrungsthatsache eine Definition zu machen oder umgekehrt. In
einer vollendeten Wissenschaft aber ist solches Tasten, ein solcher
Schein der Sicherheit nicht erlaubt; in der gereiften Erkenntnis ist
die logische Reinheit in erster Linie zu berücksichtigen; nur logisch
reine Bilder sind zu prüfen auf ihre Richtigkeit, nur richtige Bilder
zu vergleichen nach ihrer Zweckmässigkeit. Das dringende Bedürfnis
verfährt oft umgekehrt: Die Bilder werden erfunden passend für
einen beabsichtigten Zweck, dann geprüft auf ihre Richtigkeit, endlich und zuletzt gesäubert von inneren Widersprüchen.

Ist diese letzte Bemerkung nur einigermassen zutreffend, so erscheint es uns nur natürlich, dass das betrachtete System der Mechanik höchste Zweckmässigkeit aufweist, sobald es angewandt wird
auf die einfachen Erscheinungen, für welche es zuerst erdacht wurde,
also vor allem auf die Wirkung der Schwerkraft und die Aufgaben
der praktischen Mechanik. Wir dürfen uns aber hierbei nicht be-
ruhigen, wir haben uns zu erinnern, dass wir hier nicht die Bedürfnisse des täglichen Lebens und nicht den Standpunkt vergangener
Zeiten vertreten wollen, dass wir vielmehr den gesamten Umfang
der heutigen physikalischen Erkenntnis ins Auge fassen und dass
wir überdies von der Zweckmässigkeit in einem besonderen Sinne
reden, welchen wir im Eingange genau bestimmt haben. Darnach
haben wir die Pflicht, zunächst zu fragen: Ist das entworfene Bild
vollkommen deutlich? Enthält es alle Züge, welche die heutige Erkenntnis an den natürlichen Bewegungen zu unterscheiden vermag?
Diese Frage beantworten wir nun entschieden mit nein. Nicht alle
Bewegungen, welche die Grundgesetze zulassen und welche die Mechanik als mathematische Übungsaufgaben behandelt, kommen in der
Natur vor; wir können von den natürlichen Bewegungen, Kräften,
festen Verbindungen mehr aussagen, als es die angenommenen Grundgesetze thun. Seit der Mitte dieses Jahrhunderts sind wir fest überzeugt, dass keine Kräfte in der Natur wirklich vorkommen, welche
eine Verletzung des Prinzips von der Erhaltung der Energie be-
dingen würden. Weit älter ist die Überzeugung, dass nur solche
Kräfte vorkommen, welche sich darstellen lassen als Summe von
Wechselwirkungen zwischen unendlich kleinen Elementen der Materie.
Auch diese Elementarkräfte sind nicht frei. Als allgemein zugegebene
Eigenschaften derselben können wir anführen, dass sie unabhängig
sind vom absoluten Werte der Zeit und vom absoluten Orte im

Raume. Andere Eigenschaften sind umstritten. Man hat bald vermutet, bald in Frage gestellt, ob die Elementarkräfte nur bestehen können in Anziehungen und Abstossungen nach der Verbindungslinie der wirkenden Massen; ob ihre Grösse nur bedingt sei durch die Entfernung oder ob sie nicht auch abhängen könne von der absoluten oder der relativen Geschwindigkeit und nur von dieser, oder ob nicht auch die Beschleunigung oder noch höhere Differentialquotienten des Wegs nach der Zeit in Betracht kommen könnten. So wenig man sich also einig ist über alle bestimmten Eigenschaften, welche den Elementarkräften beizulegen sind, so sehr stimmt man doch überein in der Meinung, dass sich mehr solche allgemeine Eigenschaften angeben und aus der schon vorhandenen Beobachtung ableiten lassen, als die Grundgesetze enthalten. Man ist überzeugt, dass die Elementarkräfte, unbestimmt gesprochen, einfacher Natur sein müssen. Was in dieser Hinsicht von den Kräften gilt, kann man in gleicher Weise von den festen Verbindungen der Körper sagen, welche mathematisch durch Bedingungsgleichungen zwischen den Koordinaten dargestellt werden und deren Einfluss durch das D'ALEMBERT'sche Prinzip bestimmt ist. Mathematisch kann man jede beliebige endliche oder Differentialgleichung zwischen den Koordinaten hinschreiben und verlangen, dass sie befriedigt werde; aber nicht immer lässt sich eine physikalische, eine natürliche Verbindung angeben, welche die Wirkung jener Gleichung hat; oft liegt die Vermutung, bisweilen die Überzeugung vor, dass eine solche Verbindung durch die Natur der Dinge ausgeschlossen sei. In welcher Weise aber sind die zulässigen Beziehungsgleichungen einzuschränken? Wo ist die Grenzlinie zwischen ihnen und den vorstellbaren? Man hat sich häufig begnügt, nur endliche Bedingungsgleichungen in Betracht zu ziehen. Diese Einschränkung aber geht zu weit, denn nicht integrierbare Differentialgleichungen können als Bedingungsgleichungen bei natürlichen Problemen wirklich auftreten.

Kurzum, sowohl was die Kräfte, als was die festen Verbindungen anlangt, enthält unser System der Prinzipien zwar alle die natürlichen Bewegungen, aber es umfängt gleichzeitig sehr viele Bewegungen, welche nicht natürliche sind. Ein System, welches diese letzteren oder doch einen Teil derselben ausschlösse, würde mehr wirkliche Beziehungen der Dinge zu einander wiederspiegeln und also in diesem Sinne zweckmässiger sein. Doch haben wir die Pflicht, auch noch in einer zweiten Richtung nach der Zweckmässigkeit un-

seres Bildes zu fragen. Ist unser Bild auch einfach? Ist es spar-
sam an unwesentlichen Zügen, an Zügen also, welche von uns zwar
zulässiger, aber doch willkürlicher Weise den wesentlichen Zügen
der Natur hinzugefügt werden? Unsere Bedenken bei Beantwortung
dieser Frage knüpfen sich wiederum an den Begriff der Kraft. Es
kann nicht geleugnet werden, dass in sehr vielen Fällen die Kräfte,
welche unsere Mechanik zur Behandlung physikalischer Fragen einführt, nur als leergehende Nebenräder mitlaufen, um überall da
ausser Wirksamkeit zu treten, wo es gilt, wirkliche Thatsachen darzustellen. In den einfachen Verhältnissen, an welche die Mechanik
ursprünglich anknüpfte, ist das freilich nicht der Fall. Die Schwere
eines Steines, die Kraft des Armes scheinen ebenso wirklich, ebenso
der unmittelbaren Wahrnehmung zugänglich, wie die durch sie erzeugten Bewegungen. Aber wir brauchen nur etwa zur Bewegung
der Gestirne überzugehen, um schon andere Verhältnisse zu haben.
Hier sind die Kräfte niemals Gegenstand der unmittelbaren Erfahrung gewesen; alle unsere früheren Erfahrungen beziehen sich
nur auf den scheinbaren Ort der Gestirne. Wir erwarten auch in
Zukunft nicht die Kräfte wahrzunehmen, sondern die zukünftigen
Erfahrungen, welche wir erwarten, betreffen wiederum nur die Lage
der leuchtenden Punkte am Himmel, als welche uns die Gestirne
erscheinen. Nur bei der Ableitung der zukünftigen Erfahrungen aus
den vergangenen treten als Hülfsgrössen vorübergehend die Gravi-
tationskräfte ein, um wieder aus der Überlegung zu verschwinden.
Ganz allgemein liegt die Sache so bei der Betrachtung der mole-
kularen Kräfte, der chemischen, vieler elektrischen und magnetischen
Wirkungen. Und wenn wir nun nach reiferer Erfahrung zurück-
kehren zu den einfachen Kräften, über deren Bestehen wir keinen
Zweifel hatten, so werden wir belehrt, dass diese mit überzeugender
Gewissheit von uns wahrgenommenen Kräfte jedenfalls nicht wirkliche waren. Der Trieb jedes Körpers gegen die Erde hin, welchen
wir mit Händen zu greifen glaubten, dieser Trieb, so sagt uns die
reifere Mechanik, ist als solcher nicht wirklich, er ist das als Einzel-
kraft nur vorgestellte Ergebnis einer unfassbaren Anzahl wirklicher
Kräfte, welche die Atome des Körpers gegen alle Atome des Weltalls hinziehen. Auch hier sind dann also die wirklichen Kräfte niemals Gegenstand der früheren Erfahrung gewesen, noch erwarten
wir sie in zukünftigen Erfahrungen anzutreffen. Nur während des
Prozesses, mit welchem wir die zukünftigen Erfahrungen aus den
vergangenen ableiten, treten sie leise ein und wieder aus. Doch

selbst wenn die Kräfte nur von uns in die Natur hineingetragen
wären, dürften wir darum ihre Einführung noch nicht als unzweck-
mässig bezeichnen. Wir waren uns von vornherein klar darüber,
dass sich unwesentliche Nebenbeziehungen in unsern Bildern nicht
ganz würden vermeiden lassen. Nur möglichste Einschränkung dieser
Beziehungen, nur weise Besonnenheit in ihrem Gebrauch durften wir
verlangen. Kann man aber behaupten, dass die Physik in dieser
Richtung immer mit Sparsamkeit zu Wege gehen konnte? Musste
sie nicht vielmehr die Welt bis zum Übermass erfüllen mit den verschiedensten Arten von Kräften, mit Kräften, welche selbst niemals
in die Erscheinung treten, sogar mit solchen, welche nur ganz aus-
nahmsweise überhaupt eine Wirkung haben? Wir sehen etwa ein
Stück Eisen auf dem Tische ruhen, wir vermuten demnach, dass
keine Bewegungsursachen, keine Kräfte da seien. Die Physik, welche
auf unserer Mechanik aufgebaut und durch dies Fundament notwendig bestimmt ist, belehrt uns eines anderen. Jedes Atom des
Eisens wird zu jedem anderen Atom des Weltalls durch die Gravi-
tationskraft hingezogen. Jedes Atom des Eisens ist aber auch mag-
netisch und dadurch mit jedem anderen magnetischen Atom des Weltalls durch neue Kräfte verbunden. Aber die Körper des Alls sind
auch erfüllt mit bewegter Elektricität und von diesen bewegten
Elektricitäten gehen weitere verwickelte Kräfte aus, welche an jedem
magnetischen Atom des Eisens ziehen. Und insofern die Teile des
Eisens selbst Elektricität enthalten, haben wir wieder andere Kräfte
in Betracht zu ziehen; neben diesen dann noch verschiedene Arten
von Molekularkräften. Einige dieser Kräfte sind nicht klein; wäre
von allen Kräften nur ein Teil wirksam, so könnte dieser Teil das
Eisen in Stücke reissen. In Wahrheit aber sind alle Kräfte so gegen
einander abgeglichen, dass die Wirkung der gewaltigen Zurüstung
Null ist; dass trotz tausend vorhandenen Bewegungsursachen Bewegung nicht eintritt; dass das Eisen eben ruht. Wenn wir nun
diese Vorstellungen unbefangen Denkenden vortragen, wer wird uns
glauben? Wen werden wir überzeugen, dass wir noch von wirklichen Dingen reden und nicht von Gebilden einer ausschweifenden
Einbildungskraft? Wir selbst aber werden nachdenklich werden,
ob wir wirklich die Ruhe des Eisens und seiner Teile in einfacher
Weise geschildert und abgebildet haben. Ob sich die Verwickelung
überhaupt vermeiden lässt, ist zunächst ja fraglich; aber das ist
nicht fraglich, dass ein System der Mechanik, welches sie vermeidet
oder ausschliesst, einfacher und in diesem Sinne zweckmässiger ist,

als das hier betrachtete, welches solche Vorstellungen nicht nur zulässt, sondern uns geradezu aufzwingt.

Fassen wir noch einmal in kürzester Form die Bedenken zusammen, welche uns bei Betrachtung der gewöhnlichen Darstellungsweise der Prinzipien der Mechanik aufstiessen. Was die Form anlangt, schien uns, dass der logische Wert der einzelnen Aussagen nicht hinreichend klar festgelegt worden sei. Was die Sache anlangt, schien uns, dass die von der Mechanik betrachteten Bewegungen sich nicht völlig mit den zu betrachtenden natürlichen Bewegungen decken. Manche Eigenschaften der natürlichen Bewegungen werden in der Mechanik nicht berücksichtigt; viele Beziehungen, welche die Mechanik betrachtet, fehlen wahrscheinlich in der Natur. Auch wenn diese Ausstellungen als gerechtfertigt anerkannt werden, dürfen sie uns freilich nicht zu der Meinung verleiten, dass die gewöhnliche Darstellung der Mechanik ihren Wert und ihre bevorzugte Stellung deshalb einbüssen müsse oder je einbüssen werde; aber sie rechtfertigen es doch hinreichend, dass wir uns auch nach anderen Darstellungen umsehen, welche in den getadelten Beziehungen Vorteile bieten und den darzustellenden Dingen noch enger angepasst sind.

2.

Ein zweites Bild der mechanischen Vorgänge ist weit jüngeren Ursprungs als das erste. Seine Entwickelung aus und neben jenem ist eng verknüpft mit den Fortschritten, welche die physikalische Wissenschaft in den letzten Jahrzehnten gemacht hat. Noch bis in die Mitte des Jahrhunderts erschien als letztes Ziel und als letzte anzustrebende Erklärung der Naturerscheinungen die Rückführung derselben auf unzählige Fernkräfte zwischen den Atomen der Materie. Diese Anschauungsweise entsprach vollständig dem Systeme der mechanischen Prinzipien, welches wir als das erste bezeichnet haben; sie wurde durch jenes bedingt, wie jenes durch sie. Jetzt, gegen Ende des Jahrhunderts hat die Physik einer anderen Denkweise ihre Vorliebe zugewandt. Beeinflusst von dem überwältigenden Eindrucke, welchen die Auffindung des Prinzipes von der Erhaltung der Energie ihr gemacht hat, liebt sie es, die in ihr Gebiet fallenden Erscheinungen als Umsetzungen der Energie in neue Formen zu behandeln, und die Rückführung der Erscheinungen auf die Gesetze der Energieverwandlung als ihr letztes Ziel zu betrachten. Diese Behandlungsart kann auch schon von vornherein auf die elementaren Vorgänge der

Bewegung selbst angewandt werden; alsdann entsteht eine neue, von
der ersten verschiedene Darstellung der Mechanik, in welcher von
Anfang an der Begriff der Kraft zurücktritt zu Gunsten des Begriffs
der Energie. Eben dieses so entstandene neue Bild der elementaren
Bewegungsvorgänge ist es, welches wir als das zweite bezeichnen und
welchem wir jetzt unsere Aufmerksamkeit widmen wollen. Wenn
wir bei Besprechung des ersten Bildes den Vorteil hatten, dass wir
das Bild selbst als deutlich vor dem Auge aller Physiker stehend
voraussetzen konnten, so ist das bei diesem zweiten Bilde nun freilich
nicht der Fall. Dasselbe ist sogar wohl noch niemals in allen seinen
Einzelheiten ausgemalt worden, es giebt meines Wissens kein Lehr-
buch der Mechanik, welches sich von vornherein auf den Standpunkt
der Energielehre stellte, und den Begriff der Energie vor dem Begriff der Kraft einführte. Vielleicht ist auch noch niemals eine Vor-
lesung über Mechanik nach diesem Plane eingerichtet worden. Aber
die Möglichkeit eines solchen Planes hat schon den Begründern der
Energielehre eingeleuchtet; die Bemerkung, dass man auf diese Weise
den Begriff der Kraft mit seinen Schwierigkeiten vermeiden könne,
ist öfters gemacht; in einzelnen besonderen Anwendungen treten in
der Wissenschaft immer häufiger Schlussreihen auf, welche ganz
dieser Denkweise angehören. Wir können daher recht wohl eine
Skizze entwerfen, welche uns die groben Umrisse des Bildes vorführt;
wir können im allgemeinen den Plan angeben, nach welchem die
beabsichtigte Darstellung der Mechanik geordnet werden müsste.
Wie im ersten Bilde, so gehen wir auch hier aus von vier von einander unabhängigen Grundbegriffen, deren Beziehungen zu einander
den Inhalt der Mechanik bilden sollen. Zwei derselben haben einen
mathematischen Charakter: Raum und Zeit; die beiden anderen:
Masse und Energie, werden eingeführt als in gegebener Menge vorhandene, unzerstörbare und unvermehrbare physikalische Wesenheiten.
Freilich wird es nötig sein, neben dieser Erklärung auch deutlich
anzugeben, durch welche konkreten Erfahrungen wir in letzter Instanz
das Vorhandensein von Masse und Energie feststellen wollen. Hier
nehmen wir an, dass dies möglich und dass es geschehen sei. Dass
die Menge der Energie, welche mit bestimmten Massen verbunden
ist, von dem Zustande dieser Massen abhängig ist, ist selbstverständlich.
Es ist aber als eine erste allgemeine Erfahrung einzuführen, dass die
vorhandene Energie sich stets in zwei Teile zerfällen lässt, von
welchen der eine allein durch die gegenseitige Lage der Massen bedingt ist, der andere aber von ihrer absoluten Geschwindigkeit abhängt.

Der erste Teil wird als potentielle Energie, der zweite Teil als
kinetische Energie definiert. Die Form für die Abhängigkeit der
kinetischen Energie von der Geschwindigkeit der bewegten Körper
ist in allen Fällen die gleiche und bekannt; die Form für die Abhängigkeit der potentiellen Energie von der Lage der Körper kann
nicht allgemein angegeben werden, sie bildet vielmehr die besondere
Natur und die charakteristische Eigentümlichkeit der gerade betrachteten Massen. Es ist die Aufgabe der Physik, diese Form für
die uns umgebenden Naturkörper aus früheren Erfahrungen zu ermitteln. Bis hierher treten in den Betrachtungen im wesentlichen
nur drei Elemente, nämlich Raum, Masse und Energie in Beziehung.
Um die Beziehungen aller vier Grundbegriffe und damit den zeit-
lichen Ablauf der Erscheinungen festzulegen, bedienen wir uns eines
der Integralprinzipien der gewöhnlichen Mechanik, welche sich zu
ihren Aussagen des Energiebegriffs bedienen. Welches derselben wir
anwenden, ist ziemlich gleichgültig; wir können und wir wollen etwa
das HAMILTON'sche Princip wählen. Wir würden dann also als einziges
erfahrungsmässiges Grundgesetz der Mechanik den Satz aufstellen,
dass jedes Sytem natürlicher Massen sich so bewegt, als sei ihm die
Aufgabe gestellt, gegebene Lagen in gegebener Zeit zu erreichen und
zwar in solcher Weise, dass die Differenz zwischen kinetischer und
potentieller Energie im Mittel über die ganze Zeit so klein ausfalle
wie möglich. Ist dieses Gesetz auch in der Form nicht einfach, so
giebt es doch durch eine einzige Bestimmung die natürlichen Um-
wandlungen der Energie zwischen ihren Formen in eindeutiger Weise
wieder, es gestattet daher den Ablauf der wirklichen Erscheinungen
für die Zukunft vollständig vorauszubestimmen. Mit der Aufstellung
dieses neuen Gesetzes sind die unentbehrlichen Grundlagen der
Mechanik abgeschlossen. Was wir noch hinzufügen können, sind nur
mathematische Ableitungen und etwa Vereinfachungen oder Hilfs-
bezeichnungen, welche vielleicht zweckmässig, aber jedenfalls nicht
notwendig sind. Zu diesen letzteren gehört dann auch der Begriff
der Kraft, welcher in den Grundlagen selbst nicht auftrat. Seine
Einführung ist zweckmässig, sobald wir nicht nur Massen in Betracht
ziehen, welche mit konstanten Mengen von Energie verbunden sind,
sondern auch solche Massen, welche Energie an andere Massen abgeben oder von ihnen empfangen. Aber die Einführung geschieht
nicht durch neue Erfahrung, sondern durch eine Definition, welche
in mehr als einer Weise gefasst werden kann. Dementsprechend sind
auch die Eigenschaften der so definierten Kräfte nicht aus der Er-

fahrung zu ermitteln, sondern lassen sich aus der Definition und dem
Grundgesetz ableiten und selbst die Bestätigung dieser Eigenschaften
durch die Erfahrung ist überflüssig, es wäre denn, dass man noch
an der Richtigkeit des ganzen Systems zweifelte. Der Kraftbegriff
als solcher kann also in diesem System keine logischen Schwierigkeiten mehr bereiten; auch für die Beurteilung der Richtigkeit des
Systems kann er nicht in Frage kommen, nur auf die grössere oder
kleinere Zweckmässigkeit desselben kann er Einfluss haben.

In der angedeuteten Weise also hätten wir etwa die Prinzipien
der Mechanik zu ordnen, um sie der Anschauungsweise der Energielehre anzupassen. Es fragt sich nun aber, ob das entstandene zweite
Bild vor dem erstbetrachteten etwas voraus habe, und wir wollen
deshalb seine Vorzüge und Nachteile näher ins Auge fassen.

Diesmal liegt es in unserem Interesse, dass wir uns zuerst an
die Zweckmässigkeit halten, weil in Bezug auf diese ein Fortschritt
am unzweifelhaftesten hervortritt. Denn unser zweites Bild der
natürlichen Bewegungen ist zunächst entschieden deutlicher; es giebt
mehr Eigentümlichkeiten derselben wieder als das erste. Wenn wir
das HAMILTON'sche Prinzip aus den allgemeinen Grundlagen der Mechanik ableiten wollen, müssen wir den letzteren gewisse Voraussetzungen über die wirkenden Kräfte und über die Beschaffenheit
etwaiger fester Verbindungen hinzufügen. Diese Voraussetzungen
sind höchst allgemeiner Art, aber sie bedeuten darum doch ebenso
viele wichtige Einschränkungen der durch das Prinzip dargestellten
Bewegungen. Und umgekehrt lassen sich daher auch aus dem Prinzip
eine ganze Reihe von Beziehungen, insbesondere von Wechselbe-
ziehungen zwischen jeder Art von möglichen Kräften ableiten, welche
in den Prinzipien des ersten Bildes fehlen, welche aber in dem zweiten
Bilde, und gleichzeitig, worauf es ankommt, in der Natur sich finden.
Der Nachweis, dass dem so sei, bildet den eigentlichen Inhalt und
das Ziel der Arbeiten, welche von HELMHOLTZ unter dem Titel: „Über
die physikalische Bedeutung des Prinzips der kleinsten Wirkung"
veröffentlicht hat. Wir treffen aber die Sachlage wohl genauer, wenn
wir sagen, die Thatsache selbst, welche bewiesen werden soll, bilde
die Entdeckung, welche in jener Arbeit mitgeteilt und dargelegt wird.
Denn einer Entdeckung bedurfte in der That die Erkenntnis, dass
aus so allgemeinen Voraussetzungen sich so besondere, wichtige und
zutreffende Folgerungen ziehen lassen. Auf jene Abhandlung können
wir uns daher auch berufen zur Erhärtung unserer Behauptung im
einzelnen, und insofern jene Abhandlung zur Zeit den äussersten

Fortschritt der Physik bezeichnet, können wir uns der Frage über-
hoben halten, ob ein noch engerer Anschluss an die Natur erreichbar
sei, etwa durch Einschränkung der für die potentielle Energie zulässigen Formen. Lieber wollen wir betonen, dass unser jetziges Bild
auch in Hinsicht der Einfachheit die Klippen vermeidet, an welchen
die Zweckmässigkeit unseres ersten Bildes sich gefährdet fand. Denn
fragen wir nach dem eigentlichen Grunde, aus welchem die Physik
es heutzutage liebt, ihre Betrachtungen in der Ausdrucksweise der
Energielehre zu halten, so dürfen wir antworten: weil sie es auf
diese Weise am besten vermeidet, von Dingen zu reden, von welchen
sie sehr wenig weiss und welche auf die wesentlich beabsichtigten
Aussagen auch keinen Einfluss haben. Wir bemerkten schon gelegentlich, dass die Rückführung der Erscheinungen auf die Kraft uns zwingt,
unsere Überlegung beständig an die Betrachtung der einzelnen Atome
und Moleküle anzuknüpfen. Nun sind wir ja allerdings gegenwärtig
überzeugt davon, dass die wägbare Materie aus Atomen besteht; auch
haben wir von der Grösse dieser Atome und ihren Bewegungen in
gewissen Fällen einigermassen bestimmte Vorstellungen. Aber die
Gestalt der Atome, ihr Zusammenhang, ihre Bewegungen in den
meisten Fällen, alles dies ist uns gänzlich verborgen; ihre Zahl ist
in allen Fällen unübersehbar gross. Unsere Vorstellung von den
Atomen ist daher selbst ein wichtiges und interessantes Ziel weiterer
Forschung, keineswegs aber ist sie besonders geeignet, als bekannte
und gesicherte Grundlage mathematischer Theorieen zu dienen. Einen
so streng denkenden Forscher, wie Gustav Kirchhoff war, berührte
es daher fast peinlich, die Atome und ihre Schwingungen ohne
zwingende Notwendigkeit in den Mittelpunkt einer theoretischen Ableitung gestellt zu sehen. Die willkürlich angenommenen Eigenschaften der Atome mögen ohne Einfluss auf das Endresultat sein,
das letztere mag richtig sein. Gleichwohl sind die Einzelheiten der
Ableitung selbst zum grossen Teile mutmasslich falsch, die Ableitung
ist ein Scheinbeweis. Die ältere Denkweise der Physik lässt hier
kaum eine Wahl, einen Ausweg zu. Dagegen bietet die Auffassung
der Energielehre und damit unser zweites Bild der Mechanik den
Vorteil, dass in die Voraussetzungen der Probleme nur die der Erfahrung unmittelbar zugänglichen Merkmale, Parameter, oder willkürlichen Koordinaten der betrachteten Körper eintreten; dass die
Betrachtungen mit Hilfe dieser Merkmale in endlicher und geschlossener
Form fortschreiten und dass auch das Endresultat unmittelbar wieder
in greifbare Erfahrung kann übersetzt werden. Ausser der Energie

selbst in ihren wenigen Formen treten keine Hilfskonstruktionen in
die Betrachtung ein. Unsere Aussagen können sich auf die bekannten
Eigentümlichkeiten der betrachteten Körpersysteme beschränken, ohne
dass wir unsere Unkenntnis der Einzelheiten durch willkürliche und
einflusslose Hypothesen verdecken müssten. Nicht nur das Endresultat,
sondern auch alle Schritte der Ableitung desselben können als richtig
und sinnvoll vertreten werden. Dies sind die Vorzüge, welche diese
Methode der heutigen Physik lieb gemacht haben, welche also auch
unserem zweiten Bilde der Mechanik eigen sind, und welche wir in
unserer Bezeichnungsweise als Vorzüge der Einfachheit, also der
Zweckmässigkeit aufzufassen haben.

Leider werden wir wieder unsicherer über den Wert unseres
Systems, wenn wir seine Richtigkeit und seine logische Zulässigkeit
prüfen. Schon die Frage nach der Richtigkeit giebt zu gerecht-
fertigten Zweifeln Anlass. Keineswegs dürfen wir der Übereinstimmung
mit der Natur schon deshalb sicher sein, weil sich das HAMILTON'sche
Prinzip ja auch aus den zugegebenen Grundlagen der NEWTON'schen
Mechanik ableiten lässt. Wir haben zu bedenken, dass diese Ableitung nur dann stattfindet, wenn gewisse Voraussetzungen zutreffen,
und dass anderseits unser System nicht nur den Anspruch macht,
einige Bewegungen der Natur richtig zu beschreiben, sondern dass
es behauptet, alle Bewegungen der Natur zu umfassen. Wir haben
also zu untersuchen, ob auch wirklich neben den NEWTON'schen Gesetzen jene besondern Voraussetzungen Allgemeingültigkeit haben,
und ein einziges Beispiel der Natur, welches widerspräche, würde
die Richtigkeit des Systems als solches umwerfen, wenn es auch die
Gültigkeit des HAMILTON'schen Prinzips als allgemeinen Lehrsatzes
nicht im mindesten erschütterte. Hier entsteht nun das Bedenken
nicht sowohl ob unser Bild die gesamte Mannigfaltigkeit der Kräfte,
sondern ob es auch wirklich die gesamte Mannigfaltigkeit der starren
Verbindungen enthielte, welche zwischen den Körpern der Natur
auftreten können. Die Anwendung des HAMILTON'schen Prinzips auf
ein materielles System schliesst nicht aus, dass zwischen den gewählten Koordinaten desselben feste Zusammenhänge bestehen, aber es
verlangt immerhin, dass diese Zusammenhänge sich mathematisch ausdrücken lassen durch endliche Gleichungen zwischen den Koordinaten;
es gestattet nicht das Auftreten solcher Zusammenhänge, welche
mathematisch nur durch Differentialgleichungen wiedergegeben werden
können. Die Natur selbst aber scheint Zusammenhänge der letzteren
Art nicht einfach auszuschliessen. Denn dieselben treten zum Bei-

spiel auf, sobald dreidimensionale Körper mit ihren Oberflächen ohne
Gleitung auf einander rollen. Durch diese Verbindung, welche wir
in unserer Umgebung oft vorfinden, ist die Lage beider Körper zu
einander nur insofern beschränkt, als sie stets einen Punkt der Oberfläche gemein haben müssen; die Bewegungsfreiheit der Körper aber
ist noch um einen Grad weiter beschränkt. Es lassen sich also aus
der Verbindung mehr Gleichungen zwischen den Änderungen der
Koordinaten herleiten als zwischen den Koordinaten selbst, unter
jenen muss daher mindestens eine sein, welche mathematisch als eine
nicht integrabele Differentialgleichung zu bezeichnen ist. Auf derartige Fälle nun gestattet das HAMILTON'sche Prinzip keine Anwendung
mehr, oder genau gesprochen: Die mathematisch mögliche Anwendung
des Prinzips führt zu physikalisch falschen Resultaten. Man be-
schränke die Betrachtung auf den einfachen Fall einer Kugel, welche
allein ihrer Trägheit folgend auf einer festen horizontalen Ebene ohne
Gleitung rollt; man kann hier ganz wohl durch blosse Betrachtung
ohne Rechnung sowohl die Bewegungen übersehen, welche die Kugel
wirklich ausführen kann, als auch die Bewegungen, welche dem
HAMILTON'schen Prinzip entsprechen würden und welche so ausfallen müssten, dass die Kugel bei konstanter lebendiger Kraft gegebene Ziele in kürzester Zeit erreicht. Man kann sich daher auch
ohne Rechnung überzeugen, dass beide Arten von Bewegungen sehr
verschiedene Eigentümlichkeiten aufweisen. Wählen wir Anfangs-
und Endlage der Kugel beliebig aus, so giebt es doch offenbar stets
einen bestimmten Übergang aus einer zur andern, auf welchem die
Zeit des Übergangs, also das HAMILTON'sche Integral ein Minimum
wird. In Wahrheit ist aber gar nicht aus jeder Lage in jede andere
ohne die Mitwirkung von Kräften ein natürlicher Übergang möglich,
wenn auch die Wahl der Anfangsgeschwindigkeit vollkommen frei
steht. Aber selbst dann, wenn wir Anfangs- und Endlage so wählen,
dass eine natürliche freie Bewegung zwischen beiden möglich ist, so
ist dies gleichwohl nicht diejenige, welche dem Minimum der Zeit
entspricht. Bei gewissen Anfangs- und Endlagen kann der Unterschied sehr auffallend sein. In diesem Falle würde eine Kugel,
welche dem Prinzip gemäss sich bewegte, entschieden den Schein
eines belebten Wesens annehmen, welches zielbewusst einer bestimmten
Lage zusteuert, während neben ihr die Kugel, welche dem Gesetze
der Natur folgt, den Eindruck einer toten, gleichförmig dahinkreiselnden
Masse hervorrufen würde. Es würde nichts helfen, wollten wir an
Stelle des HAMILTON'schen Prinzips das Prinzip der kleinsten Wirk-

ungen oder ein anderes Integralprinzip in den Vordergrund rücken
da alle diese Prinzipien nur einen geringen Unterschied der Bedeutung
aufweisen und sich in der hier betrachteten Hinsicht ganz gleich
verhalten. Übrigens ist der Weg vorgezeichnet, auf welchem allein
wir das System verteidigen und gegen den Vorwurf der Unrichtig-
keit in Schutz nehmen können. Wir haben zu leugnen, dass starre
Verbindungen der angeführten Art mit Strenge in der Natur wirklich
vorkommen. Wir haben auszuführen, dass jedes sogenannte Rollen
ohne Gleitung in Wahrheit ein Rollen mit geringer Gleitung, also
ein Vorgang der Reibung sei. Wir haben uns darauf zu berufen,
dass ganz allgemein die Vorgänge in reibenden Flächen zu denjenigen
gehören, welche noch nicht auf klar verstandene Ursachen zurückgeführt werden können, sondern für welche nur gerade empirisch die
erzeugten Kräfte ermittelt sind; daher gehöre das ganze Problem zu
denjenigen, zu deren Behandlung zur Zeit die Benützung der Kräfte
und damit der Umweg über die gewöhnlichen Methoden der Mechanik
noch nicht vermieden werden könne. Überzeugend wirkt freilich
diese Verteidigung nicht. Denn ein Rollen ohne Gleiten widerspricht
weder dem Energieprinzipe noch einem anderen allgemein anerkannten
Grundsatze der Physik; der Vorgang ist in der sichtbaren Welt mit
so grosser Annäherung verwirklicht, dass man sogar Integrations-
maschinen auf die Voraussetzung seines genauen Eintretens gegründet
hat; wir haben daher kaum ein Recht, sein Vorkommen als unmöglich auszuschliessen, am wenigsten aus der Mechanik noch unbekannter
Systeme, wie es die Atome oder die Teile des Äthers sind. Aber
selbst wenn wir zugeben, dass die fraglichen Verbindungen in der
Natur nur angenähert verwirklicht sind, selbst dann bereitet uns das
Versagen des HAMILTON'schen Prinzips in diesen Fällen Schwierigkeiten. Von jedem Grundgesetze unseres mechanischen Systems
werden wir verlangen müssen, dass es angewandt auf angenähert
richtige Verhältnisse immer noch angenähert richtige Resultate gebe,
nicht aber gänzlich falsche. Denn da schliesslich alle starren Zusammenhänge, welche wir der Natur entnehmen und in die Rechnung
einführen, den wirklichen Verhältnissen nur angenähert entsprechen,
so geraten wir sonst in gänzliche Unsicherheit, auf welche unter
ihnen wir das Gesetz überhaupt noch anwenden dürfen, auf welche
nicht mehr. Doch wollen wir die vorgetragene Verteidigung auch
nicht gänzlich verwerfen; wir wollen entgegenkommend zugeben,
dass die aufgeworfenen Zweifel nur die Zweckmässigkeit des Systems,
nicht aber seine Richtigkeit betreffen, so dass die aus ihnen ent-

springenden Nachteile durch andere Vorteile aufgewogen werden
können.

Die wahren Schwierigkeiten erwarten uns nun aber erst, sobald
wir versuchen, die Grundlagen des Systems so zu ordnen, dass den
Anforderungen der logischen Zulässigkeit mit aller Strenge genügt
werde. Wir dürfen bei der Einführung der Energie nicht dem gewöhnlichen Wege folgend von den Kräften ausgehen, von diesen zur
Kräftefunktion, zur potentiellen Energie, zur Energie überhaupt fortschreiten. Eine solche Anordnung würde der ersten Darstellung der
Mechanik angehören. Vielmehr haben wir, ohne eigentlich mechanische
Entwickelungen schon vorauszusetzen, diejenigen einfachen unmittelbaren Erfahrungen anzugeben, durch welche wir allgemein das Vorhandensein eines Vorrats von Energie und die Bestimmung seiner
Menge definiert wissen wollen. Wir haben oben nur angenommen,
nicht aber bewiesen, dass eine solche Bestimmung möglich sei.
Mehrere ausgezeichnete Physiker versuchen heutzutage, der Energie
so sehr die Eigenschaften der Substanz zu leihen, dass sie annehmen,
jede kleinste Menge derselben sei zu jeder Zeit an einen bestimmten
Ort des Raumes geknüpft und bewahre bei allem Wechsel desselben
und bei aller Verwandlung der Energie in neue Formen dennoch
ihre Identität. Diese Physiker müssen notwendig die Überzeugung
vertreten, dass sich Definitionen der verlangten Art wirklich geben
lassen, und es war daher wohl erlaubt, die Möglichkeit derselben
anzunehmen. Sollen wir selbst aber eine konkrete Form dafür aufweisen, welche uns genügt und welche allgemeiner Zustimmung sicher
ist, so geraten wir in Verlegenheit; zu einem befriedigenden und
abschliessenden Ergebnis scheint diese ganze Anschauungsweise noch
nicht gelangt. Eine besondere Schwierigkeit muss auch von vornherein der Umstand bereiten, dass die angeblich substanzartige
Energie in zwei so gänzlich verschiedenen Formen auftritt, wie es
die kinetische und die potentielle Form sind. Die kinetische Energie
bedarf im Grunde an sich keiner neuen Grundbestimmung, da sie
aus den Begriffen der Geschwindigkeit und der Masse abgeleitet
werden kann; die potentielle Energie hingegen, welche eine selbst-
ständige Feststellung fordert, widerstrebt zugleich jeder Definition,
welche ihr die Eigenschaften einer Substanz beilegt. Die Menge
einer Substanz ist eine notwendig positive Grösse; die in einem
System enthaltene potentielle Energie scheuen wir uns nicht, als
negativ anzunehmen. Bedeutet ein analytischer Ausdruck die Menge
einer Substanz, so hat eine additive Konstante in dem Ausdruck

dieselbe Wichtigkeit wie der Rest; in dem Ausdruck für die potentielle Energie eines Systems hat eine additive Konstante niemals eine Bedeutung. Endlich kann der Inhalt eines physikalischen Systems an einer Substanz nur abhängen von dem Zustande des Systems selbst, der Inhalt gegebener Materie an potentieller Energie aber hängt ab von dem Vorhandensein entfernter Massen, welche vielleicht niemals Einfluss auf das System hatten. Ist das Weltall und damit die Menge jener entfernten Massen unendlich, so wird der Inhalt auch endlicher Mengen von Materie an vielen Formen potentieller Energie unendlich gross. Dies sind alles Schwierigkeiten, welche durch die gesuchte Definition der Energie beseitigt oder umgangen werden müssten. Obwohl wir nun auch nicht behaupten wollen, dass eine solche Umgehung unmöglich sei, so können wir sie doch gegenwärtig noch nicht als geleistet ansehen, und es wird am vorsichtigsten sein, wenn wir es einstweilen noch als eine offene Frage betrachten, ob sich das System überhaupt in logisch einwurfsfreier Form entwickeln lässt.

Es ist vielleicht der Mühe wert, an dieser Stelle auch die Frage zu erörtern, ob ein anderer Einwurf gerechtfertigt sei, den man vielleicht gegen die Zulässigkeit des hier betrachteten Systems richten könnte. Soll ein Bild gewisser äusserer Dinge in unserem Sinne zulässig sein, so müssen die Züge desselben nicht allein unter sich in Einklang stehen, sondern sie dürfen auch nicht den Zügen anderer in unserer Erkenntnis schon feststehender Bilder widersprechen. Daraufhin könnte man nun behaupten: Es sei nicht denkbar, dass das HAMILTON'sche Prinzip oder ein Satz von verwandten Eigenschaften in Wahrheit ein Grundgesetz der Mechanik und damit ein Grundgesetz der Natur vorstelle, denn von einem Grundgesetze sei von vornherein Einfachheit und Schlichtheit zu erwarten, das HAMILTON'sche Prinzip aber stelle, wenn man es analysiere, eine äusserst verwickelte Aussage dar. Nicht allein mache es die gegenwärtige Bewegung abhängig von Folgen, welche erst in der Zukunft hervortreten können und mute dadurch der leblosen Natur Absichten zu, sondern, was schlimmer sei, es mute der Natur sinnlose Absichten zu. Denn das Integral, dessen Minimum das HAMILTON'sche Prinzip fordert, habe keine einfache physikalische Bedeutung; es sei aber für die Natur ein unverständliches Ziel, einen mathematischen Ausdruck zum Minimum zu machen oder seine Variation zum Verschwinden zu bringen. Die gewöhnliche Antwort, welche die heutige Physik auf derartige Angriffe bereit hält, ist diese, dass die Voraussetzungen, von welchen die Betrachtungen ausgehen, metaphysischen Ursprungs

seien, dass aber die Physik darauf verzichtet habe und es nicht mehr
als Pflicht anerkenne, den Ansprüchen der Metaphysik gerecht zu
werden. Sie lege kein Gewicht mehr auf die Gründe, welche von
metaphysischer Seite einst zu Gunsten der Prinzipien vorgebracht
seien, welche einen Zweck in der Natur andeuten; ebensowenig aber
könne sie jetzt Einwänden metaphysischen Charakters gegen eben-
dieselben Prinzipien ihr Ohr leihen. Wenn wir bei solchem Rechten
zu entscheiden hätten, so würden wir nicht unbillig denken, wenn
wir uns mehr auf Seiten des Angreifers, als des Verteidigers stellten.
Kein Bedenken, welches überhaupt Eindruck auf unsern Geist macht,
kann dadurch erledigt werden, dass es als metaphysisch bezeichnet
wird; jeder denkende Geist hat als solcher Bedürfnisse, welche der
Naturforscher metaphysische zu nennen gewohnt ist. Überdies lässt
sich in dem vorliegenden Falle, wie wohl in allen ähnlichen, die gesunde und berechtigte Quelle unseres Bedürfnisses ganz wohl aufweisen. Freilich können wir von der Natur nicht a priori Einfachheit fordern, noch auch urteilen, was in ihrem Sinne einfach sei.
Aber den Bildern, welche wir uns von ihr machen, können wir als
unsern eigenen Schöpfungen Vorschriften machen. Wir urteilen nun
mit Recht, dass, wenn unsere Bilder den Dingen gut angepasst sind,
dass dann die wirklichen Beziehungen der Dinge durch einfache Beziehungen zwischen den Bildern müssen wiedergegeben werden.
Wenn aber die wirklichen Beziehungen zwischen den Dingen nur
durch verwickelte, ja dem unvorbereiteten Geiste sogar unverständ-
liche Beziehungen zwischen den Bildern sich wiedergeben lassen, so
urteilen wir, dass diese Bilder den Dingen nur ungenügend angepasst
sind. Unsere Forderung der Einfachheit geht also nicht an die Natur,
sondern an die Bilder, welche wir uns von ihr machen, und unser
Widerspruch gegen eine verwickelte Aussage als Grundgesetz drückt
nur die Überzeugung aus, dass, wenn der Inhalt der Aussage richtig
und umfassend sei, er sich durch zweckmässigere Wahl der Grundvorstellungen auch in einfacherer Form müsse aussprechen lassen.
Eine andere Äusserung derselben Überzeugung ist der in uns er-
wachende Wunsch, von dem äusseren Verständnisse eines derartigen
Gesetzes zu seinem tieferen und eigentlichen Sinn vorzudringen, von
dessen Vorhandensein wir überzeugt sind. Ist diese Auffassung
richtig, so bildet in der That der vorgebrachte Einwurf ein berech-
tigtes Bedenken gegen das System, aber er trifft dann nicht sowohl
seine Zulässigkeit, als vielmehr seine Zweckmässigkeit und er käme

bei der Beurteilung der letzteren in Betracht. Es ist indessen nicht
nötig, deshalb nochmals zur Besprechung jener zurückzukehren.

Überblicken wir noch einmal dasjenige, was wir über die Vorzüge des zweiten Bildes vorzubringen hatten, so können wir von der
Gesamtheit desselben nicht allzu befriedigt sein. Obgleich die ganze
Richtung der neueren Physik uns anlockt, den Begriff der Energie
in den Vordergrund zu stellen und ihn auch in der Mechanik als
Grund- und Eckstein unseres Aufbaues zu benutzen, so bleibt es doch
mehr als zweifelhaft, ob wir bei diesem Vorgehen die Härten und
Rauhigkeiten vermeiden können, welche uns in dem ersten Bilde
der Mechanik anstössig waren. In der That habe ich auch diesem
zweiten Wege der Darstellung nicht deshalb eine längere Besprechung
gewidmet, um zur Beschreitung desselben zu ermutigen, sondern vielmehr um anzudeuten, aus welchen Gründen ich selbst ihn aufgegeben
habe, nachdem ich zuerst ihn zu verfolgen versucht hatte.

3.

Eine dritte Anordnung der Prinzipien der Mechanik ist diejenige,
welche in dem Hauptteil des Buches ausführlich dargelegt werden
soll, deren Hauptzüge wir aber schon hier in der Einleitung vorführen wollen, um sie in demselben Sinne einer Kritik zu unterwerfen,
wie es mit den beiden ersten geschehen ist. Von jenen unterscheidet
sie sich wesentlich dadurch, dass sie nur von drei unabhängigen
Grundvorstellungen ausgeht; denen der Zeit, des Raumes und der
Masse. Sie betrachtet daher als ihre Aufgabe, die natürlichen Beziehungen zwischen diesen dreien und allein zwischen diesen dreien
darzustellen. Ein vierter Begriff, wie der Begriff der Kraft oder
der Energie, an welchen sich vorhin die Schwierigkeiten knüpften,
ist als selbständige Grundvorstellung beseitigt. Die Bemerkung, dass
drei von einander unabhängige Vorstellungen nötig, aber auch hinreichend seien zur Entwickelung der Mechanik, hat schon G. KIRCHHOFF
seinem Lehrbuche der Mechanik vorangestellt. Ganz ohne Ersatz
kann freilich die so in den Grundvorstellungen ausfallende Mannigfaltigkeit nicht bleiben. In unserer Darstellung suchen wir die entstehende Lücke auszufüllen durch Benützung einer Hypothese, welche
hier nicht zum ersten Male aufgestellt wird, welche man aber nicht
in die Elemente der Mechanik selbst einzuführen gewohnt ist, und
deren Wesen wir etwa in der folgenden Weise erläutern können.

Versuchen wir die Bewegungen der uns umgebenden Körper zu

verstehen und auf einfache und durchsichtige Regeln zurückzuführen,
indem wir aber nur dasjenige berücksichtigen, was wir unmittelbar
vor Augen haben, so schlägt unser Versuch im allgemeinen fehl.
Wir werden bald gewahr, dass die Gesamtheit dessen, was wir sehen
und greifen können noch keine gesetzmässige Welt bildet, in welcher
gleiche Zustände stets gleiche Folgen haben. Wir überzeugen uns,
dass die Mannigfaltigkeit der wirklichen Welt grösser sein muss
als die Mannigfaltigkeit der Welt, welche sich unseren Sinnen unmittelbar offenbart. Wollen wir ein abgerundetes, in sich geschlossenes
gesetzmässiges Weltbild erhalten, so müssen wir hinter den Dingen,
welche wir sehen, noch andere, unsichtbare Dinge vermuten, hinter
den Schranken unserer Sinne noch heimliche Mitspieler suchen.
Diese tieferliegenden Einflüsse erkannten wir in den ersten beiden
Darstellungen an und wir dachten sie uns als Wesen einer eigenen
und besonderen Art, deshalb schufen wir zu ihrer Wiedergabe in
unserem Bilde die Begriffe der Kraft und der Energie. Es steht
uns aber noch ein anderer Weg offen. Wir können zugeben, dass
ein verborgenes Etwas mitwirke und doch leugnen, dass dieses Etwas
einer besonderen Kategorie angehöre. Es steht uns frei anzunehmen,
dass auch das Verborgene nichts anderes sei als wiederum Bewegung
und Masse, welche sich von der sichtbaren nicht an sich unterscheidet,
sondern nur in Beziehung auf uns und auf unsere gewöhnlichen Mittel
der Wahrnehmung. Diese Auffassungsweise ist nun eben unsere
Hypothese. Wir nehmen also an, dass es möglich sei, den sichtbaren
Massen des Weltalls andere denselben Gesetzen gehorchende Massen
hinzuzudichten von solcher Art, dass dadurch das Ganze Gesetz-
mässigkeit und Verständlichkeit gewinnt, und zwar nehmen wir an,
dass dies ganz allgemein und in allen Fällen möglich sei, und dass
es daher andere Ursachen der Erscheinungen auch gar nicht gebe,
als die hierdurch zugelassenen. Was wir gewohnt sind als Kraft
und als Energie zu bezeichnen ist dann für uns nichts weiter als
eine Wirkung von Masse und Bewegung, nur braucht es nicht immer
die Wirkung grobsinnlich nachweisbarer Masse und grobsinnlich nachweisbarer Bewegung zu sein. Eine derartige Erklärung einer Kraft
aus Bewegungsvorgängen pflegt man eine dynamische zu nennen, und
man kann wohl sagen, dass die Physik gegenwärtig derartigen Erklärungen in hohem Grade hold ist. Die Kräfte der Wärme hat man
mit Sicherheit auf die verborgenen Bewegungen greifbarer Massen
zurückgeführt. Durch MAXWELL's Verdienst ist die Vermutung fast
zur Überzeugung geworden, dass wir in den elektrodynamischen

Kräften die Wirkung der Bewegung verborgener Massen vor uns haben. Lord KELVIN rückt die Möglichkeit dynamischer Erklärungen der Kräfte mit Vorliebe in den Vordergrund seiner Betrachtungen; in seiner Theorie von der Wirbelnatur der Atome hat er ein dieser Anschauung entsprechendes Bild des Weltganzen zu geben versucht. VON HELMHOLTZ hat in der Untersuchung über die cyklischen Systeme die wichtigste Form der verborgenen Bewegung ausführlich und zum Zwecke allgemeiner Anwendung behandelt; durch ihn ist den Ausdrücken „verborgene" Masse, „verborgene" Bewegung die Geltung technischer Ausdrücke im Deutschen verliehen. Hat aber jene Hypothese die Fähigkeit, die geheimnisvollen Kräfte allmählich aus der Mechanik wieder zu eliminieren, so kann sie auch verhindern, dass dieselben überhaupt in die Mechanik eintreten. Und entspricht die Verwertung der Hypothese zu ersterem Zwecke der Denkweise der heutigen Physik, so muss das Gleiche von ihrer Benutzung zu letzterem Zwecke gelten. Dies ist der leitende Gedanke, von welchem wir ausgehen und durch dessen Verfolgung dasjenige Bild entsteht, welches wir als das dritte bezeichneten, und dessen allgemeine Umrisse wir nun umfahren wollen.

Zuerst führen wir also ein die drei unabhängigen Grundbegriffe Zeit, Raum und Masse als Gegenstände der Erfahrung, indem wir angeben, durch welche konkreten sinnlichen Erfahrungen wir uns Zeiten, Massen, räumliche Grössen bestimmt denken wollen. Was die Massen anbelangt, so behalten wir uns vor, neben den sinnlich wahrnehmbaren Massen durch Hypothese verborgene Massen einzuführen. Wir stellen sodann die Beziehungen zusammen, welche zwischen jenen konkreten Erfahrungen stets obwalten und welche wir als die wesentlichen Beziehungen zwischen den Grundbegriffen festzuhalten haben. Es ist naturgemäss, dass wir die Grundbegriffe zunächst zu je zweien verbinden. Die Beziehungen, welche Raum und Zeit allein betreffen, können wir als Kinematik voraussenden. Zwischen Masse und Zeit allein besteht keine Verknüpfung. Masse und Raum dagegen treten wieder zusammen zu einer Reihe wichtiger erfahrungsmässiger Beziehungen. Wir finden nämlich zwischen den Massen der Natur gewisse rein räumliche Zusammenhänge, welche darin bestehen, dass von Anbeginn an für alle Zeiten, und also unabhängig von der Zeit, jenen Massen gewisse Lagen und gewisse Änderungen der Lage als mögliche, alle anderen aber als unmögliche vorgeschrieben und zugeordnet sind. Wir können über diese Zusammenhänge ferner allgemein aussagen, dass sie nur die relative

Lage der Massen unter einander betreffen und weitergehend, dass
sie gewissen Bedingungen der Stetigkeit genügen, welche ihren
mathematischen Ausdruck darin finden, dass sich die Zusammenhänge
selbst stets durch homogene lineare Gleichungen zwischen den ersten
Differentialen derjenigen Grössen wiedergeben lassen, durch welche
wir die Lage der Massen bezeichnet haben. Die Zusammenhänge
bestimmter materieller Systeme im einzelnen zu erforschen ist nicht
Sache der Mechanik, sondern der experimentellen Physik; die be-
zeichnenden Merkmale, durch welche sich die verschiedenen materiellen Systeme der Natur unterscheiden, sind nach unserer Vorstellung eben einzig und allein die Zusammenhänge ihrer Massen.
In den bisherigen Erörterungen haben wir nur je zwei der Grundbegriffe für sich verbunden, nunmehr wenden wir uns der eigentlichen Mechanik im engeren Sinne zu, in welcher alle drei zusammen-
zutreten haben. Es gelingt uns ihre erfahrungsmässige allgemeine Verknüpfung zusammenzufassen in ein einziges Grundgesetz, welches eine sehr
nahe Analogie mit dem gewöhnlichen Trägheitsgesetz zieht. In der
That lässt es sich in der Ausdrucksweise, welche wir benutzen,
wiedergeben in der Aussage: jede natürliche Bewegung eines selbst-
ständigen materiellen Systems bestehe darin, dass das System mit
gleichbleibender Geschwindigkeit eine seiner geradesten Bahnen ver-
folge. Diese Aussage ist allerdings nur verständlich, nachdem die
benutzte mathematische Redeweise gehörig erörtert ist; der Sinn
des Satzes aber lässt sich auch in der gewöhnlichen Sprache der
Mechanik wiedergeben. Jener Satz fasst nämlich einfach das gewöhnliche Trägheitsgesetz und das Gauss'sche Prinzip des kleinsten
Zwanges in eine einzige Behauptung zusammen. Er sagt also aus,
dass, wenn die Zusammenhänge des Systems einen Augenblick gelöst
werden könnten, dass sich dann seine Massen in geradliniger und
gleichförmiger Bewegung zerstreuen würden, dass aber, da solche
Auflösung nicht möglich ist, sie jener angestrebten Bewegung wenigstens
so nahe bleiben als möglich. Wie jenes Grundgesetz in unserem
Bilde der erste Erfahrungssatz der eigentlichen Mechanik ist, so ist
er auch der letzte. Aus ihm zusammen mit der zugelassenen Hypothese verborgener Massen und gesetzmässiger Zusammenhänge leiten
wir den übrigen Inhalt der Mechanik rein deduktiv ab. Um ihn
gruppieren wir die übrigen allgemeinen Prinzipien nach ihrer Ver-
wandtschaft zu ihm und untereinander, als Folgerungen oder als
Teilaussagen. Wir bemühen uns zu zeigen, dass bei dieser Anordnung der Inhalt unserer Wissenschaft nicht weniger reich und

mannigfaltig ausfällt, als der Inhalt einer Mechanik, welche von vier Grundvorstellungen ausgeht, jedenfalls nicht weniger reich und mannigfaltig als es die Darstellung der Natur verlangt. Übrigens erweist es sich auch hier bald als zweckmässig, den Begriff der Kraft einzuführen. Aber die Kraft tritt nun nicht auf als etwas von uns unabhängiges und uns fremdes, sondern als eine mathematische Hilfskonstruktion, deren Eigenschaften wir völlig in unserer Gewalt haben, und welche also auch für uns nichts Rätselhaftes an sich haben kann. Nach dem Grundgesetze muss nämlich überall da, wo zwei Körper demselben System angehören, die Bewegung des einen durch die Bewegung des anderen mitbestimmt sein. Der Begriff der Kraft entsteht nun dadurch, dass wir es aus angebbaren Gründen zweckmässig finden, diese Bestimmung der einen Bewegung durch die andere in zwei Stadien zu zerlegen und uns zu sagen: die Bewegung des ersten Körpers bestimme zunächst eine Kraft, diese Kraft erst bestimme die Bewegung des zweiten Körpers. Auf diese Weise wird jede Kraft zwar stets Ursache einer Bewegung, mit gleichem Rechte aber zugleich auch stets Folge einer Bewegung; sie wird, genau gesprochen, das nur gedachte Mittelglied zwischen zwei Bewegungen. Es ist klar, dass bei dieser Auffassung die allgemeinen Eigenschaften der Kräfte mit Denknotwendigkeit aus dem Grundgesetze folgen müssen und wenn wir in möglichen Erfahrungen diese Eigenschaften bestätigt sehen, so kann uns dies nicht einmal verwundern, wenn anders wir an unserm Grundgesetz nicht zweifeln. Mit dem Begriffe der Energie und mit allen anderen einzuführenden Hilfskonstruktionen liegt die Sache ganz ebenso.

Was wir bisher gesagt haben, betraf den physikalischen Inhalt des vorzuführenden Bildes und erschöpfte denselben im Rahmen dieser Einleitung; es wird zweckmässig sein, nun auch eine kurze Erörterung der besonderen mathematischen Form zu widmen, in welcher wir denselben wiedergeben werden. Jener Inhalt ist von dieser Form ganz unabhängig und es ist vielleicht nicht ganz klug gehandelt, dass wir einen von dem Herkömmlichen abweichenden Inhalt sogleich in einer ungewohnten Form darbieten. Indessen weichen ja sowohl Form als Inhalt ein jedes für sich nur sehr wenig von wohlbekannten Dingen ab, ausserdem passen eben dieser Inhalt und diese Form so zu einander, dass ihre Vorzüge sich gegenseitig stützen. Das wesentliche Merkmal der benutzten Terminologie besteht nun darin, dass sie gleich von vornherein ganze Systeme von Punkten vorstellt und in Betracht zieht, nicht aber jedesmal von

den einzelnen Punkten ausgeht. Einem jeden sind die Ausdrücke
„Lage eines Systems von Punkten" und „Bewegung eines Systems
von Punkten" geläufig. Es ist eine nicht unnatürliche Fortsetzung
dieser Redeweise, wenn wir die Gesamtheit der bei der Bewegung
durchlaufenden Lagen eines Systems als seine Bahn bezeichnen.
Jeder kleinste Teil dieser Bahn ist alsdann ein Bahnelement. Von
zwei Bahnelementen kann das eine ein Teil des andern sein, sie
unterscheiden sich alsdann noch nach der Grösse und nur nach dieser.
Zwei Bahnelemente, welche von derselben Lage ausgehen, können
aber auch verschiedenen Bahnen angehören, alsdann ist keines von
beiden ein Teil des anderen und sie unterscheiden sich nicht nur
hinsichtlich der Grösse; wir sagen deshalb, dass sie auch verschiedene
Richtung haben. Durch diese Aussagen sind freilich die Merkmale
„Grösse" und „Richtung" für die Bewegung eines Systems noch
nicht eindeutig bestimmt; wir können aber unsere Definition geometrisch
oder analytisch so vervollständigen, dass ihre Folgen weder mit sich
selbst noch mit dem Gesagten in Widerspruch geraten und dass zugleich die definierten Grössen in der Geometrie des Systems genau
den Grössen entsprechen, welche wir in der Geometrie des Punktes
mit den gleichen Namen bezeichnen, mit welchen bekannten Grössen
sie auch stets zusammenfallen, sobald das System sich auf einen
Punkt reduziert. Sind aber einmal die Merkmale Grösse und Richtung bestimmt, so liegt es nahe genug, die Bahn eines Systems
gerade zu nennen, wenn alle ihre Elemente die gleiche Richtung
haben; und krumm, sobald die Richtung der Elemente sich von Lage
zu Lage ändert. Als Mass der Krümmung bietet sich wie in der
Geometrie des Punktes die Änderungsgeschwindigkeit der Richtung
mit der Lage von selber dar. Durch diese Definition sind nun aber
schon eine ganze Reihe von Beziehungen gegeben und die Zahl derselben wächst, sobald die Bewegungsfreiheit des betrachteten Systems
durch seine Zusammenhänge eingeschränkt ist. Insbesondere lenken
alsdann gewisse Klassen von Bahnen die Aufmerksamkeit auf sich,
welche sich unter den möglichen durch besondere einfache Eigenschaften auszeichnen. Hierher gehören vor allen Dingen diejenigen
Bahnen, welche in jeder ihrer Lagen so wenig wie möglich gekrümmt
sind und welche wir als die geradesten Bahnen des Systems bezeichnen. Sie sind es, von welchen in dem Grundgesetz die Rede
ist und welche wir schon oben bei Anführung desselben erwähnt
haben. Hierher gehören ferner diejenigen Bahnen, welche die kürzeste
Verbindung zwischen irgend zweien ihrer Lagen bilden, und welche

wir als kürzeste Bahnen des Systems bezeichnen. Unter gewissen
Bedingungen fallen die Begriffe der geradesten und der kürzesten
Bahnen zusammen. Dies Verhältnis ist uns durch Erinnerung an die
Theorie der krummen Oberflächen sogar höchst geläufig, aber allge-
mein und unter allen Umständen hat es gleichwohl nicht statt. Die
Sammlung und Ordnung aller hier auftretenden Beziehungen gehört
in die Geometrie der Punktsysteme und die Entwickelung dieser
Geometrie hat eigenen mathematischen Reiz; wir verfolgen dieselbe
aber nur soweit als es der augenblickliche Zweck der physikalischen
Anwendung erfordert. Da ein System von n Punkten eine $3n$ fache
Mannigfaltigkeit der Bewegung darbietet, welche aber durch die
Zusammenhänge des Systems auch auf jede beliebige Zahl vermindert
werden kann, so entstehen viele Analogien mit der Geometrie eines
mehrdimensionalen Raumes, welche zum Teil so weit gehen, dass
dieselben Sätze und Bezeichnungen hier und dort Bedeutung haben
können. Es ist aber in unserem Interesse zu betonen, dass diese
Analogien nur formale sind, und dass trotz eines gelegentlich fremd-
artigen Klanges sich unsere Betrachtung ausnahmslos auf konkrete
Gebilde des Raumes unserer Sinnenwelt beziehen, dass also auch
alle unsere Aussagen mögliche Erfahrungen darstellen und wenn es
nötig wäre, durch unmittelbare Versuche, nämlich durch Messung an
Modellen bestätigt werden könnten. Den Vorwurf, dass wir beim
Aufbau einer Erfahrungswissenschaft die Welt der Erfahrung verlassen, diesen Vorwurf haben wir also nicht zu fürchten. Dagegen
haben wir Rede zu stehen auf die Frage, ob sich denn die Weitläufigkeit einer neuen und ungewohnten Ausdrucksweise lohne, und
welchen entsprechenden Nutzen wir von der Anwendung derselben
erwarten? Als Antwort nennen wir darauf als ersten Nutzen die
grosse Einfachheit und Kürze, mit welcher sich die meisten allgemeinen und umfassenden Aussagen wiedergeben lassen. In der That
erfordern Sätze, welche ganze Systeme behandeln hier nicht mehr
Worte und nicht mehr Begriffe, als wenn sie unter Benutzung der
gewöhnlichen Ausdrucksweise in Bezug auf einen einzelnen Punkt
ausgesagt würden. Die Mechanik des materiellen Systems erscheint
hier nicht mehr als eine Erweiterung und Verwickelung der Mechanik
des einzelnen Punktes, sondern die letztere fällt als selbständige
Untersuchung fort oder tritt doch nur gelegentlich als Vereinfachung
und besonderer Fall der ersteren auf. Wendet man etwa ein, diese
Einfachheit sei künstlich erzeugt, so antworten wir, dass es gar
keine andere Methode gebe, einfache Beziehungen zu schaffen, als

die künstliche und wohlerwogene Anpassung unserer Begriffe an die darzustellenden Verhältnisse. Will man aber in jenem Vorwurf des Künstlichen den Nebensinn des Gesuchten und Unnatürlichen hervorheben, so dürfen wir dem entgegenhalten, dass man vielleicht mit mehr Recht die Betrachtung ganzer Systeme für das Natürliche und Naheliegende halten könne, als die Betrachtung einzelner Punkte. Denn in Wahrheit ist uns das materielle System unmittelbar gegeben, der einzelne Massenpunkt eine Abstraktion; alle wirkliche Erfahrung wird unmittelbar nur an Systemen gewonnen und die an einfachen Punkten möglichen Erfahrungen sind daraus durch Verstandesschlüsse abgezogen. Als einen zweiten, allerdings nicht sehr wesentlichen Nutzen heben wir die Vorzüge der Form hervor, welche durch unsere mathematische Einkleidung dem Grundgesetz gegeben werden kann. Ohne jene Einkleidung müssten wir es zerlegen in das erste Newton'sche Gesetz und das Gauss'sche Prinzip des kleinsten Zwanges. Beide zusammen würden nun zwar genau dieselbe Thatsache darstellen, aber sie würden neben dieser Thatsache andeutungsweise noch ein wenig mehr enthalten und dieses Mehr wäre ein Zuviel. Erstens rufen sie die unserer Mechanik fremde Vorstellung wach, dass die Zusammenhänge der materiellen Systeme doch auch gelöst werden könnten, obwohl wir dieselben als von Anbeginn an bestehende und als gänzlich unlösbare bezeichnet haben. Zweitens kann man bei Benutzung des Gauss'schen Prinzips nicht vermeiden, die Nebenvorstellung zu erwecken, dass man nicht nur eine Thatsache, sondern zugleich auch den Grund dieser Thatsache mitteilen wolle. Man kann nicht aussagen, dass die Natur eine Grösse, welche man Zwang nennt, beständig so klein als möglich hält, ohne anzudeuten, dass dies geschehe, eben weil jene Grösse für die Natur einen Zwang, das heisst ein Unlustgefühl bedeute. Man kann nicht aussagen, dass die Natur verfahre wie ein verständiger Rechner, der seine Beobachtung ausgleicht, ohne nahezulegen, dass hier wie dort wohlüberlegte Absicht der Grund des Verfahrens sei. Gewiss liegt gerade ein besonderer Reiz in derartigen Seitenblicken und dies hat Gauss selbst in gerechter Freude an seiner schönen und für unsere Mechanik grundlegenden Entdeckung hervorgehoben. Aber doch müssen wir uns gestehen, dass dieser Reiz nur ein Spiel mit dem Geheimnisvollen ist; im Ernste glauben wir selbst nicht an unser Vermögen, durch derartige Andeutungen halb schweigend das Welträtsel zu lösen. Unser eigenes Grundgesetz vermeidet solche Winke gänzlich. Indem es genau die Form des gewöhnlichen Träg-

heitsgesetzes annimmt, giebt es so gut wie dieses eine nackte Thatsache ohne jeden Schein einer Begründung derselben. In demselben
Masse, in wechem es dadurch ärmer und ungeschmückter erscheint,
in demselben Masse ist es ehrlicher und wahrer. Doch vielleicht
verführt mich die Vorliebe für die kleine Abänderung, welche ich
selbst an dem GAUSS'schen Prinzip angebracht habe, dass ich Vorzüge in ihr erblicke, welche fremden Augen notwendig verborgen
sind. Sicher aber wird man, denke ich, dagegen zustimmen, wenn
ich als dritten Nutzen unserer Methode anführe, dass dieselbe ein
helles Licht auf die von HAMILTON erfundene Behandlungsweise
mechanischer Probleme mit Hilfe charakteristischer Funktionen wirft.
Diese Behandlungsweise hat in den sechzig Jahren ihres Bestehens
Anerkennung und Ruhm genug gefunden, aber sie ist doch mehr
aufgefasst und behandelt worden wie ein neuer Seitenzweig der
Mechanik, dessen Wachstum und Weiterbildung neben der gewöhnlichen Methode und unabhängig von derselben vor sich zu gehen
habe. In unserer Form der mathematischen Darstellung aber trägt
die HAMILTON'sche Methode nicht den Charakter eines Seitenzweiges,
sondern sie erscheint als die gerade, naturgemässe und sozusagen
selbstverständliche Fortsetzung der elementaren Aussagen in allen
den Fällen, in welchen sie überhaupt anwendbar ist. Auch das
lässt unsere Darstellungsweise klar hervortreten, dass die HAMILTON'-
sche Behandlungsweise nicht in den besonderen physikalischen Grundlagen der Mechanik ihre Wurzeln hat, wie man wohl gewöhnlich
annimmt, sondern dass sie im Grunde genommen eine rein geometrische
Methode ist, welche begründet und ausgebildet werden kann, ganz
unabhängig von der Mechanik, und welche mit dieser in keiner
engeren Beziehung steht, als alle andere von der Mechanik benutzte
geometrische Erkenntnis auch. Übrigens ist es von den Mathematikern seit lange bemerkt worden, dass die HAMILTON'sche Methode
rein geometrische Wahrheiten enthält und zum klaren Ausdruck derselben eine eigentümliche, ihr angepasste Ausdrucksweise geradezu
fordert. Nur ist diese Thatsache in etwas verwirrender Form zu
Tage getreten, nämlich in den Analogieen, welche man beim Verfolg
der HAMILTON'schen Gedanken zwischen der gewöhnlichen Mechanik
und der Geometrie eines vieldimensionalen Raumes gefunden hat.
Unsere Ausdrucksweise giebt eine einfache und verständliche Erklärung dieser Analogieen; sie gestattet auch die Vorteile derselben
zu geniessen und sie vermeidet doch die Unnatürlichkeit, welche in

der Verquickung eines Zweiges der Physik mit aussersinnlichen
Abstraktionen liegt.

Wir haben nunmehr unser drittes Bild der Mechanik nach Inhalt und Form soweit geschildert, als es angeht ohne dem Buche
selbst vorzugreifen; zugleich hinreichend, um es den beabsichtigten
Fragen nach seiner Zulässigkeit, seiner Richtigkeit und seiner Zweckmässigkeit unterwerfen zu können. Was zunächst die logische Zulässigkeit des entworfenen Bildes anlangt, so denke ich, dass dieselbe
selbst strengen Anforderungen genügen könne, und hoffe, dass diese
Meinung der Zustimmung begegnen möge. Ich lege auf diesen Vorzug der Darstellung das grösste Gewicht, ja einzig Gewicht. Ob das
entworfene Bild zweckmässiger ist, als ein anderes, ob es fähig ist
alle zukünftige Erfahrung zu umfassen, ja ob es auch nur alle gegenwärtige Erfahrung umfasst, alles dies ist mir fast nichts gegen die
Frage, ob es in sich abgeschlossen, rein und widerspruchsfrei ist.
Denn nicht deshalb habe ich es zu zeichnen versucht, weil die
Mechanik nicht bereits für ihre Anwendungen genügend Zweckmässigkeit zeigte, noch weil dieselbe mit der Erfahrung irgend in Wider-
streit geraten wäre, sondern allein um mich von dem drückenden
Gefühle zu befreien, dass ihre Elemente nicht frei seien von Dunkelheiten und Unverständlichkeiten für mich. Nicht das einzig mögliche
Bild der mechanischen Vorgänge, noch auch das beste Bild, sondern
überhaupt nur ein begreifbares Bild wollte ich suchen und an einem
Beispiel zeigen, dass ein solches möglich sei und wie es etwa aussehen müsse. Die Vollkommenheit ist uns freilich in jeder Richtung
unerreichbar, und ich muss mir gestehen, dass trotz vieler Mühe das
erlangte Bild nicht in allen Punkten von so überzeugender Klarheit
ist, dass es nicht dem Zweifel ausgesetzt und der Verteidigung be-
dürftig wäre. Doch scheint mir von Einwänden allgemeiner Art nur
ein einziger hinreichend nahe zu liegen, dass es sich lohnt, ihn
vorwegzunehmen und abzuschneiden. Er betrifft die Natur der starren
Verbindungen, welche wir zwischen den Massen annehmen, und
welche wir auch in unserem System auf keine Weise entbehren
können. Viele Physiker werden zunächst der Ansicht sein, dass mit
diesen Verbindungen doch schon Kräfte in die Elemente der Mechanik
eingeführt und zwar in heimlicher und deshalb unerlaubter Weise
eingeführt seien. Denn — so werden sie sagen — starre Verbindungen sind nicht denkbar ohne Kräfte; starre Verbindungen können
nicht auf andere Weise zu stande kommen, als indem sie durch
Kräfte erzwungen werden. Wir antworten darauf: Eure Behauptung

ist allerdings richtig für die Denkweise der gewöhnlichen Mechanik,
aber sie ist nicht richtig unabhängig von dieser Denkweise; sie erscheint nicht zwingend dem Geist, welcher die Sache unbefangen
und wie zum erstenmal betrachtet. Gesetzt wir finden, auf welche
Weise auch immer, dass der Abstand zweier bestimmter punktförmiger
Massen zu allen Zeiten und unter allen Umständen derselbe bleibt,
so können wir dieser Thatsache Ausdruck verleihen, ohne andere
als räumliche Vorstellungen zu benutzen und die ausgesagte Thatsache hat als Thatsache für die Voraussicht zukünftiger Erfahrung
und für alle andern Zwecke ihren Wert unabhängig von einer et-
waigen Erklärung, welche wir besitzen oder nicht besitzen. Auf
keinen Fall wird der Wert der Thatsache erhöht oder unser Verständnis von ihr verbessert dadurch, dass wir sie in der Form mitteilen: Zwischen jenen Massen wirke eine Kraft, welche ihren Abstand konstant hält, oder: Zwischen ihnen sei eine Kraft thätig,
welche verhindert, dass sich ihr Abstand von seinem festen Wert
entferne. Aber — so wird man uns wieder einwenden — wir sehen
ja, dass die letztere Erklärung, obwohl scheinbar nur eine lächerliche
Umschreibung, gleichwohl richtig ist. Denn alle Verbindungen der
wirklichen Welt sind nur angenähert starr und der Schein der Starr-
heit wird nur dadurch hervorgebracht, dass die elastischen Kräfte
die kleinen Abweichungen von der Ruhelage beständig wieder vernichten. Wir antworten: Von solchen starren Verbindungen der
greifbaren Körper, welche nur angenähert verwirklicht sind, wird
unsere Mechanik selbstverständlich als Thatsache auch nur aussagen,
dass ihnen angenähert genügt werde und zu dieser Aussage, auf
welche es ankommt, bedarf sie wiederum des Begriffs der Kraft nicht.
Will unsere Mechanik aber in zweiter Annäherung die Abweichungen
und damit die elastischen Kräfte berücksichtigen, so wird sie für
diese wie für alle Kräfte eine dynamische Erklärung annehmen; bei
der Suche nach den wirklich starren Verbindungen wird sie vielleicht
zur Welt der Atome hinabzusteigen haben, aber diese Erörterungen
sind hier nicht am Platze, sie berühren nicht mehr die Frage, ob es
logisch zulässig sei, feste Verbindungen unabhängig von und vor
den Kräften zu behandeln. Dass diese Frage zu bejahen sei und nur
dies wünschten wir zu erweisen und glaubten wir erwiesen zu haben.
Steht aber dies fest, so können wir aus der Natur der festen Verbindungen die Eigenschaften der Kräfte und ihr Verhalten ableiten
ohne uns damit einer petitio principii schuldig gemacht zu haben.

Andere Einwände ähnlicher Art sind möglich, können aber, wie ich glaube, in ähnlicher Art erledigt werden.

Dem Wunsche, die logische Reinheit des Systems auch in allen Einzelheiten zu erweisen, habe ich dadurch Ausdruck gegeben, dass ich für die Darstellung die ältere synthetische Form benutzt habe. Diese Form bietet für jenen Zweck schon darin einen gewissen Vorteil, dass sie uns zwingt, jeder wesentlichen Aussage den beabsichtigten logischen Wert in abwechslungsarmer aber bestimmter Angabe vorauszuschicken. Dadurch werden die bequemen Vorbehalte und Vieldeutigkeiten unmöglich gemacht, zu welchen die gewöhnliche Sprache durch den Reichtum ihrer Verknüpfung verlockt. Der wichtigste Vorteil der gewählten Form ist aber dieser, dass sie stets nur auf Vorbewiesenes sich beruft, niemals auf später zu erweisendes, so dass man der ganzen Kette sicher ist, wenn man beim Vorwärtsschreiten nur jedes einzelne Glied genügend prüft. In dieser Hinsicht habe ich den Pflichten dieser Art der Darstellung mit Strenge zu genügen gesucht. Im übrigen ist es selbstverständlich, dass die Form allein vor Irrtum und Übersehen keinen Schutz gewähren kann und bitte ich etwa eingeflossene Fehler nicht um des etwas anspruchsvollen Vortrags willen strenger zu beurteilen. Ich hoffe, solche Fehler werden stets verbesserungsfähig sein und daher keinen wesentlichen Punkt betreffen. Bisweilen bin ich übrigens bewusster Weise zur Vermeidung allzu grosser Weitläufigkeit hinter der vollen Schärfe zurückgeblieben, welche die Darstellungsweise eigentlich fordert. Es bedarf keiner besonderen Begründung, dass ich den Betrachtungen der eigentlichen Mechanik, welche von physikalischer Erfahrung abhängt, diejenigen Beziehungen vorausgeschickt habe, welche allein Folge der gewählten Definitionen und mathematischer Notwendigkeit sind, und welche, wenn überhaupt, so doch jedenfalls in anderm Sinne als jene mit der Erfahrung zusammenhängen. Nichts hindert übrigens den Leser, mit dem zweiten Buche zu beginnen. Die durchsichtige Analogie mit der Mechanik des einzelnen Punktes und der bekannte Stoff werden ihn den Sinn der vorgetragenen Sätze leicht erraten lassen. Hat er der benutzten Redeweise Zweckmässigkeit zugebilligt, so ist immer noch Zeit, dass er sich aus dem ersten Buche von ihrer Zulässigkeit überzeuge.

Wenden wir uns jetzt der zweiten wesentlichen Forderung zu, welcher unser Bild zu genügen hat, so ist es zunächst unzweifelhaft, dass das System sehr viele natürliche Bewegungen richtig darstellt. Allein nach den Ansprüchen des Systems genügt dies nicht; es muss als notwendige Ergänzung die Behauptung dahin erweitert werden, dass das System alle natürlichen Bewegungen ohne Ausnahme umfasse. Auch dies kann man, denke ich, behaupten, wenigstens in dem Sinne, dass sich zur Zeit keine bestimmten Erscheinungen angeben lassen, welche dem System nachweislich widersprächen. Es ist freilich klar, dass die Ausdehnung auf alle Erscheinungen einer scharfen Prüfung nicht zugänglich ist, dass daher das System über das Ergebnis sicherer Erfahrung ein wenig hinausgeht und also den Charakter einer Hypothese trägt, welche versuchsweise angenommen wird und auf plötzliche Widerlegung durch ein einziges Beispiel oder allmähliche Bestätigung durch sehr viele Beispiele wartet. Vornehmlich sind es zwei Stellen, an welchen ein Hinausgehen über sichere Erfahrung stattfindet: Die eine betrifft unsere Beschränkung der möglichen Zusammenhänge, die andere betrifft die dynamische Erklärung der Kräfte. Mit welchem Rechte können wir versichern, dass alle Zusammenhänge der Natur durch lineare Differentialgleichungen erster Ordnung sich ausdrücken lassen? Diese Annahme ist für uns nicht eine nebensächliche, welche wir auch fallen lassen könnten; mit ihr fiele unsere Mechanik; denn es fragt sich, ob auf Verbindungen allgemeinster Art unser Grundgesetz anwendbar bliebe. Und doch sind Verbindungen allgemeinerer Art nicht nur vorstellbar, sie werden auch in der gewöhnlichen Mechanik ohne Bedenken zugelassen. Dort hindert uns nichts, die Bewegung eines Punktes zu untersuchen, dessen Bahn der einzigen Beschränkung unterworfen ist, dass sie mit einer gegebenen Ebene einen gegebenen Winkel bilde, oder dass ihr Krümmungshalbmesser beständig einer gegebenen anderen Länge proportional sei. Diese Bedingungen fallen schon nicht mehr unter diejenigen, welche unsere Mechanik zulässt. Woher nehmen wir aber die Gewissheit, dass sie auch durch die Natur der Dinge ausgeschlossen seien? Wir können erwidern, dass man vergeblich versuche, diese und ähnliche Verbindungen durch ausführbare Mechanismen zu verwirklichen und wir können uns in dieser Ansicht auf die gewaltige Autorität von Helmholtz's berufen. Aber in jedem Beispiel können Möglichkeiten übersehen worden sein, und noch so viele Beispiele würden nicht hinreichen, die allgemeine Behauptung zu erweisen. Mit mehr Recht können wir, wie mir scheint, als Grund unserer Überzeugung anführen, dass alle Verbindungen eines Systems, welche aus dem Rahmen unserer Mechanik heraustreten, in dem einen oder in dem andern Sinne eine unstetige Aneinanderreihung seiner möglichen Bewegungen bedeuten würden, dass es aber in der

That eine Erfahrung allgemeinster Art sei, dass die Natur im Un-
endlichkleinen überall und in jedem Sinne Stetigkeit aufweise, eine
Erfahrung, die sich in dem alten Satze „natura non facit saltus“,
zu fester Überzeugung verdichtet hat. Ich habe deshalb auch im
Texte Wert darauf gelegt, die zugelassenen Verbindungen allein
durch ihre Stetigkeit zu definieren, und ihre Eigenschaft, sich durch
Gleichungen bestimmter Form darstellen zu lassen, erst aus jener abzuleiten. Eigentliche Sicherheit wird indessen auch so nicht erlangt.
Denn die Unbestimmtheit jenes alten Satzes lässt es zweifelhaft erscheinen, ob die Grenzen seiner berechtigten Tragweite hinreichend
feststehen und wieweit er überhaupt das Ergebnis wirklicher Erfahrung, wieweit das Ergebnis willkürlicher Voraussetzung ist. Am
gewissenhaftesten wird es daher sein, zuzugeben, dass unsere Annahme über die zulässigen Verbindungen den Charakter einer versuchsweise angenommenen Hypothese trage. Ganz ähnlich liegen
die Dinge in betreff der dynamischen Erklärung der Kräfte. Wir
können allerdings zeigen, dass gewisse Klassen verborgener Bewegungen Kräfte erzeugen, welche, wie die Fernkräfte der Natur, sich
mit beliebiger Annäherung als Ableitungen von Kräftefunktionen
darstellen lassen. Es stellt sich auch heraus, dass die Formen dieser
Kräftefunktionen sehr allgemeiner Natur sein können und wir leiten
in der That gar keine Einschränkungen derselben ab. Aber auf der
anderen Seite bleiben wir auch den Beweis schuldig, dass sich jede
beliebige Form der Kräftefunktionen erzielen lässt und es bleibt daher
die Frage offen, ob nicht etwa gerade eine der in der Natur vorkommenden Formen einer solchen Erklärungsweise sich entzieht. Es
bleibt auch hier abzuwarten, ob die Zeit unsere Annahme widerlegen
oder durch das Ausbleiben einer Widerlegung mehr und mehr wahrscheinlich machen wird. Ein gutes Vorzeichen können wir darin
sehen, dass die Ansicht vieler ausgezeichneter Physiker sich der Hypothese immer mehr zuneigt. Ich erinnere nochmals an die Wirbel-
theorie der Atome von Lord Kelvin, welche uns ein Bild des materiellen Weltganzen vorführt, wie es mit den Prinzipien unserer
Mechanik in vollem Einklange ist. Und doch verlangt unsere
Mechanik keineswegs eine so grosse Einfachheit und Beschränkung
der Voraussetzungen, wie sie sich Lord Kelvin auferlegt hat. Wir
würden unsere Grundsätze noch nicht verlassen, wenn wir annähmen,
dass die Wirbel um starre oder um biegsame, aber unausdehnbare
Kerne kreisten und auch das welterfüllende Medium könnten wir
anstatt der blossen Inkompressibilität viel verwickelteren Bedingungen

unterwerfen, deren allgemeinste Form noch zu untersuchen wäre. Es erscheint also keineswegs ausgeschlossen, dass wir mit den von unserer Mechanik zugelassenen Hypothesen zur Erklärung der Erscheinungen auch ausreichen. Einen Vorbehalt müssen wir indessen hier einschalten. Es ist gewiss gerechtfertigte Vorsicht, wenn wir im Texte das Gebiet unserer Mechanik ausdrücklich beschränken auf die unbelebte Natur und die Frage vollkommen offen lassen, wie weit sich ihre Gesetze darüber hinaus erstrecken. In Wahrheit liegt die Sache ja so, dass wir weder behaupten können, dass die inneren Vorgänge der Lebewesen denselben Gesetzen folgen, wie die Bewegungen der leblosen Körper, noch auch behaupten können, dass sie andern Gesetzen folgen. Der Anschein aber und die gewöhnliche Meinung spricht für einen grundsätzlichen Unterschied. Und dasselbe Gefühl, welches uns antreibt, aus der Mechanik der leblosen Welt jede Andeutung einer Absicht, einer Empfindung, der Lust und des Schmerzes, als fremdartig auszuscheiden, dasselbe Gefühl lässt uns Bedenken tragen, unser Bild der belebten Welt dieser reicheren und bunteren Vorstellungen zu berauben. Unser Grundgesetz, vielleicht ausreichend die Bewegung der toten Materie darzustellen, erscheint wenigstens der flüchtigen Schätzung zu einfach und zu beschränkt, um die Mannigfaltigkeit selbst des niedrigsten Lebensvorganges wiederzugeben. Dass dem so ist, scheint mir nicht ein Nachteil, sondern eher ein Vorzug unseres Gesetzes. Eben weil es uns gestattet das Ganze der Mechanik umfassend zu überblicken, zeigt es uns auch die Grenzen dieses Ganzen. Eben weil es uns nur eine Thatsache giebt, ohne derselben den Schein der Notwendigkeit beizulegen, lässt es uns erkennen, dass alles auch anders sein könnte. Vielleicht wird man solche Erörterungen an dieser Stelle für überflüssig halten. In der That ist man auch nicht gewöhnt, sie in der gewöhnlichen Darstellung der Mechanik bei den Elementen behandelt zu sehen. Aber dort gewährt die völlige Unbestimmtheit der eingeführten Kräfte noch einen weiten Spielraum. Man behält sich stillschweigend vor, später etwa einen Gegensatz zwischen den Kräften der belebten und der unbelebten Natur festzustellen. In unserer Darstellung ist das betrachtete Bild von vornherein so scharf umrissen, dass sich nachträglich kaum mehr tief eingreifende Einteilungen werden vornehmen lassen. Wollen wir daher die aufgeworfene Frage nicht überhaupt ignorieren, so müssen wir gleich im Eingang Stellung zu derselben nehmen.

Über die Zweckmässigkeit unseres dritten Bildes können wir uns

ziemlich kurz fassen. Wir können aussagen, dass dieselbe, wie der
Inhalt des Buches zeigen soll, nach Deutlichkeit und Einfachheit etwa
derjenigen gleichkommt, welche wir dem zweiten Bilde zusprachen,
und dass wir dieselben Vorzüge, welche wir dort rühmten, auch hier
hervorheben können. Allerdings ist der Umkreis der zugelassenen
Möglichkeiten hier nicht ganz so eng gezogen wie dort, da diejenigen
starren Verbindungen, deren Fehlen wir dort hervorhoben, hier durch
die Grundannahmen nicht ausgeschlossen sind. Aber diese Erweiterung entspricht der Natur und ist daher ein Vorzug; auch hindert
sie nicht, die allgemeinen Eigenschaften der natürlichen Kräfte herzuleiten, in welchen die Bedeutung des zweiten Bildes lag. Einfachheit besteht hier wie dort zunächst im Sinne der physikalischen Anwendung. Auch hier können wir unsere Betrachtung auf beliebige
der Beobachtung zugängliche Merkmale der materiellen Systeme beschränken, und aus ihren vergangenen Veränderungen durch Anwendung des Grundgesetzes die zukünftigen ableiten, ohne dass wir nötig
hätten, die Lagen aller Einzelmassen des Systems zu kennen und ohne
dass wir nötig hätten, diese Unkenntnis durch willkürliche, einflusslose und wahrscheinlich falsche Hypothesen zu überdecken und zu
bemänteln. Im Gegensatz zum zweiten Bilde besitzt aber unser
drittes Einfachheit auch in dem Sinne, dass sich seine Vorstellungen
der Natur so anschmiegen, dass die wesentlichen Beziehungen der
Natur durch einfache Beziehungen zwischen den Begriffen wiedergegeben werden. Das zeigt sich nicht nur im Grundgesetze selbst, sondern auch in den zahlreichen allgemeinen Folgerungen desselben,
welche den sogenannten Prinzipien der Mechanik entsprechen. Es
muss allerdings zugegeben werden, dass diese Einfachheit nur eintritt,
so lange wir es mit vollständig bekannten Systemen zu thun haben,
und dass sie wieder verschwindet, sobald verborgene Massen sich
einmischen. Aber auch in diesen Fällen liegt dann der Grund der
Verwickelung klar auf der Hand; wir verstehen, dass der Verlust
der Einfachheit nicht in der Natur, sondern in unserer mangelhaften
Kenntnis derselben beruht; wir begreifen, dass die eintretenden
Komplikationen nicht allein eine mögliche, sondern die notwendige
Folge unserer besonderen Voraussetzungen sind. Auch das muss
zugegeben werden, dass die Mitwirkung verborgener Massen, welche
vom Standpunkte unserer Mechanik aus der entlegene und besondere
Fall ist, dass diese Mitwirkung gerade der gewöhnliche Fall der
Probleme des täglichen Lebens und der Technik ist. Daher ist es
auch nützlich, hier nochmals zu betonen, dass wir von einer Zweck-

mässigkeit überhaupt nur geredet haben in einem besonderem Sinne, nämlich im Sinne eines Geistes, welcher ohne Rücksicht auf die zufällige Stellung des Menschen in der Natur das Ganze unserer physikalischen Erkenntnis objektiv zu umfassen und in einfacher Weise darzustellen sucht; dass wir aber keineswegs redeten von einer Zweckmässigkeit im Sinne der praktischen Anwendung und der Bedürfnisse des Menschen. In betreff dieser letzteren kann die für sie ausdrücklich erdachte und gewöhnliche Darstellung der Mechanik wohl niemals durch eine zweckmässigere ersetzt werden. Zu dieser Darstellung verhält sich die von uns hier vorgeführte etwa wie die systematische Grammatik einer Sprache zu einer Grammatik, welche den Lernenden möglichst bald erlauben soll, sich über die Notwendigkeiten des täglichen Lebens zu verständigen. Man weiss wie verschieden die Anforderungen an beide sind und wie verschieden ihre Anordnungen ausfallen müssen, wenn beide ihrem Zweck so genau wie möglich entsprechen sollen.

Blicken wir zum Schlusse noch einmal zurück auf die drei Bilder der Mechanik, welche wir vorgeführt haben und suchen wir einen letzten und endgültigen Vergleich zwischen ihnen anzustellen. Das zweite Bild lassen wir nach dem, was wir gesagt haben, fallen. Das erste und dritte Bild wollen wir gleichstellen in Bezug auf die Zulässigkeit, indem wir annehmen, dass dem ersten Bilde eine in logischer Hinsicht vollständig befriedigende Gestalt gegeben sei, wie wir angenommen haben, dass sie gegeben werden könne. Wir wollen beide Bilder auch gleichstellen in Bezug auf die Zweckmässigkeit, indem wir annehmen, dass man das erste Bild durch geeignete Zusätze ergänzt habe und indem wir annehmen, dass die nach verschiedener Richtung gehenden Vorzüge einander das Gleichgewicht halten. Dann bleibt als einziger Wertmassstab die Richtigkeit der Bilder, welche durch die Gewalt der Dinge bestimmt ist, und welche nicht in unserer Willkür liegt. Und hier machen wir nun die wichtige Bemerkung, dass nur das eine oder das andere jener Bilder, nicht aber beide gleichzeitig richtig sein können. Denn suchen wir die wesentlichen Beziehungen beider Darstellungen auf ihren kürzesten Ausdruck zu bringen, so können wir sagen: Das erste Bild nehme als letzte konstante Elemente in der Natur die relativen Beschleunigungen der Massen gegen einander an, aus diesen leite sie gelegentlich angenähert, aber auch nur angenähert feste Verhältnisse zwischen den Lagen ab. Das dritte Bild aber nehme als die streng unveränderlichen Elemente

der Natur feste Verhältnisse zwischen den Lagen an, aus diesen leite sie,
wo die Erscheinungen es erfordern, angenähert, aber auch nur angenähert unveränderliche relative Beschleunigungen zwischen den
Massen her. Könnten wir nun die Bewegungen der Natur nur genau
genug erkennen, so wüssten wir sogleich, ob in ihnen die relative
Beschleunigung oder ob die relativen Lagenverhältnisse der Massen
oder ob beide nur angenähert unveränderlich sind. Wir wüssten
dann auch sogleich, welche von unseren beiden Annahmen falsch ist
oder ob beide falsch sind, denn richtig können nicht beide gleichzeitig
sein. Die grösste Einfachheit steht auf seiten des dritten Bildes.
Was uns zwingt, gleichwohl zunächst zu Gunsten des ersten zu entscheiden, ist der Umstand, dass wir wirklich in den Fernkräften
relative Beschleunigungen aufweisen können, welche bis an die Grenze
unserer Beobachtung unveränderlich scheinen, während alle festen Verbindungen zwischen den Lagen der greifbaren Körper schon innerhalb
der Wahrnehmung unserer Sinne sich schnell nur angenähert als
konstant erweisen. Aber dies Verhältnis ändert sich zu Gunsten des
dritten Bildes, sobald die verfeinerte Erkenntnis uns etwa zeigt, dass
die Annahme unveränderlicher Fernkräfte nur eine erste Annäherung
an die Wahrheit liefert, welcher Fall in dem Gebiete der elektrischen
und magnetischen Kräfte bereits eingetreten ist. Und die Wage
schlägt vollends über zu Gunsten des dritten Bildes, sobald eine zweite
Annäherung an die Wahrheit dadurch erzielt werden kann, dass man
die vermeintliche Wirkung der Fernkräfte zurückführt auf Bewegungsvorgänge in einem raumerfüllenden Mittel, dessen kleinste Teile starren
Verbindungen unterliegen, ein Fall der gleichfalls in dem erwähnten
Gebiete nahezu verwirklicht erscheint. Hier also liegt das Feld, auf
welchem auch der Entscheidungskampf zwischen den verschiedenen
von uns betrachteten Grundannahmen der Mechanik ausgefochten
werden muss. Die Entscheidung selbst aber setzt voraus, dass vorher
die vorhandenen Möglichkeiten nach allen Richtungen hin gründlich
erwogen seien. Sie nach einer besonderen Richtung zu entwickeln,
ist der Zweck der vorliegenden Arbeit. Diese Arbeit ist also notwendig gewesen, auch wenn es noch lange dauern sollte, bis eine
Entscheidung möglich ist, und auch dann, wenn diese Entscheidung
schliesslich zu Ungunsten des hier ausführlich entwickelten Bildes
ausfallen sollte.

Aus dem Vorworte von H. VON HELMHOLTZ zur Mechanik von HERTZ.

..... Wie sehr das Nachsinnen von HERTZ auf die allgemeinsten Gesichtspunkte der Wissenschaft gerichtet war, zeigt auch wieder das letzte Denkmal seiner irdischen Thätigkeit, das vorliegende Buch über die Prinzipien der Mechanik.

Er hat versucht, darin eine konsequent durchgeführte Darstellung eines vollständig in sich zusammenhängenden Systems der Mechanik zu geben und alle einzelnen besonderen Gesetze dieser Wissenschaft aus einem einzigen Grundgesetz abzuleiten, welches logisch genommen natürlich nur als eine plausible Annahme betrachtet werden kann. Er ist dabei zu den ältesten theoretischen Anschauungen zurück-gekehrt, die man eben deshalb auch wohl als die einfachsten und natürlichsten ansehen darf, und stellt die Frage, ob diese nicht ausreichen würden, alle die neuerdings abgeleiteten allgemeinen Prinzipien der Mechanik konsequent und in strengen Beweisen herleiten zu können, auch wo sie bisher nur als induktive Verallgemeinerungen aufge-treten sind.

Die erste Entwickelung der wissenschaftlichen Mechanik knüpfte sich an die Untersuchungen des Gleichgewichts und der Bewegung fester Körper, die mit einander in unmittelbarer Berührung stehen, wofür die einfachen Maschinen, Hebel, Rollen, schiefe Ebenen, Flaschen-züge die erläuternden Beispiele gaben. Das Gesetz von den virtuellen Geschwindigkeiten ist die ursprünglichste, allgemeine Lösung aller dahin gehörigen Aufgaben. Später entwickelte GALILEI die Kenntnis der Trägheit und der Bewegungskraft als einer beschleunigenden Kraft, die freilich von ihm noch dargestellt wird als eine Reihe von Stössen. Erst NEWTON kam zum Begriff der Fernkraft und ihrer

näheren Bestimmung durch das Prinzip der gleichen Aktion und
Reaktion. Es ist bekannt, wie sehr anfangs ihm selbst und seinen
Zeitgenossen der Begriff unvermittelter Fernwirkung widerstrebte.

Von da ab entwickelte sich die Mechanik weiter unter Benutzung
von NEWTON's Begriff und Definition der Kraft, und man lernte
allmählich auch die Probleme behandeln, in denen sich konservative
Fernkräfte mit dem Einfluss fester Verbindungen kombinieren, deren
allgemeinste Lösung in D'ALEMBERT'S Prinzip gegeben ist. Die allgemeinen prinzipiellen Sätze der Mechanik (Gesetz von der Bewegung
des Schwerpunkts, der Flächensatz für rotierende Systeme, das
Prinzip von der Erhaltung der lebendigen Kräfte, das Prinzip der
kleinsten Aktion) haben sich alle entwickelt unter der Voraussetzung
von NEWTON's Attributen der konstanten, also auch konservativen
Anziehungskräfte zwischen materiellen Punkten und der Existenz
fester Verbindungen zwischen denselben. Sie sind ursprünglich nur
unter der Annahme solcher gefunden und b e w i e s e n worden. Man
hat dann später durch Beobachtung gefunden, dass die so hergeleiteten
Sätze eine viel allgemeinere Geltung in der Natur in Anspruch
nehmen durften, als aus ihrem Beweise folgte, und hat demnächst
gefolgert, dass gewisse allgemeinere Charaktere der NEWTON'schen
konservativen Anziehungskräfte allen Naturkräften zukommen, vermochte aber diese Verallgemeinerung aus einer gemeinsamen Grundlage nicht abzuleiten. HERTZ hat sich nun bestrebt, für die Mechanik
eine solche Grundanschauung zu finden, welche fähig wäre, eine vollkommene folgerichtige Ableitung aller bisher als allgemeingültig
anerkannten Gesetze der mechanischen Vorgänge zu geben, und er
hat das mit grossem Scharfsinn und unter einer sehr bewunderungs-
würdigen Bildung eigentümlich verallgemeinerter kinematischer Begriffe durchgeführt. Als einzigen Ausgangspunkt hat er die Anschauung
der ältesten mechanischen Theorien gewählt, nämlich die Vorstellung,
dass alle mechanischen Prozesse so vor sich gehen, als ob alle Verbindungen zwischen den auf einander wirkenden Teilen feste wären.
Freilich muss er die Hypothese hinzunehmen, dass es eine grosse
Anzahl unwahrnehmbarer Massen und unsichtbarer Bewegungen derselben gebe, um dadurch die Existenz der Kräfte zwischen den nicht
in unmittelbarer Berührung mit einander befindlichen Körpern zu
erklären. Einzelne Beispiele, die erläutern könnten, wie er sich solche
hypothetischen Zwischenglieder dachte, hat er aber leider nicht mehr
gegeben, und es wird offenbar noch ein grosses Aufgebot wissen-
schaftlicher Einbildungskraft dazu gehören, um auch nur die einfachsten

Fälle physikalischer Kräfte danach zu erklären. Er scheint hierbei hauptsächlich auf die Zwischenhaltung cyklischer Systeme mit unsichtbaren Bewegungen Hoffnung gesetzt zu haben.

Englische Physiker, wie Lord KELVIN in seiner Theorie der Wirbelatome, und MAXWELL in seiner Annahme eines Systems von Zellen mit rotierendem Inhalt, die er seinem Versuch einer mechanischen Erklärung der elektromagnetischen Vorgänge zu Grunde gelegt hat, haben sich offenbar durch ähnliche Erklärungen besser befriedigt gefühlt, als durch die blosse allgemeinste Darstellung der Thatsachen und ihrer Gesetze, wie sie durch die Systeme der Differentialgleichungen der Physik gegeben wird. Ich muss gestehen, dass ich selbst bisher an dieser letzteren Art der Darstellung festgehalten, und mich dadurch am besten gesichert fühlte; doch möchte ich gegen den Weg, den so hervorragende Physiker, wie die drei genannten, eingeschlagen haben, keine prinzipiellen Einwendungen erheben.

Freilich werden noch grosse Schwierigkeiten zu überwinden sein bei dem Bestreben, aus den von HERTZ entwickelten Grundlagen Erklärungen für die einzelnen Abschnitte der Physik zu geben. Im ganzen Zusammenhange aber ist die Darstellung der Grundgesetze der Mechanik von HERTZ ein Buch, welches im höchsten Grade jeden Leser interessieren muss, der an einem folgerichtigen System der Dynamik, dargelegt in höchst vollendeter und geistreicher mathematischer Fassung Freude hat. Möglicherweise wird dieses Buch in der Zukunft noch von hohem heuristischen Wert sein als Leitfaden zur Entdeckung neuer allgemeiner Charaktere der Naturkräfte.

Anhang:

Die Originaltexte

von

Galilei, Newton, d'Alembert, Lagrange

mit Bemerkungen über die zugrundegelegten Ausgaben.

Galilei.

De subjecto vetustissimo novissimam promovemus scientiam: M o t u nil forte antiquius in natura, et circa eum volumina nec pauca nec parva a philosophis conscripta reperiuntur. Symptomatum tamen, quae complura et scitu digna insunt in eo, adhuc inobservata, necdum demonstrata comperio. Leviora quaedam adnotantur: ut gratia exempli, naturalem motum gravium descendentium continue accelerari. Verum juxta quam proportionem ejus fiat acceleratio, proditum hucusque non est: nullus enim, quod sciam, demonstravit, spatia a mobili descendente ex quiete peracta in temporibus aequalibus, eam inter se retinere rationem, quam habent numeri impares ab unitate consequentes. Observatum est, missilia, seu projecta, lineam qualitercunque curvam designare; veruntamen eam esse Parabolam nemo prodidit. Haec ita esse, et alia non pauca, nec minus scitu digna, a me demonstrabuntur, et quod pluris faciendum censeo, aditus et accessus ad amplissimam, praestantissimamque scientiam, cujus hi nostri labores erunt elementa, recludetur; in qua ingenia meo perspicaciora abditiores recessus penetrabunt.

Tripartito dividimus hanc tractationem. In prima parte consideramus ea, quae spectant ad Motum aequabilem, seu uniformem. In secunda de Motu naturaliter accelerato scribimus. In tertia de Motu violento, seu de projectis.

De motu naturaliter accelerato.

Quae in motu aequabili contingunt accidentia, in praecedenti libro considerata sunt: modo de motu accelerato tractandum. Et primo, definitionem ei, quo utitur natura, apprime congruentem investigare, atque explicare convenit. Quamvis enim aliquam lationis speciem ex arbitrio confingere, et consequentes ejus passiones contemplari, non sit inconveniens (ita enim qui Helicas aut Conchoides lineas ex motibus quibusdam exortas, licet talibus non utatur natura, sibi finxerunt, earum symptomata ex suppositione demonstrarunt cum laude), tamen quandoquidem quadam accelerationis specie in suis quibusdam motibus, gravium scilicet descendentium, utitur natura, eorundem speculari passiones decrevimus, si eam quam allaturi sumus de nostro motu accelerato definitionem cum essentia motus naturaliter accelerati congruere contigerit. Quod tandem post diuturnas mentis agitationes reperiisse confidimus, ea potissimum ducti ratione, quia symptomatis deinceps a nobis demonstratis apprime respondere, atque congruere videntur ea, quae naturalia experimenta sensui repraesentant. Postremo ad investigationem motus naturaliter accelerati nos quasi manu duxit animadversio consuetudinis, atque instituti ipsiusmet naturae in ceteris suis operibus omnibus; in quibus exercendis, uti consuevit mediis primis, simplicissimis, facillimis: neminem enim esse arbitror, qui credat natatum, aut volatum simpliciori, aut faciliori modo exerceri posse, quam eo ipso, quo pisces et aves instinctu naturali utuntur. Dum igitur lapidem, ex sublimi a quiete descendentem, nova deinceps velocitatis acquirere incrementa animadverto, cur talia additamenta simplicissima, atque omnibus magis obvia ratione fieri non credam? Quod si attente inspiciamus, nullum additamentum, nullum incrementum magis simplex inveniemus, quam illud quod semper eodem modo superaddit. Quod facile intelligemus maximam temporis, atque motus affinitatem inspicientes: sicut enim motus aequabilitas et uniformitas per temporum, spatiorumque aequalitates definitur, atque concipitur (lationem enim tunc aequabilem appellamus, cum temporibus aequalibus aequalia conficiuntur spatia), ita per easdem aequalitates partium temporis, incrementa celeritatis simpliciter facta percipere possumus: mente concipientes motum illum uniformiter, eodemque modo continue acceleratum esse, cum temporibus quibuscunque aequalibus aequalia ei superaddantur celeritatis additamenta. Adeo ut sumptis quotcunque temporis particulis aequalibus a primo instanti, in quo mobile recedit a quiete, et descensum aggreditur, celeritatis gradus in prima cum secunda temporis particula acquisitus duplus sit gradus, quem acquisivit mobile in prima particula: gradus vero, quem obtinet in tribus particulis, triplus, quem in quatuor, quadruplus ejusdem gradus primi temporis. Ita ut (clarioris intelligentiae causa) si mobile lationem suam continuaret juxta gradum seu momentum velocitatis in prima temporis particula acquisitae, motumque suum deinceps aequabiliter cum tali gradu extenderet, latio haec duplo esset tardior ea, quam juxta gradum velocitatis in duabus temporis particulis acquisitae obtineret; et sic a recta ratione absonum nequaquam esse videtur, si accipiamus intensionem velocitatis fieri juxta temporis extensionem; ex quo definitio motus, de quo acturi sumus, talis accipi potest: Motum aequabiliter, seu uniformiter acceleratum dico illum, qui a quiete recedens, temporibus aequalibus aequalia celeritatis momenta sibi superaddit.

De motu projectorum.

Quae in motu aequabili contingunt accidentia, itemque in motu naturaliter accelerato super quascunque planorum inclinationes, supra consideravimus. In hac, quam modo aggredior, contemplatione, praecipua quaedam symptomata, eaque scitu digna in medium afferre conabor, eademque firmis demonstrationibus stabilire, quae mobili accidunt dum motu ex duplici latione composito, aequali nempe et naturaliter accelerato, movetur: hujusmodi autem videtur esse motus ille, quem de projectis dicimus; cujus generationem talem constituo.

Mobile quoddam super planum horizontale projectum mente concipio omni secluso impedimento: jam constat ex his, quae fusius alibi dicta sunt, illius motum aequabilem et perpetuum super ipso plano futurum esse, si planum in infinitum extendatur: si vero terminatum, et in sublimi positum intelligamus, mobile, quod gravitate praeditum concipio, ad plani terminum delatum, ulterius progrediens, aequabili atque indelebili priori lationi superaddet illam, quam a propria gravitate habet deorsum propensionem, indeque motus quidam emerget compositus ex aequabili horizontali, et ex deorsum naturaliter accelerato, quem projectionem voco. Cujus accidentia nonnulla demonstrabimus.

Newton.

Auctoris Praefatio ad Lectorem.

Cum veteres mechanicam (uti auctor est Pappus) in rerum naturalium investigatione maximi fecerint; et recentiores, missis formis substantialibus et qualitatibus occultis, phaenomena naturae ad leges mathematicas revocare aggressi sint: Visum est in hoc tractatu mathesin excolere, quatenus ea ad philosophiam spectat. Mechanicam vero duplicem veteres constituerunt: rationalem, quae per demonstrationes accurate procedit, et practicam. Ad practicam spectant artes omnes manuales, a quibus utique mechanica nomen mutuata est. Cum autem artifices parum accurate operari soleant, fit ut mechanica omnis a geometria ita distinguatur, ut quicquid accuratum sit ad geometriam referatur, quicquid minus accuratum ad mechanicam. Attamen errores non sunt artis, sed artificum. Qui minus accurate operatur, imperfectior est mechanicus, et si quis accuratissime operari posset, hic foret mechanicus omnium perfectissimus. Nam et linearum rectarum et circulorum descriptiones, in quibus geometria fundatur, ad mechanicam pertinent. Has lineas describere geometria non docet, sed postulat. Postulat enim ut tyro easdem accurate describere prius didicerit, quam limen attingat geometriae; dein, quomodo per has operationes problemata solvantur, docet; rectas et circulos describere problemata sunt, sed non geometrica. Ex mechanica postulatur horum solutio, in geometria docetur solutorum usus. Ac gloriatur geometria quod tam paucis principiis aliunde petitis tam multa praestet. Fundatur igitur geometria in praxi mechanica, et nihil aliud est quam mechanicae universalis pars illa, quae artem mensurandi accurate proponit ac demonstrat. Cum autem artes manuales in corporibus movendis praecipue versentur, fit ut geometria ad magnitudinem, mechanica ad motum vulgo referatur. Quo sensu mechanica rationalis erit scientia motuum, qui ex viribus quibuscunque resultant, et virium quae ad motus quoscunque requiruntur, accurate proposita ac demonstrata. Pars haec mechanicae a veteribus in potentiis quinque ad artes manuales spectantibus exculta fuit, qui gravitatem (cum potentia manualis non sit) vix aliter quam in ponderibus per potentias illas movendis considerarunt. Nos autem non artibus sed philosophiae consulentes, deque potentiis non manualibus sed naturalibus scribentes, ea maxime tractamus, quae ad gravitatem, levitatem, vim elasticam, resistentiam fluidorum et ejusmodi vires seu attractivas seu impulsivas spectant: Et eapropter, haec nostra tanquam philosophiae principia mathematica proponimus. Omnis enim philosophiae difficultas in eo versari videtur, ut a phaenomenis motuum investigemus vires naturae, deinde ab his viribus demonstremus phaenomena reliqua. Et huc spectant propositiones generales, quas libro primo et secundo pertractavimus. In libro autem tertio exemplum hujus rei proposuimus per explicationem systematis mundani. Ibi enim, ex phaenomenis caelestibus, per propositiones in libris prioribus mathematice demonstratas, derivantur vires gravitatis, quibus corpora ad solem et planetas singulos tendunt. Deinde ex his viribus per propositiones etiam mathematicas, deducuntur motus planetarum, cometarum, lunae et maris. Utinam caetera naturae phaenomena ex principiis mechanicis eodem argumentandi genere derivare liceret. Nam multa me movent, ut nonnihil suspicer ea omnia ex viribus quibusdam pendere posse, quibus corporum particulae per causas nondum cognitas vel in se mutuo impelluntur et secundum figuras regulares cohaerent, vel ab invicem fugantur et recedunt: quibus viribus ignotis, philosophi hactenus naturam frustra tentarunt. Spero autem quod vel huic philosophandi modo, vel veriori alicui, principia hic posita lucem aliquam praebebunt.

In his edendis, vir acutissimus et in omni literarum genere eruditissimus Edmundus Halleius operam navavit, nec solum typothetarum sphalmata correxit et schemata incidi curavit, sed etiam auctor fuit, ut horum editionem aggrederer. Quippe cum demonstratam a me figuram orbium caelestium impetraverat, rogare non destitit, ut eandem cum Societate Regali communicarem, quae deinde hortatibus et benignis suis auspiciis effecit, ut de eadem in lucem emittenda cogitare inciperem. At postquam motuum lunarium inaequalitates aggressus essem, deinde etiam alia tentare coepissem, quae ad leges et mensuras gravitatis et aliarum virium, et figuras a corporibus secundum datas quascunque leges attractis describendas, ad motus corporum plurium inter se, ad motus corporum in mediis resistentibus, ad vires, densitates et motus mediorum, ad orbes cometarum et similia spectant, editionem in aliud tempus differendam esse putavi, ut caetera rimarer et una in publicum darem. Quae ad motus lunares spectant (imperfecta cum sint) in corollariis propositionis LXVI simul complexus sum, ne singula methodo prolixiore quam pro rei dignitate proponere, et sigillatim demonstrare tenerer, et seriem reliquarum propositionum interrumpere. Nonnulla sero inventa locis

minus idoneis inserere malui, quam numerum propositionum et citationes
mutare. Ut omnia candide legantur, et defectus in materia tam difficili
non tam reprehendantur, quam novis lectorum conatibus investigentur, et
benigne suppleantur, enixe rogo.

> Dabam Cantabrigiae,
> e Collegio S. Trinitatis,
>   Maii 8. 1686.

IS. NEWTON.

Cotes (Newton).

Editoris Praefatio in Editionem Secundam.

Newtonianae philosophiae novam tibi, lector benevole, diuque desideratam editionem, plurimum nunc emendatam atque auctiorem exhibemus. Quae potissimum contineantur in hoc opere celeberrimo, intelligere potes ex indicibus adjectis: quae vel addantur vel immutentur, ipsa te fere docebit auctoris praefatio. Reliquum est, ut adjiciantur nonnulla de methodo hujus philosophiae.

Qui physicam tractandam susceperunt, ad tres fere classes revocari possunt. Extiterunt enim, qui singulis rerum speciebus qualitates specificas et occultas tribuerint; ex quibus deinde corporum singulorum operationes, ignota quadam ratione, pendere voluerunt. In hoc posita est summa doctrinae scholasticae, ab Aristotele et Peripateticis derivatae: Affirmant utique singulos effectus ex corporum singularibus naturis oriri; at unde sint illae naturae non docent; nihil itaque docent. Cumque toti sint in rerum nominibus, non in ipsis rebus, sermonem quendam philosophicum censendi sunt adinvenisse, philosophiam tradidisse non sunt censendi.

Alii ergo melioris diligentiae laudem consequi sperarunt rejecta vocabulorum inutili farragine. Statuerunt itaque materiam universam homogeneam esse, omnem vero formarum varietatem, quae in corporibus cernitur, ex particularum componentium simplicissimis quibusdam et intellectu facillimis affectionibus oriri. Et recte quidem progressio instituitur a simplicioribus ad magis composita, si particularum primariis illis affectionibus non alios tribuunt modos, quam quos ipsa tribuit natura. Verum ubi licentiam sibi assumunt, ponendi quascunque libet ignotas partium figuras et magnitudines, incertosque situs et motus; quin et fingendi fluida quaedam occulta, quae corporum poros liberrime permeent, omnipotente praedita subtilitate, motibusque occultis agitata; jam ad somnia delabuntur, neglecta rerum constitutione vera: quae sane frustra petenda est ex fallacibus conjecturis, cum vix etiam per certissimas observationes investigari possit. Qui speculationum suarum fundamentum desumunt ab hypothesibus; etiamsi deinde secundam

12

178 R. Cotes (Newton).

leges mechanicas accuratissime procedant; fabulam quidem elegantem forte et venustam, fabulam tamen concinnare dicendi sunt.

Relinquitur adeo tertium genus, qui philosophiam scilicet experimentalem profitentur. Hi quidem ex simplicissimis quibus possunt principiis rerum omnium causas derivandas esse volunt: nihil autem principii loco assumunt, quod nondum ex phaenomenis comprobatum fuerit. Hypotheses non comminiscuntur, neque in physicam recipiunt, nisi ut quaestiones de quarum veritate disputetur. Duplici itaque methodo incedunt, analytica et synthetica. Naturae vires legesque virium simpliciores ex selectis quibusdam phaenomenis per analysin deducunt, ex quibus deinde per synthesin reliquorum constitutionem tradunt. Haec illa est philosophandi ratio longe optima, quam prae caeteris merito amplectendum censuit celeberrimus auctor noster. Hanc solam utique dignam judicavit, in qua excolenda atque adornanda operam suam collocaret. Hujus igitur illustrissimum dedit exemplum, mundani nempe systematis explicationem e theoria gravitatis felicissime deductam. Gravitatis virtutem universis corporibus inesse, suspicati sunt vel finxerunt alii: primus ille et solus ex apparentiis demonstrare potuit, et speculationibus egregiis firmissimum ponere fundamentum.

Scio equidem nonnullos magni etiam nominis viros, praejudiciis quibusdam plus aequo occupatos, huic novo principio aegre assentiri potuisse, et certis incerta identidem praetulisse. Horum famam vellicare non est animus: tibi potius, benevole lector, illa paucis exponere lubet, ex quibus tute ipse judicium non iniquum feras.

Igitur ut argumenti sumatur exordium a simplicissimis et proximis; dispiciamus paulisper qualis sit in terrestribus natura gravitatis, ut deinde tutius progrediamur ubi ad corpora caelestia, longissime a sedibus nostris remota, perventum fuerit. Convenit jam inter omnes philosophos, corpora universa circumterrestria gravitare in terram. Nulla dari corpora vere levia, jamdudum confirmavit experientia multiplex. Quae dicitur levitas relativa, non est vera levitas, sed apparens solummodo; et oritur a praepollente gravitate corporum contiguorum.

Porro, ut corpora universa gravitent in terram, ita terra vicissim in corpora aequaliter gravitat; gravitatis enim actionem esse mutuam et utrinque aequalem, sic ostenditur. Distinguatur terrae totius moles in binas quascunque partes, vel aequales vel utcunque inaequales: jam si pondera partium non essent in se mutuo aequalia; cederet pondus minus majori, et partes conjunctae pergerent recta moveri ad infinitum, versus plagam in quam tendit pondus majus: omnino contra experientiam. Itaque dicendum erit, pondera partium in aequilibrio esse constituta: hoc est, gravitatis actionem esse mutuam et utrinque aequalem.

Pondera corporum, aequaliter a centro terrae distantium, sunt ut quantitates materiae in corporibus. Hoc utique colligitur ex aequali acceleratione corporum omnium, e quiete per ponderum vires cadentium: nam vires quibus inaequalia corpora aequaliter accelerantur, debent esse proportionales quantitatibus materiae movendae. Jam vero corpora universa cadentia aequaliter accelerari, ex eo patet, quod in vacuo Boyliano temporibus aequalibus aequalia spatia cadendo describunt, sublata scilicet aëris resistentia: accuratius autem comprobatur per experimenta pendulorum.

Vires attractivae corporum, in aequalibus distantiis, sunt ut quantitates materiae in corporibus. Nam cum corpora in terram et terra vicissim in corpora momentis aequalibus gravitent; terrae pondus in unumquodque corpus, seu vis qua corpus terram attrahit, aequabitur ponderi corporis ejusdem in terram. Hoc autem pondus erat ut quantitas materiae in corpore: itaque vis qua corpus unumquodque terram attrahit, sive corporis vis absoluta, erit ut eadem quantitas materiae.

Oritur ergo et componitur vis attractiva corporum integrorum ex viribus attractivis partium: siquidem aucta vel diminuta mole materiae, ostensum est, proportionaliter augeri vel diminui ejus virtutem. Actio itaque telluris ex conjunctis partium actionibus conflari censenda erit; atque adeo corpora omnia terrestria se mutuo trahere oportet viribus absolutis, quae sint in ratione materiae trahentis. Haec est natura gravitatis apud terram: videamus jam qualis sit in caelis.

Corpus omne perseverare in statu suo vel quiescendi vel movendi uniformiter in directum, nisi quatenus a viribus impressis cogitur statum illum mutare; naturae lex est ab omnibus recepta philosophis. Inde vero sequitur, corpora quae in curvis moventur, atque adeo de lineis rectis orbitas suas tangentibus jugiter abeunt, vi aliqua perpetuo agente retineri in itinere curvilineo. Planetis igitur in orbibus curvis revolventibus necessario aderit vis aliqua, per cujus actiones repetitas indesinenter a tangentibus deflectantur.

Jam illud concedi aequum est, quod mathematicis rationibus colligitur et certissime demonstratur; corpora nempe omnia, quae moventur in linea aliqua curva in plano descripta, quaeque radio ducto ad punctum vel quiescens vel utcunque motum describunt areas circa punctum illud temporibus proportionales, urgeri a viribus quae ad idem punctum tendunt. Cum igitur in confesso sit apud astronomos, planetas primarios circum solem, secundarios vero circum suos primarios, areas describere temporibus proportionales; consequens est ut vis illa, qua perpetuo detorquentur a tangentibus rectilineis et in orbitis curvilineis revolvi coguntur, versus corpora dirigatur quae sita sunt in orbitarum centris. Haec itaque vis non inepte vocari potest, respectu quidem corporis revolventis, centripeta; respectu autem corporis centralis, attractiva; a quacunque demum causa oriri fingatur.

Quin et haec quoque concedenda sunt, et mathematice demonstrantur: Si corpora plura motu aequabili revolvantur in circulis concentricis, et quadrata temporum periodicorum sint ut cubi distantiarum a centro communi; vires centripetas revolventium fore reciproce ut quadrata distantiarum. Vel, si corpora revolvantur in orbitis quae sunt circulis finitimae, et quiescant orbitarum apsides; vires centripetas revolventium fore reciproce ut quadrata distantiarum. Obtinere casum alterutrum in planetis universis consentiunt astronomi. Itaque vires centripetae planetarum omnium sunt reciproce ut quadrata distantiarum ab orbium centris. Si quis objiciat planetarum, et lunae praesertim, apsides non penitus quiescere; sed motu quodam lento ferri in consequentia: responderi potest, etiamsi concedamus hunc motum tardissimum exinde profectum esse quod vis centripetae proportio aberret aliquantum a duplicata, aberrationem illam per computum mathematicum inveniri posse et plane insensibilem esse. Ipsa enim ratio vis centripetae lunaris, quae omnium maxime turbari debet, paululum quidem duplicatam superabit; ad hanc vero sexaginta fere vicibus propius accedet quam ad triplicatam. Sed verior erit responsio, si dicamus hanc apsidum progressionem, non ex aberratione a duplicata proportione, sed ex alia prorsus diversa causa oriri, quemadmodum egregie commonstratur in hac philosophia. Restat ergo ut vires centripetae, quibus planetae primarii tendunt versus solem et secundarii versus primarios suos, sint accurate ut quadrata distantiarum reciproce.

Ex iis quae hactenus dicta sunt, constat planetas in orbitis suis retineri per vim aliquam in ipsos perpetuo agentem: constat vim illam dirigi semper versus orbitarum centra: constat hujus efficaciam augeri in accessu ad centrum, diminui in recessu ab eodem: et augeri quidem in eadem proportione qua diminuitur quadratum distantiae, diminui in eadem proportione qua distantiae quadratum augetur. Videamus jam, comparatione instituta inter planetarum vires centripetas et vim gravitatis, annon ejusdem forte sint generis. Ejusdem vero generis erunt, si deprehendantur hinc et inde leges eaedem, eaedemque affectiones. Primo itaque lunae, quae nobis proxima est, vim centripetam expendamus.

Spatia rectilinea, quae a corporibus e quiete demissis dato tempore sub ipso motus initio describuntur, ubi a viribus quibuscunque urgentur, proportionalia sunt ipsis viribus: hoc utique consequitur ex ratiociniis mathematicis. Erit igitur vis centripeta lunae in orbita sua revolventis, ad vim gravitatis in superficie terrae, ut spatium quod tempore quam minimo describeret luna descendendo per vim centripetam versus terram, si circulari omni motu privari fingeretur, ad spatium quod eodem tempore quam minimo describit grave corpus in vicinia terrae, per vim gravitatis suae cadendo. Horum spatiorum prius aequale est arcus a luna per idem tempus descripti sinui verso, quippe qui lunae translationem de tangente, factam a vi centripeta, metitur; atque adeo computari potest ex datis tum lunae tempore periodico, tum distantia ejus a centro terrae. Spatium posterius invenitur per experimenta pendulorum, quemadmodum docuit Hugenius. Inito itaque calculo, spatium prius ad spatium posterius, seu vis centripeta lunae in orbita sua revolventis ad vim gravitatis in superficie terrae, erit ut quadratum semidiametri terrae ad orbitae semidiametri quadratum. Eandem habet rationem, per ea quae superius ostenduntur, vis centripeta lunae in orbita sua revolventis ad vim lunae centripetam prope terrae superficiem. Vis itaque centripeta prope terrae superficiem aequalis est vi gravitatis. Non ergo diversae sunt vires, sed una atque eadem: si enim diversae essent, corpora viribus conjunctis duplo celerius in terram caderent quam ex vi sola gravitatis. Constat igitur vim illam centripetam, qua luna perpetuo de tangente vel trahitur vel impellitur et in orbita retinetur, ipsam esse vim gravitatis terrestris ad lunam usque pertingentem. Et rationi quidem consentaneum est ut ad ingentes distantias illa sese virtus extendat, cum nullam ejus sensibilem imminutionem, vel in altissimis montium cacuminibus, observare licet. Gravitat itaque luna in terram: quin et actione mutua, terra vicissim in lunam aequaliter gravitat: id quod abunde quidem confirmatur in hac philosophia, ubi agitur de maris aestu et aequinoctiorum praecessione, ab actione tum lunae tum solis in terram oriundus. Hinc et illud tandem edocemur, qua nimirum lege vis gravitatis decrescat in majoribus a tellure distantiis. Nam cum gravitas non diversa sit a vi centripeta lunari, haec vero sit reciproce proportionalis quadrato distantiae; diminuetur et gravitas in eadem ratione.

Progrediamur jam ad planetas reliquos. Quoniam revolutiones primariorum circa solem et secundariorum circa jovem et saturnum sunt phaenomena generis ejusdem ac revolutio lunae circa terram, quoniam porro demonstratum est vires centripetas primariorum dirigi versus centrum solis, secundariorum versus centra jovis et saturni, quemadmodum lunae vis centripeta versus terrae centrum dirigitur; adhaec, quoniam omnes illae vires sunt reciproce ut quadrata distantiarum a centris, quemadmodum vis lunae est ut quadratum distantiae a terra: concludendum erit eandem esse naturam universis. Itaque ut luna gravitat in terram, et terra vicissim in lunam; sic etiam gravitabunt omnes secundarii in primarios suos, et primarii vicissim in secundarios; sic et omnes primarii in solem, et sol vicissim in primarios.

Igitur sol in planetas universos gravitat et universi in solem. Nam secundarii dum primarios suos comitantur, revolvuntur interea circum solem una cum primariis. Eodem itaque argumento, utriusque generis planetae gravitant in solem, et sol in ipsos. Secundarios vero planetas in solem gravitare abunde insuper constat ex inaequalitatibus lunaribus; quarum accuratissimam theoriam, admiranda sagacitate patefactam, in tertio hujus operis libro expositam habemus.

Solis virtutem attractivam quoquoversum propagari ad ingentes usque distantias, et sese diffundere ad singulas circumjecti spatii partes, apertissime colligi potest ex motu cometarum; qui ab immensis intervallis profecti feruntur in viciniam solis, et nonunquam adeo ad ipsum proxime accedunt ut globum ejus, in periheliis suis versantes, tantum non contingere videantur. Horum theoriam ab astronomis antehac frustra quaesitam, nostro tandem saeculo feliciter inventam et per observationes certissime demonstratam, praestantissimo nostro auctori debemus. Patet igitur cometas in sectionibus conicis umbilicos in centro solis habentibus moveri, et radiis ad solem ductis areas temporibus proportionales describere. Ex hisce vero phaenomenis manifestum est et mathematice comprobatur, vires illas, quibus cometae retinentur in orbitis suis, respicere solem et esse reciproce ut quadrata distantiarum ab ipsius centro. Gravitant itaque cometae in solem: atque adeo solis vis attractiva non tantum ad corpora planetarum in datis distantiis et in eodem fere plano collocata, sed etiam ad cometas in diversissimis caelorum regionibus et in diversissimis distantiis positos pertingit. Haec igitur est natura corporum gravitantium, ut vires suas edant ad omnes distantias in omnia corpora gravitantia. Inde vero sequitur, planetas et cometas universos se mutuo trahere, et in se mutuo graves esse: quod etiam confirmatur ex perturbatione jovis et saturni, astronomis non incognita, et ab actionibus horum planetarum in se invicem oriunda; quin et ex motu illo lentissimo apsidum, qui supra memoratus est, quique a causa consimili proficiscitur.

Eo demum pervenimus ut dicendum sit, et terram et solem et corpora omnia caelestia, quae solem comitantur, se mutuo attrahere. Singulorum ergo particulae quaeque minimae vires suas attractivas habebunt, pro quantitate materiae pollentes; quemadmodum supra de terrestribus ostensum est. In diversis autem distantiis, erunt et harum vires in duplicata ratione distantiarum reciproce: nam ex particulis hac lege trahentibus componi debere globos eadem lege trahentes, mathematice demonstratur.

Conclusiones praecedentes huic innituntur axiomati, quod a nullis non recipitur philosophis; effectuum scilicet ejusdem generis, quorum nempe quae cognoscuntur proprietates eaedem sunt, easdem esse causas et easdem esse proprietates quae nondum cognoscuntur. Quis enim dubitat, si gravitas sit causa descensus lapidis in Europa, quin eadem sit causa descensus in America?

Si gravitas mutua fuerit inter lapidem et terram in Europa; quis negabit mutuam esse in America? Si vis attractiva lapidis et terrae componatur, in Europa, ex viribus attractivis partium; quis negabit similem esse compositionem in America? Si attractio terrae ad omnia corporum genera et ad omnes distantias propagetur in Europa; quidni pariter propagari dicamus in America? In hac regula fundatur omnis philosophia: quippe qua sublata nihil affirmare possimus de universis. Constitutio rerum singularum innotescit per observationes et experimenta: inde vero non nisi per hanc regulam de rerum universarum natura judicamus.

Jam cum gravia sint omnia corpora, quae apud terram vel in caelis reperiuntur, de quibus experimenta vel observationes instituere licet; omnino dicendum erit, gravitatem corporibus universis competere. Et quemadmodum nulla concipi debent corpora, quae non sint extensa, mobilia et impenetrabilia; ita nulla concipi debere, quae non sint gravia. Corporum extensio, mobilitas, et impenetrabilitas non nisi per experimenta innotescunt: eodem plane modo gravitas innotescit. Corpora omnia de quibus observationes habemus, extensa sunt et mobilia et impenetrabilia. Ita corpora omnia sunt gravia, de quibus observationes habemus: et inde concludimus corpora universa, etiam illa de quibus observationes non habemus, gravia esse. Si quis dicat corpora stellarum inerrantium non esse gravia, quandoquidem eorum gravitas nondum est observata; eodem argumento dicere licebit neque extensa, esse nec mobilia, nec impenetrabilia, cum hae fixarum affectiones nondum sint observatae. Quid opus est verbis? inter primarias qualitates corporum universorum vel gravitas habebit locum; vel extensio, mobilitas et impenetrabilitas non habebunt. Et natura rerum vel recte explicabitur per corporum gravitatem, vel non recte explicabitur per corporum extensionem, mobilitatem, et impenetrabilitatem.

Audio nonnullos hanc improbare conclusionem, et de occultis qualitatibus nescio quid mussitare. Gravitatem scilicet occultum esse quid, perpetuo argutari solent; occultas vero causas procul esse ablegandas a philosophia. His autem facile respondetur; occultas esse causas, non illas quidem quarum existentia per observationes clarissime demonstratur, sed has solum quarum occulta est et ficta existentia nondum vero comprobata. Gravitas ergo non erit occulta causa motuum caelestium; siquidem ex phaenomenis ostensum est, hanc virtutem revera existere. Hi potius ad occultas confugiunt causas; qui nescio quos vortices, materiae cujusdam prorsus fictitiae et sensibus omnino ignotae, motibus iisdem regendis praeficiunt.

Ideone autem gravitas occulta causa dicetur, eoque nomine rejicietur e philosophia, quod causa ipsius gravitatis occulta est et nondum inventa Qui sic statuunt, videant nequid statuant absurdi, unde totius tandem philo-

sophiae fundamenta convellantur. Etenim causae continuo nexu procedere
solent a compositis ad simpliciora: ubi ad causam simplicissimam perveneris,
jam non licebit ulterius progredi. Causae igitur simplicissimae nulla dari
potest mechanica explicatio: si daretur enim, causa nondum esset simplicissima. Has tu proinde causas simplicissimas appellabis occultas, et exulare
jubebis? Simul vero exulabunt et ab his proxime pendentes et quae ab
illis porro pendent, usque dum a causis omnibus vacua fuerit et probe
purgata philosophia.

Sunt qui gravitatem praeter naturam esse dicunt, et miraculum perpetuum vocant. Itaque rejiciendam esse volunt, cum in physica praeternaturales
causae locum non habeant. Huic ineptae prorsus objectioni diluendae, quae
et ipsa philosophiam subruit universam, vix operae pretium est immorari.
Vel enim gravitatem corporibus omnibus inditam esse negabunt, quod tamen
dici non potest: vel eo nomine praeter naturam esse affirmabunt, quod ex
aliis corporum affectionibus atque adeo ex causis mechanicis originem non
habeat. Dantur certe primariae corporum affectiones; quae, quoniam sunt
primariae, non pendent ab aliis. Viderint igitur annon et hae omnes sint
pariter praeter naturam, eoque pariter rejiciendae: viderint vero qualis sit
deinde futura philosophia.

Nonnulli sunt quibus haec tota physica caelestis vel ideo minus placet,
quod cum Cartesii dogmatibus pugnare et vix conciliari posse videatur:
His sua licebit opinione frui; ex aequo autem agant oportet: non ergo
denegabunt aliis eandem libertatem quam sibi concedi postulant. Newto-
nianam itaque philosophiam, quae nobis verior habetur, retinere et amplecti
licebit, et causas sequi per phaenomena comprobatas, potius quam fictas et
nondum comprobatas. Ad veram philosophiam pertinet, rerum naturas ex
causis vere existentibus derivare: eas vero leges quaerere, quibus voluit
summus opifex hunc mundi pulcherrimum ordinem stabilire; non eas quibus
potuit, si ita visum fuisset. Rationi enim consonum est, ut a pluribus
causis, ab invicem nonnihil diversis, idem possit effectus proficisci: haec
autem vera erit causa, ex qua vere atque actu proficiscitur; reliquae locum
non habent in philosophia vera. In horologiis automatis idem indicis horarii
motus vel ab appenso pondere vel ab intus concluso elatere oriri potest.
Quod si oblatum horologium revera sit instructum pondere; ridebitur qui
finget elaterem, et ex hypothesi sic praepropere conficta motum indicis explicare suscipiet: oportuit enim internam machinae fabricam penitius perscru-
tari, ut ita motus propositi principium verum exploratum habere posset.
Idem vel non absimile feretur judicium de philosophis illis, qui materia quadam
subtilissima caelos esse repletos, hanc autem in vortices indesinenter agi
voluerunt. Nam si phaenomenis vel accuratissime satisfacere possent ex

hypothesibus suis; veram tamen philosophiam tradidisse, et veras causas motuum caelestium invenisse nondum dicendi sunt; nisi vel has revera existere, vel saltem alias non existere demonstraverint. Igitur si ostensum fuerit, universorum corporum attractionem habere verum locum in rerum natura; quinetiam ostensum fuerit, qua ratione motus omnes caelestes abinde solutionem recipiant; vana fuerit et merito deridenda objectio, si quis dixerit eosdem motus per vortices explicari debere etiamsi id fieri posse vel maxime concesserimus. Non autem concedimus: nequeunt enim ullo pacto phaenomena per vortices explicari; quod ab auctore nostro abunde quidem et clarissimis rationibus evincitur; ut somnis plus aequo indulgeant oporteat, qui ineptissimo figmento resarciendo, novisque porro commentis ornando infelicem operam addicunt.

Si corpora planetarum et cometarum circa solem deferantur a vorticibus; oportet corpora delata et vorticum partes proxime ambientes eadem velocitate eademque cursus determinatione moveri, et eandem habere densitatem vel eandem vim inertiae pro mole materiae. Constat vero planetas et cometas, dum versantur in iisdem regionibus caelorum, velocitatibus variis variaque cursus determinatione moveri. Necessario itaque sequitur, ut fluidi caelestis partes illae, quae sunt ad easdem distantias a sole, revolvantur eodem tempore in plagas diversas cum diversis velocitatibus: etenim alia opus erit directione et velocitate, ut transire possint planetae; alia, ut transire possint cometae. Quod cum explicari nequeat; vel fatendum erit, universa corpora caelestia non deferri a materia vorticis; vel dicendum erit, eorundem motus repetendos esse non ab uno eodemque vortice, sed a pluribus qui ab invicem diversi sint, idemque spatium soli circumjectum pervadant.

Si plures vortices in eodem spatio contineri, et sese mutuo penetrare motibusque diversis revolvi ponantur; quoniam hi motus debent esse conformes delatorum corporum motibus, qui sunt summe regulares, et peraguntur in sectionibus conicis nunc valde eccentricis, nunc ad circulorum proxime formam accedentibus; jure quaerendum erit, qui fieri possit, ut iidem integri conserventur nec ab actionibus materiae occursantis per tot saecula quicquam perturbentur. Sane si motus hi fictitii sunt magis compositi et difficilius explicantur, quam veri illi motus planetarum et cometarum; frustra mihi videntur in philosophiam recipi: omnis enim causa debet esse effectu suo simplicior. Concessa fabularum licentia, affirmaverit aliquis planetas omnes et cometas circumcingi atmosphaeris, adinstar telluris nostrae; quae quidem hypothesis rationi magis consentanea videbitur quam hypothesis vorticum. Affirmaverit deinde has atmosphaeras, ex natura sua, circa solem moveri et sectiones conicas describere; qui sane motus multo facilius concipi potest, quam consimilis motus vorticum se invicem permeantium. Denique planetas ipsos et cometas circa solem deferri ab atmosphaeris suis credendum esse statuat, et ob repertas motuum caelestium causas triumphum agat. Quisquis autem hanc fabulam rejiciendam esse putet, idem et alteram fabulam rejiciet: nam ovum non est ovo similius, quam hypothesis atmosphaerarum hypothesi vorticum.

Docuit Galilaeus, lapidis projecti et in parabola moti deflexionem a cursu rectilineo oriri a gravitate lapidis in terram, ab occulta scilicet qualitate. Fieri tamen potest ut alius aliquis, nasi acutioris, philosophus causam aliam comminiscatur. Finget igitur ille materiam quandam subtilem, quae nec visu, nec tactu, neque ullo sensu percipitur, versari in regionibus quae proxime contingunt telluris superficiem. Hanc autem materiam, in diversas plagas, variis et plerumque contrariis motibus ferri, et lineas parabolicas describere contendet. Deinde vero lapidis deflexionem pulchre sic expediet, et vulgi plausum merebitur. Lapis, inquiet, in fluido illo subtili natat et cursui ejus obsequendo, non potest non eandem una semitam describere. Fluidum vero movetur in lineis parabolicis; ergo lapidem in parabola moveri necesse est. Quis nunc non mirabitur acutissimum hujusce philosophi ingenium, ex causis mechanicis, materia scilicet et motu phaenomena naturae ad vulgi etiam captum praeclare deducentis? Quis vero non subsannabit bonum illum Galilaeum, qui magno molimine mathematico qualitates occultas, e philosophia feliciter exclusas, denuo revocare sustinuerit? Sed pudet nugis diutius immorari.

Summa rei huc tandem redit: cometarum ingens est numerus; motus eorum sunt summe regulares, et easdem leges cum planetarum motibus observant. Moventur in orbibus conicis, hi orbes sunt valde admodum eccentrici. Feruntur undique in omnes caelorum partes, et planetarum regiones liberrime pertranseunt, et saepe contra signorum ordinem incedunt. Haec phaenomena certissime confirmantur ex observationibus astronomicis: et per vortices nequeunt explicari. Imo, ne quidem cum vorticibus planetarum consistere possunt. Cometarum motibus omnino locus non erit; nisi materia illa fictitia penitus e caelis amoveatur.

Si enim planetae circum solem a vorticibus devehuntur; vorticum partes, quae proxime ambiunt unumquemque planetam, ejusdem densitatis erunt ac planeta; uti supra dictum est. Itaque materia illa omnis quae contigua est orbis magni perimetro, parem habebit ac tellus densitatem: quae vero jacet intra orbem magnum atque orbem saturni, vel parem vel majorem habebit. Nam ut constitutio vorticis permanere possit, debent partes minus densae centrum occupare, magis densae longius a centro abire. Cum enim planetarum tempora periodica sint in ratione sesquiplicata distantiarum a sole, oportet partium vorticis periodos eandem rationem servare. Inde vero

sequitur, vires centrifugas harum partium fore reciproce ut quadrata distantiarum. Quae igitur majore intervallo distant a centro, nituntur ab eodem
recedere minore vi: unde si minus densae fuerint, necesse est ut cedant vi
majori, qua partes centro propiores ascendere conantur. Ascendent ergo
densiores, descendent minus densae, et locorum fiet invicem permutatio;
donec ita fuerit disposita atque ordinata materia fluida totius vorticis, ut
conquiescere jam possit in aequilibrio constituta. Si bina fluida, quorum
diversa est densitas, in eodem vase continentur; utique futurum est ut fluidum, cujus major est densitas, majore vi gravitatis infimum petat locum:
et ratione non absimili omnino dicendum est, densiores vorticis partes majore
vi centrifuga petere supremum locum. Tota ¦igitur illa et multo maxima
pars vorticis, quae jacet extra telluris orbem, densitatem habebit atque adeo
vim inertiae pro mole materiae, quae non minor erit quam densitas et vis
inertiae telluris: inde vero cometis trajectis orietur ingens resistentia, et
valde admodum sensibilis; ne dicam, quae motum eorundem penitus sistere
atque absorbere posse merito videatur. Constat autem ex motu cometarum
prorsus regulari, nullam ipsos resistentiam pati quae vel minimum sentiri
potest; atque adeo neutiquam in materiam ullam incursare, cujus aliqua sit
vis resistendi, vel proinde cujus aliqua sit densitas seu vis inertiae. Nam
resistentia mediorum oritur vel ab inertia materiae fluidae, vel a defectu
lubricitatis. Quae oritur a defectu lubricitatis, admodum exigua est; et sane
vix observari potest in fluidis vulgo notis, nisi valde tenacia fuerint adinstar
olei et mellis. Resistentia quae sentitur in aëre, aqua, hydrargyro, et hujusmodi fluidis non tenacibus fere tota est prioris generis; et minui non potest
per ulteriorem quemcunque gradum subtilitatis, manente fluidi densitate vel
vi inertiae, cui semper proportionalis est haec resistentia; quemadmodum
clarissime demonstratum est ab auctore nostro in peregregia resistentiarum
theoria, quae paulo nunc accuratius exponitur, hac secunda vice, et per
experimenta corporum cadentium plenius confirmatur.

Corpora progrediendo motum suum fluido ambienti paulatim communicant,
et communicando amittunt, amittendo autem retardantur. Est itaque retardatio motui communicato proportionalis; motus vero communicatus, ubi
datur corporis progredientis velocitas, est ut fluidi densitas; ergo retardatio
seu resistentia erit ut eadem fluidi densitas; neque ullo pacto tolli potest,
nisi a fluido ad partes corporis posticas recurrente restituatur motus amissus.
Hoc autem dici non poterit, nisi impressio fluidi in corpus ad partes posticas
aequalis fuerit impressioni corporis in fluidum ad partes anticas, hoc est,
nisi velocitas relativa qua fluidum irruit in corpus a tergo, aequalis fuerit
velocitati qua corpus irruit in fluidum, id est, nisi velocitas absoluta fluidi
recurrentis duplo major fuerit quam velocitas absoluta fluidi propulsi; quod

fieri nequit. Nullo igitur modo tolli potest fluidorum resistentia, quae oritur
ab eorundem densitate et vi inertiae. Itaque concludendum erit; fluidi
caelestis nullam esse vim inertiae, cum nulla sit vis resistendi: nullam esse
vim qua mutatio quaelibet vel corporibus singulis vel pluribus inducatur,
cum nulla sit vis qua motus communicetur; nullam esse omnino efficaciam,
cum nulla sit facultas mutationem quamlibet inducendi. Quidni ergo hanc
hypothesin, quae fundamento plane destituitur, quaeque naturae rerum expli-
candae ne minimum quidem inservit, ineptisimam vocare liceat et philosopho
prorsus indignam. Qui caelos materia fluida repletos esse volunt, hanc vero
non inertem esse statuunt; hi verbis tollunt vacuum, re ponunt. Nam cum
hujusmodi materia fluida ratione nulla secerni possit ab inani spatio; dispu-
tatio tota fit de rerum nominibus, non de naturis. Quod si aliqui sint
adeo usque dediti materiae, ut spatium a corporibus vacuum nullo pacto
admittendum credere velint; videamus quo tandem oporteat illo pervenire.

Vel enim dicent hanc, quam confingunt, mundi per omnia pleni constitutionem ex voluntate dei profectam esse, propter eum finem, ut operationibus
naturae subsidium praesens haberi posset ab aethere subtilissimo cuncta
permeante et implente; quod tamen dici non potest, siquidem jam ostensum
est ex cometarum phaenomenis, nullam esse hujus aetheris efficaciam: vel
dicent ex voluntate dei profectam esse, propter finem aliquem ignotum; quod
neque dici debet, siquidem diversa mundi constitutio eodem argumento
pariter stabiliri posset: vel denique non dicent ex voluntate dei profectam
esse, sed ex necessitate quadam naturae. Tandem igitur delabi oportet in
faeces sordidas gregis impurissimi. Hi sunt qui somniant fato universa regi,
non providentia; materiam ex necessitate sua semper et ubique extitisse,
infinitam esse et aeternam. Quibus positis, erit etiam undiquaque uniformis:
nam varietas formarum cum necessitate omnino pugnat. Erit etiam immota:
nam si necessario moveatur in plagam aliquam determinatam, cum deter-
minata aliqua velocitate; pari necessitate movebitur in plagam diversam cum
diversa velocitate; in plagas autem diversas, cum diversis velocitatibus, moveri
non potest; oportet igitur immotam esse. Neutiquam profecto potuit oriri
mundus, pulcherrima formarum et motuum varietate distinctus, nisi ex liberrima
voluntate cuncta providentis et gubernantis dei.

Ex hoc igitur fonte promanarunt illae omnes quae dicuntur naturae
leges: in quibus multa sane sapientissimi consili, nulla necessitatis apparent
vestigia. Has proinde non ab incertis conjecturis petere, sed observando
atque experiendo addiscere debemus. Qui vere physicae principiae legesque
rerum, sola mentis vi et interno rationis lumine fretum, invenire se posse
confidit; hunc oportet vel statuere mundum ex necessitate fuisse, legesque
propositas eadem necessitate sequi; vel si per voluntatem dei constitutus

sit ordo naturae, se tamen, homuncionem misellum, quid optimum factu sit perspectum habere. Sana omnis et vera philosophia fundatur in phaenomenis rerum: quae si nos vel invitos et reluctantes ad hujusmodi principia deducunt, in quibus clarissime cernuntur consilium optimum et dominium summum sapientissimi et potentissimi entis; non erunt haec ideo non admittenda principia, quod quibusdam forsan hominibus minus grata sint futura. His vel miracula vel qualitates occultae dicantur, quae displicent: verum nomina malitiose indita non sunt ipsis rebus vitio vertenda; nisi illud fateri tandem velint, utique debere philosophiam in atheismo fundari. Horum hominum gratia non erit labefactanda philosophia, siquidem rerum ordo non vult immutari.

Obtinebit igitur apud probos et aequos judices praestantissima philosophandi ratio, quae fundatur in experimentis et observationibus. Huic vero, dici vix poterit, quanta lux accedat, quanta dignitas, ab hoc opere praeclaro illustrissimi nostri auctoris; cujus eximiam ingenii felicitatem, difficillima quaeque problemata enodantis, et ad ea porro pertingentis ad quae nec spes erat humanam mentem assurgere potuisse, merito admirantur et suspiciunt quicunque paulo profundius in hisce rebus versati sunt. Claustris ergo reseratis, aditum nobis aperuit ad pulcherrima rerum mysteria. Systematis mundani compagem elegantissimam ita tandem patefecit et penitius perspectandam dedit; ut nec ipse, si nunc revivisceret, rex Alphonsus vel simplicitatem vel harmoniae gratiam in ea desideraret. Itaque naturae majestatem propius jam licet intueri, et dulcissima contemplatione frui, conditorem vero ac dominum universorum impensius colere et venerari, qui fructus est philosophiae multo uberrimus. Caecum esse oportet, qui ex optimis et sapientissimis rerum structuris non statim videat fabricatoris omnipotentis infinitam sapientiam et bonitatem: insanum, qui profiteri nolit.

Extabit igitur eximium Newtoni opus adversus atheorum impetus munitissimum praesidium: neque enim alicunde felicius, quam ex hac pharetra, contra impiam catervam tela deprompseris. Hoc sensit pridem, et in pereruditis concionibus anglice latineque editis, primus egregie demonstravit vir in omni literarum genere praeclarus idemque bonarum artium fautor eximius Richardus Bentleius, seculi sui et academiae nostrae magnum ornamentum, collegii nostri S. Trinitatis magister dignissimus et integerrimus. Huic ego me pluribus nominibus obstrictum fateri debeo: huic et tuas quae debentur gratias, lector benevole, non denegabis. Is enim, cum a longo tempore celeberrimi auctoris amicitia intima frueretur (qua etiam apud posteros censeri non minoris aestimat, quam propriis scriptis quae literato orbi in deliciis sunt inclarescere) amici simul famae et scientiarum incremento consuluit. Itaque cum exemplaria prioris editionis rarissima admodum et immani pretio coëmenda superessent; suasit ille crebris efflagitationibus, et tantum non objurgando perpulit denique virum praestantissimum, nec modestia minus quam eruditione summa insignem, ut novam hanc operis editionem, per omnia elimatam denuo et egregiis insuper accessionibus ditatam, suis sumptibus et auspiciis prodire pateretur : mihi vero, pro jure suo, pensum non ingratum demandavit, ut quam posset emendate id fieri curarem.

Cantabrigiae

Maii 12. 1713.

Rogerus Cotes collegii S. Trinitatis socius, astronomiae et philosophiae experimentalis professor Plumianus.

Definitio I.

Quantitas materiae est mensura ejusdem orta ex illius densitate et magnitudine conjunctim.

Aer densitate duplicata, in spatio etiam duplicato, fit quadruplus; in triplicato sextuplus. Idem intellige de nive et pulveribus per compressionem vel liquefactionem condensatis. Et par est ratio corporum omnium, quae per causas quascunque diversimode condensantur. Medii interea, si quod fuerit, interstitia partium libere pervadentis, hic nullam rationem habeo. Hanc autem quantitatem sub nomine corporis vel massae in sequentibus passim intelligo. Innotescit ea per corporis cujusque pondus: Nam ponderi proportionalem esse reperi per experimenta pendulorum accuratissime instituta, uti posthac docebitur.

Definitio II.

Quantitas motus est mensura ejusdem orta ex velocitate et quantitate materiae conjunctim.

Motus totius est summa motuum in partibus singulis; ideoque in corpore duplo majore, aequali cum velocitate, duplus est, et dupla cum velocitate quadruplus.

Definitio III.

Materiae vis insita est potentia resistendi, qua corpus unumquodque, quantum in se est, perseverat in statu suo vel quiescendi vel movendi uniformiter in directum.

Haec semper proportionalis est suo corpori, neque differt quicquam ab inertia massae, nisi in modo concipiendi. Per inertiam materiae fit, ut corpus omne de statu suo vel quiescendi vel movendi difficulter deturbetur. Unde etiam vis insita nomine significantissimo vis inertiae dici possit. Exercet vero corpus hanc vim solummodo in mutatione status sui per vim aliam in se impressam facta; estque exercitium illud sub diverso respectu et resistentia et impetus: Resistentia, quatenus corpus ad conservandum statum suum re-

luctatur vi impressae; impetus, quatenus corpus idem, vi resistentis obstaculi difficulter cedendo, conatur statum obstaculi illius mutare. Vulgus resistentiam quiescentibus et impetum moventibus tribuit: sed motus et quies, uti
vulgo concipiuntur, respectu solo distinguuntur ab invicem; neque semper vere
quiescunt, quae vulgo tanquam quiescentia spectantur.

Definitio IV.

*Vis impressa est actio in corpus exercita, ad mutandum ejus statum
vel quiescendi vel movendi uniformiter in directum.*

Consistit haec vis in actione sola, neque post actionem permanet in
corpore. Perseverat enim corpus in statu omni novo per solam vim inertiae.
Est autem vis impressa diversarum originum, ut ex ictu, ex pressione, ex vi
centripeta.

Definitio V.

*Vis centripeta est, qua corpora versus punctum aliquod, tanquam ad
centrum, undique trahuntur, impelluntur, vel utcunque tendunt.*

Hujus generis est gravitas, qua corpora tendunt ad centrum terrae; vis
magnetica, qua ferrum petit magnetem; et vis illa, quaecunque sit, qua
planetae perpetuo retrahuntur a motibus rectilineis, et in lineis curvis revolvi
coguntur. Lapis, in funda circumactus, a circumagente manu abire conatur;
et conatu suo fundam distendit, eoque fortius quo celerius revolvitur; et,
quamprimum dimittitur, avolat. Vim conatui illi contrariam, qua funda lapidem
in manum perpetuo retrahit et in orbe retinet, quoniam in manum ceu orbis
centrum dirigitur, centripetam appello. Et par est ratio corporum omnium,
quae in gyrum aguntur. Conantur ea omnia a centris orbium recedere; et
nisi adsit vis aliqua conatui isti contraria, qua cohibeantur et in orbibus
retineantur, quamque ideo centripetam appello, abibunt in rectis lineis uniformi cum motu. Projectile si vi gravitatis destitueretur, non deflecteretur
in terram, sed in linea recta abiret in coelos; idque uniformi cum motu,
si modo aëris resistentia tolleretur. Per gravitatem suam retrahitur a cursu
rectilineo et in terram perpetuo flectitur, idque magis vel minus pro gravitate sua et velocitate motus. Quo minor fuerit ejus gravitas pro quantitate
materiae, vel major velocitas quacum projicitur, eo minus deviabit a cursu
rectilineo et longius perget. Si globus plumbeus, data cum velocitate secundum lineam horizontalem a montis alicujus vertice vi pulveris tormentarii
projectus, pergeret in linea curva ad distantiam duorum milliarium, priusquam
in terram decideret: hic dupla cum velocitate quasi duplo longius pergeret,
et decupla cum velocitate quasi decuplo longius: si modo aëris resistentia
tolleretur. Et augendo velocitatem augeri posset pro lubitu distantia in quam

projiceretur, et minui curvatura lineae quam describeret, ita ut tandem caderet ad distantiam graduum decem vel triginta vel nonaginta; vel etiam ut terram totam circuiret vel denique ut in coelos abiret, et motu abeundi pergeret in infinitum. Et eadem ratione, qua projectile vi gravitatis in orbem flecti posset et terram totam circuire, potest et luna vel vi gravitatis, si modo gravis sit, vel alia quacunque vi, qua in terram urgeatur, retrahi semper a cursu rectilineo terram versus, et in orbem suum flecti: et sine tali vi luna in orbe suo retineri non potest. Haec vis, si justo minor esset, non satis flecteret lunam de cursu rectilineo: si justo major, plus satis flecteret, ac de orbe terram versus deduceret. Requiritur quippe, ut sit justae magnitudinis: et Mathematicorum est invenire vim, qua corpus in dato quovis orbe data cum velocitate accurate retineri possit; et vicissim invenire viam curvilineam, in quam corpus e dato quovis loco data cum velocitate egressum a data vi flectatur. Est autem vis hujus centripetae quantitas trium generum, absoluta, acceleratrix, et motrix.

Definitio VI.

Vis centripetae quantitas absoluta est mensura ejusdem major vel minor pro efficacia causae eam propagantis a centro per regiones in circuitu.

Ut vis magnetica pro mole magnetis vel intensione virtutis major in uno magnete, minor in alio.

Definitio VII.

Vis centripetae quantitas acceleratrix est ipsius mensura velocitati proportionalis, quam dato tempore generat.

Uti virtus magnetis ejusdem major in minori distantia, minor in majori, vel vis gravitans major in vallibus, minor in cacuminibus altorum montium, atque adhuc minor (ut posthac patebit) in majoribus distantiis a globo terrae; in aequalibus autem distantiis eadem undique, propterea quod corpora omnia cadentia (gravia an levia, magna an parva) sublata aëris resistentia, aequaliter accelerat.

Definitio VIII.

Vis centripetae quantitas motrix est ipsius mensura proportionalis motui, quem dato tempore generat.

Uti pondus majus in majore corpore, minus in minore; et in corpore eodem majus prope terram, minus in coelis. Haec quantitas est corporis totius centripetentia seu propensio in centrum, et (ut ita dicam) pondus; et innotescit semper per vim ipsi contrariam et aequalem qua descensus corporis impediri potest.

Hasce virium quantitates brevitatis gratia nominare licet vires motrices, acceleratrices, et absolutas; et distinctionis gratia referre ad corpora centrum petentia, ad corporum loca, et ad centrum virium: nimirum vim motricem ad corpus, tanquam conatum totius in centrum ex conatibus omnium partium compositum; et vim acceleratricem ad locum corporis, tanquam efficaciam quandam, de centro per loca singula in circuitu diffusam, ad movenda corpora quae in ipsis sunt; vim autem absolutam ad centrum, tanquam causa aliqua praeditum, sine qua vires motrices non propagantur per regiones in circuitu; sive causa illa sit corpus aliquod centrale (quale est magnes in centro vis magneticae, vel terra in centro vis gravitantis) sive alia aliqua quae non apparet. Mathematicus duntaxat est hic conceptus: Nam virium causas et sedes physicas jam non expendo.

Est igitur vis acceleratrix ad vim motricem ut celeritas ad motum. Oritur enim quantitas motus ex celeritate et ex quantitate materiae, et vis motrix ex vi acceleratrice et ex quantitate ejusdem materiae conjunctim. Nam summa actionum vis acceleratricis in singulas corporis particulas est vis motrix totius. Unde juxta superficiem terrae, ubi gravitas acceleratrix seu vis gravitans in corporibus universis eadem est, gravitas motrix seu pondus est ut corpus: at si in regiones ascendatur ubi gravitas acceleratrix fit minor, pondus pariter minuetur, eritque semper ut corpus et gravitas acceleratrix conjunctim. Sic in regionibus ubi gravitas acceleratrix duplo minor est, pondus corporis duplo vel triplo minoris erit quadruplo vel sextuplo minus.

Porro attractiones et impulsus eodem sensu acceleratrices et motrices nomino. Voces autem attractionis, impulsus, vel propensionis cujuscunque in centrum, indifferenter et pro se mutuo promiscue usurpo; has vires non physice sed mathematice tantum considerando. Unde caveat lector, ne per hujusmodi voces cogitet me speciem vel modum actionis causamve aut rationem physicam alicubi definire, vel centris (quae sunt puncta mathematica) vires vere et physice tribuere; si forte aut centra trahere, aut vires centrorum esse dixero.

Scholium.

Hactenus voces minus notas, quo sensu in sequentibus accipiendae sint, explicare visum est. Tempus, spatium, locus et motus sunt omnibus notissima. Notandum tamen quod vulgus quantitates hasce non aliter quam ex relatione ad sensibilia concipiat. Et inde oriuntur praejudicia quaedam, quibus tollendis convenit easdem in absolutas et relativas, veras et apparentes, mathematicas et vulgares distingui.

I. Tempus absolutum, verum et mathematicum, in se et natura sua sine relatione ad externum quodvis, aequabiliter fluit, alioque nomine dicitur duratio: Relativum, apparens et vulgare est sensibilis et externa quaevis durationis per motum mensura (seu accurata seu inaequabilis) qua vulgus vice veri temporis utitur; ut hora, dies, mensis, annus.

II. Spatium absolutum, natura sua sine relatione ad externum quodvis, semper manet similare et immobile: Relativum est spatii hujus mensura seu dimensio quaelibet mobilis, qua a sensibus nostris per situm suum ad corpora definitur, et a vulgo pro spatio immobili usurpatur: uti dimensio spatii subterranei, aërii vel coelestis definita per situm suum ad terram. Idem sunt spatium absolutum et relativum, specie et magnitudine; sed non permanent idem semper numero. Nam si terra, verbi gratia, moveatur, spatium aëris nostri, quod relative et respectu terrae semper manet idem, nunc erit una pars spatii absoluti in quam aër transit, nunc alia pars ejus; et sic absolute mutabitur perpetuo.

III. Locus est pars spatii quam corpus occupat, estque pro ratione spatii vel absolutus vel relativus. Pars, inquam, spatii; non situs corporis, vel superficies ambiens. Nam solidorum aequalium aequales semper sunt loci; superficies autem ob dissimilitudinem figurarum ut plurimum inaequales sunt; situs vero proprie loquendo quantitatem non habent, neque tam sunt loca quam affectiones locorum. Motus totius idem est cum summa motuum partium; hoc est, translatio totius de suo loco eadem est cum summa translationum partium de locis suis; ideoque locus totius idem est cum summa locorum partium et propterea internus et in corpore toto.

IV. Motus absolutus est translatio corporis de loco absoluto in locum absolutum, relativus de relativo in relativum. Sic in navi quae velis passis fertur, relativus corporis locus est navigii regio illa in qua corpus versatur, seu cavitatis totius pars illa quam corpus implet, quaeque adeo movetur una cum navi: et quies relativa est permansio corporis in eadem illa navis regione vel parte cavitatis. At quies vera est permansio corporis in eadem parte spatii illius immoti, in qua navis ipsa una cum cavitate sua et contentis universis movetur. Unde si terra vere quiescat, corpus, quod relative quiescit in navi, movebitur vere et absolute ea cum velocitate, qua navis movetur in terra. Sin terra etiam moveatur; orietur verus et absolutus corporis motus, partim ex terrae motu vero in spatio immoto, partim ex navis motu relativo in terra. Et si corpus etiam moveatur relative in navi; orietur verus ejus motus, partim ex vero motu terrae in spatio immoto, partim ex relativis motibus tum navis in terra tum corporis in navi: et ex his motibus relativis orietur corporis motus relativus in terra. Uti si terrae pars illa, ubi navis versatur, moveatur vere in orientem cum velocitate partium 10010; et velis ventoque feratur navis in occidentem cum velocitate partium decem;

nauta autem ambulet in navi orientem versus cum velocitatis parte una:
movebitur nauta vere et absolute in spatio immoto cum velocitatis partibus
10001 in orientem, et relative in terra occidentem versus cum velocitatis
partibus novem.

Tempus absolutum a relativo distinguitur in Astronomia per aequationem
temporis vulgi. Inaequales enim sunt dies naturales, qui vulgo tanquam
aequales pro mensura temporis habentur. Hanc inaequalitatem corrigunt
Astronomi, ut ex veriore tempore mensurent motus coelestes. Possibile est,
ut nullus sit motus aequabilis, quo tempus accurate mensuretur. Accelerari
et retardari possunt motus omnes, sed fluxus temporis absoluti mutari nequit.
Eadem est duratio seu perseverantia existentiae rerum, sive motus sint celeres,
sive tardi, sive nulli: proinde haec a mensuris suis sensibilibus merito
distinguitur, et ex iisdem colligitur per aequationem astronomicam. Hujus
autem aequationis in determinandis phaenomenis necessitas, tum per experi-
mentum horologii oscillatorii, tum etiam per eclipses satellitum Iovis
evincitur.

Ut ordo partium temporis est immutabilis, sic etiam ordo partium
spatii. Moveantur hae de locis suis, et movebuntur (ut ita dicam) de
seipsis. Nam tempora et spatia sunt sui ipsorum et rerum omnium quasi
loca. In tempore quoad ordinem successionis, in spatio quoad ordinem
situs, locantur universa. De illorum essentia est ut sint loca: et loca pri-
maria moveri absurdum est. Haec sunt igitur absoluta loca; et solae
translationes de his locis sunt absoluti motus.

Verum quoniam hae spatii partes videri nequeunt et ab invicem per
sensus nostros distingui; earum vice adhibemus mensuras sensibiles. Ex
positionibus enim et distantiis rerum a corpore aliquo, quod spectamus ut
immobile, definimus loca universa: deinde etiam et omnes motus aestimamus
cum respectu ad praedicta loca, quatenus corpora ab iisdem transferri con-
cipimus. Sic vice locorum et motuum absolutorum relativis utimur; nec in-
commode in rebus humanis: in philosophicis autem abstrahendum est a
sensibus. Fieri etenim potest, ut nullum revera quiescat corpus, ad quod
loca motusque referantur.

Distinguuntur autem quies et motus absoluti et relativi ab invicem per
proprietates suas et causas et effectus. Quietis proprietas est, quod corpora vere quiescentia quiescunt inter se. Ideoque cum possibile sit, ut
corpus aliquod in regionibus fixarum, aut longe ultra, quiescat absolute;
sciri autem non possit ex situ corporum ad invicem in regionibus nostris,
horumne aliquod ad longinquum illud datam positionem servet necne; quies
vera ex horum situ inter se definiri nequit.

Motus proprietas est, quod partes, quae datas servant positiones ad tota, participant motus eorundem totorum. Nam gyrantium partes omnes conantur recedere ab axe motus, et progredientium impetus oritur ex conjuncto impetu partium singularum. Motis igitur corporibus ambientibus, moventur quae in ambientibus relative quiescunt. Et propterea motus verus et absolutus definiri nequit per translationem e vicinia corporum, quae tanquam quiescentia spectantur. Debent enim corpora externa non solum tanquam quiescentia spectari, sed etiam vere quiescere. Alioquin inclusa omnia, praeter translationem e vicinia ambientium, participabunt etiam ambientium motus veros; et sublata illa translatione non vere quiescent, sed tanquam quiescentia solummodo spectabuntur. Sunt enim ambientia ad inclusa, ut totius pars exterior ad partem interiorem, vel ut cortex ad nucleum. Moto autem cortice, nucleus etiam, sine translatione de vicinia corticis, ceu pars totius, movetur.

Praecedenti proprietati affinis est, quod moto loco movetur una locatum: ideoque corpus, quod de loco moto movetur, participat etiam loci sui motum. Motus igitur omnes, qui de locis motis fiunt, sunt partes solummodo motuum integrorum et absolutorum: et motus omnis integer componitur ex motu corporis de loco suo primo, et motu loci hujus de loco suo, et sic deinceps; usque dum perveniatur ad locum immotum, ut in exemplo nautae supra memorato. Unde motus integri et absoluti non nisi per loca immota definiri possunt: et propterea hos ad loca immota, relativos ad mobilia supra retuli: Loca autem immota non sunt, nisi quae omnia ab infinito in infinitum datas servant positiones ad invicem; atque adeo semper manent immota, spatiumque constituunt quod immobile appello.

Causae, quibus motus veri et relativi distinguuntur ab invicem, sunt vires in corpora impressae ad motum generandum. Motus verus nec generatur nec mutatur, nisi per vires in ipsum corpus motum impressas: at motus relativus generari et mutari potest sine viribus impressis in hoc corpus. Sufficit enim ut imprimantur in alia solum corpora ad quae fit relatio, ut iis cedentibus mutetur relatio illa, in qua hujus quies vel motus relativus consistit. Rursum motus verus a viribus in corpus motum impressis semper mutatur; at motus relativus ab his viribus non mutatur necessario. Nam si eaedem vires in alia etiam corpora, ad quae fit relatio, sic imprimantur, ut situs relativus conservetur, conservabitur relatio in qua motus relativus consistit. Mutari igitur potest motus omnis relativus, ubi verus conservatur, et conservari ubi verus mutatur; et propterea motus verus in ejusmodi relationibus minime consistit.

Effectus, quibus motus absoluti et relativi distinguuntur ab invicem, sunt vires recedendi ab axe motus circularis. Nam in motu circulari nude rela-

tivo hae vires nullae sunt, in vero autem et absoluto majores vel minores
pro quantitate motus. Si pendeat situla a filo praelongo, agaturque perpetuo
in orbem, donec filum a contorsione admodum rigescat, dein impleatur aqua,
et una cum aqua quiescat; tum vi aliqua subitanea agatur motu contrario
in orbem et filo se relaxante, diutius perseveret in hoc motu; superficies
aquae sub initio plana erit, quemadmodum ante motum vasis: At postquam
vas, vi in aquam paulatim impressa, effecit ut haec quoque sensibiliter revolvi incipiat; recedet ipsa paulatim a medio, ascendetque ad latera vasis
figuram concavam induens, (ut ipse expertus sum) et incitatiore semper motu
ascendet magis et magis, donec revolutiones in aequalibus cum vase temporibus peragendo, quiescat in eodem relative. Indicat hic ascensus conatum recedendi ab axe motus, et per talem conatum innotescit et mensuratur
motus aquae circularis verus et absolutus, motuique relativo hic omnino
contrarius. Initio, ubi maximus erat aquae motus relativus in vase, motus
ille nullum excitabat conatum recedendi ab axe: aqua non petebat circum-
ferentiam ascendendo ad latera vasis, sed plana manebat, et propterea illius
verus motus circularis nondum inceperat. Postea vero, ubi aquae motus
relativus decrevit, ascensus ejus ad latera vasis indicabat conatum recedendi
ab axe; atque hic conatus monstrabat motum illius circularem verum perpetuo
crescentem, ac tandem maximum factum ubi aqua quiescebat in vase relative. Quare conatus iste non pendet a translatione aquae respectu corporum
ambientium, et propterea motus circularis verus per tales translationes definiri nequit. Unicus est corporis cujusque revolventis motus vere circularis,
conatui unico tanquam proprio et adaequato effectui respondens: motus
autem relativi pro variis relationibus ad externa innumeri sunt; et relationum
instar, effectibus veris omnino destituuntur, nisi quatenus verum illum et
unicum motum participant. Unde et in systemate eorum, qui coelos nostros
infra coelos fixarum in orbem revolvi volunt, et planetas secum deferre; sin-
gulae coelorum partes, et planetae qui relative quidem in coelis suis proximis quiescunt, moventur vere. Mutant enim positiones suas ad invicem
(secus quam sit in vere quiescentibus) unaque cum coelis delati participant
eorum motus, et ut partes revolventium totorum, ab eorum axibus recedere
conantur.

Quantitates relativae non sunt igitur eae ipsae quantitates, quarum
nomina prae se ferunt, sed sunt earum mensurae illae sensibiles (verae
an errantes) quibus vulgus loco quantitatum mensuratarum utitur. At si
ex usu definiendae sunt verborum significationes; per nomina illa temporis,
spatii, loci et motus proprie intelligendae erunt hae mensurae sensibiles;
et sermo erit insolens et pure mathematicus, si quantitates mensuratae
hic intelligantur. Proinde vim inferunt sacris literis, qui voces hasce de

quantitatibus mensuratis ibi interpretantur. Neque minus contaminant mathesin et philosophiam, qui quantitates veras cum ipsarum relationibus et vulgaribus mensuris confundunt.

Motus quidem veros corporum singulorum cognoscere et ab apparentibus actu discriminare, difficillimum est; propterea quod partes spatii illius immobilis, in quo corpora vere moventur, non incurrunt in sensus. Causa tamen non est prorsus desperata. Nam argumenta desumi possunt, partim ex motibus apparentibus qui sunt motuum verorum differentiae, partim ex viribus quae sunt motuum verorum causae et effectus. Ut si globi duo, ad datam ab invicem distantiam filo intercedente connexi, revolverentur circa commune gravitatis centrum; innotesceret ex tensicne fili conatus globorum recendendi ab axe motus, et inde quantitas motus circularis computari posset. Deinde si vires quaelibet aequales in alternas globorum facies ad motum circularem augendum vel minuendum simul imprimerentur, innotesceret ex aucta vel diminuta fili tensione augmentum vel decrementum motus; et inde tandem inveniri possent facies globorum in quas vires imprimi deberent, ut motus maxime augeretur; it est, facies posticae, sive quae in motu circulari sequuntur. Cognitis autem faciebus quae sequuntur, et faciebus oppositis quae praecedunt, cognosceretur determinatio motus. In hunc modum inveniri posset et quantitas et determinatio motus hujus circularis in vacuo quovis immenso, ubi nihil extaret externum et sensibile quocum globi conferri possent. Si jam constituerentur in spatio illo corpora aliqua longinqua datam inter se positionem servantia, qualia sunt stellae fixae in regionibus coelorum: sciri quidem non posset ex relativa globorum translatione inter corpora, utrum his an illis tribuendus esset motus. At si attenderetur ad filum et deprehenderetur tensionem ejus illam ipsam esse quam motus globorum requireret; concludere liceret motum esse globorum, et corpora quiescere; et tum demum ex translatione globorum inter corpora, determinationem hujus motus colligere. Motus autem veros ex eorum causis, effectibus, et apparentibus differentiis colligere, et contra ex motibus seu veris seu apparentibus eorum causas et effectus, docebitur fusius in sequentibus. Hunc enim in finem tractatum sequentem composui.

Scholium generale.

Hactenus phaenomena caelorum et maris nostri per vim gravitatis exposui, sed causam gravitatis nondum assignavi. Oritur utique haec vis a causa aliqua, quae penetrat ad usque centra solis et planetarum, sine virtutis diminutione; quaeque agit non pro quantitate superficierum particularum, in quas agit (ut solent causae mechanicae) sed pro quantitate materiae solidae, et cujus actio in immensas distantias undique extenditur, decrescendo semper in duplicata ratione distantiarum. Gravitas in solem componitur ex gravitatibus in singulas solis particulas, et recedendo a sole decrescit accurate in duplicata ratione distantiarum ad usque orbem saturni, ut ex quiete apheliorum planetarum manifestum est, et ad usque ultima cometarum aphelia, si modo aphelia illa quiescant. Rationem vero harum gravitatis proprietatum ex phaenomenis nondum potui deducere, et hypotheses non fingo. Quicquid enim ex phaenomenis non deducitur, hypothesis vocanda est; et hypotheses seu metaphysicae, seu physicae, seu qualitatum occultarum, seu mechanicae, in philosophia experimentali locum non habent. In hac philosophia propositiones deducuntur ex phaenomenis, et redduntur generales per inductionem. Sic impenetrabilitas, mobilitas, et impetus corporum et leges motuum et gravitatis innotuerunt. Et satis est quod gravitas revera existat, et agat secundum leges a nobis expositas, et ad corporum caelestium et maris nostri motus omnes sufficiat.

Adjicere jam liceret nonnulla de spiritu quodam subtilissimo corpora crassa pervadente, et in iisdem latente; cujus vi et actionibus particulae corporum ad minimas distantias se mutuo attrahunt, et contiguae factae cohaerent: et corpora electrica agunt ad distantias majores, tam repellendo quam attrahendo corpuscula vicina; et lux emittitur, reflectitur, refringitur, inflectitur, et corpora calefacit; et sensatio omnis excitatur, et membra animalium ad voluntatem moventur, vibrationibus scilicet hujus spiritus per solida nervorum capillamenta ab externis sensuum organis ad cerebrum et a cerebro in musculos propagatis. Sed haec paucis exponi non possunt; neque adest sufficiens copia experimentorum, quibus leges actionum hujus spiritus accurate determinari et monstrari debent.

D'Alembert.

DISCOURS PRÉLIMINAIRE.

La certitude des Mathématiques est un avantage que ces Sciences doivent principalement à la simplicité de leur objet. Il faut avouer même, que comme toutes les parties des Mathématiques n'ont pas un objet également simple, aussi la certitude proprement dite, celle qui est fondée sur des principes nécessairement vrais et évidens par eux-mêmes, n'appartient ni également, ni de la même maniere à toutes ces parties. Plusieurs d'entre'elles, appuyées sur des principes Physiques, c'est-à-dire sur des vérités d'expérience, ou sur de simples hypotheses, n'ont, pour ainsi dire, qu'une certitude d'expérience, ou même de pure supposition. Il n'y a, pour parler exactement, que celles qui traitent du calcul des grandeurs, et des propriétés générales de l'étendue, c'est-à-dire l'Algébre, la Géométrie et la Méchanique, qu'on puisse regarder comme marquées au sceau de l'évidence. Encore y a-t-il dans la lumiere que ces Sciences présentent à notre esprit, une espece de gradation, et, pour ainsi dire, de nuance à observer. Plus l'objet qu'elles embrassent est étendu, et considéré d'une maniere générale et abstraite, plus aussi leurs principes sont exempts de nuages et faciles à saisir. C'est par cette raison que la Géométrie est plus simple que la Méchanique, et l'une et l'autre moins simples que l'Algébre. Ce paradoxe ne paroîtra point tel à ceux qui ont étudié ces Sciences en Philosophes : les notions les plus abstraites, celles que le commun des hommes regarde comme les plus inaccessibles, sont souvent celles qui portent avec elles une plus grande lumiere : l'obscurité semble s'emparer de nos idées à mesure que nous examinons dans un objet plus de propriétés sensibles ; l'impénétrabilité, ajoûtée à l'idée de l'étendue, semble ne nous offrir qu'un mystere de plus ; la nature du mouvement est une énigme pour les Philosophes ; le principe Métaphysique des loix de la percussion ne leur est pas moins caché ; en un mot plus ils approfondissent l'idée qu'ils se forment de la matiere, et des propriétés qui la représentent, plus cette idée s'obscurcit et paroît vouloir leur échapper ;

plus ils se persuadent que l'existence des objets extérieurs, appuyée sur le
témoignage équivoque de nos sens, est ce que nous connoissons le moins
imparfaitement en eux.

Il résulte de ces réflexions, que pour traiter suivant la meilleure Méthode
possible quelque partie des Mathématiques que ce soit (nous pourrions même
dire quelque Science que ce puisse être) il est nécessaire non-seulement d'y
introduire et d'y appliquer autant qu'il se peut, des connoissances puisées
dans des Sciences plus abstraites, et par conséquent plus simples, mais encore d'envisager de la maniere la plus abstraite et la plus simple qu'il se
puisse, l'objet particulier de cette Science; de ne rien supposer, ne rien
admettre dans cet objet, que les propriétés que la Science même qu'on
traite y suppose. Delà résultent deux avantages: les principes reçoivent
toute la clarté dont ils sont susceptibles: ils se trouvent d'ailleurs réduits
au plus petit nombre possible, et par ce moyen ils ne peuvent manquer
d'acquérir en même tems plus d'étendue, puisque l'objet d'une Science
étant nécessairement déterminé, les principes en sont d'autant plus féconds,
qu'ils sont en plus petit nombre.

On a pensé depuis long-tems, et même avec succès, à remplir dans
les Mathématiques, une partie du plan que nous venons de tracer: on a
appliqué heureusement, l'Algébre à la Géométrie, la Géométrie à la Méchanique, et chacune de ces trois Sciences à toutes les autres, dont elles sont
la base et le fondement. Mais on n'a pas été si attentif, ni à réduire les
principes de ces Sciences au plus petit nombre, ni à leur donner toute la
clarté qu'on pouvoit désirer. La Méchanique surtout, est celle qu'il paroît
qu'on a négligée le plus à cet égard: aussi la plûpart de ses principes, ou
obscurs par eux-mêmes, ou énoncés et démontrés d'une maniere obscure,
ont-ils donné lieu à plusieurs questions épineuses. En général, on a été plus
occupé jusqu'à présent à augmenter l'édifice qu'à en éclairer l'entrée; et
on a pensé principalement à l'élever, sans donner à ses fondemens toute la
solidité convenable.

Je me suis proposé dans cet Ouvrage de satisfaire à ce double objet,
de reculer les limites de la Méchanique, et d'en applanir l'abord; et mon
but principal a été de remplir en quelque sorte un de ces objets par l'autre,
c'est-à-dire, non seulement de déduire les principes de la Méchanique des
notions les plus claires, mais de les appliquer aussi à de nouveaux usages;
de faire voir tout à la fois, et l'inutilité de plusieurs principes qu'on avoit
employés jusqu'ici dans la Méchanique, et l'avantage qu'on peut tirer de la
combinaison des autres pour le progrès de cette Science; en un mot,
d'étendre les principes en les réduisant. Telles ont été mes vûes dans le
Traité que je mets au jour. Pour faire connoître au Lecteur les moyens

par lesquels j'ai tâché de les remplir, il ne sera peut-être pas inutile d'entrer ici dans un examen raisonné de la Science qu'j'ai entrepris de traiter.

Le Mouvement et ses propriétés générales sont le premier et le principal objet de la Méchanique; cette Science suppose l'existence du Mouvement, et nous la supposerons aussi comme avouée et reconnue de tous les Physiciens. A l'égard de la nature du Mouvement, les Philosophes sont au contraire fort partagés là-dessus. Rien n'est plus naturel, je l'avoue, que de concevoir le Mouvement comme l'application successive du mobile aux différentes parties de l'espace indéfini, que nous imaginons comme le lieu des corps: mais cette idée suppose un espace dont les parties soient pénétrables et immobiles; or personne n'ignore que les Cartésiens (Secte qui à la vérité n'existe presque plus aujourd'hui) ne reconnoissent point d'espace distingué des corps, et qu'ils regardent l'étendue et la matiere comme une même chose. Il faut convenir qu'en partant d'un pareil principe, le Mouvement seroit la chose la plus difficile à concevoir, et qu'un Cartésien auroit peut-être beaucoup plutôt fait d'en nier l'existence, que de chercher à en définir la nature. Au reste, quelque absurde que nous paroisse l'opinion de ces Philosophes, et quelque peu de clarté et de précision qu'il y ait dans les Principes Métaphysiques sur lesquels ils s'efforcent de l'appuyer, nous n'entreprendrons point de la réfuter ici: nous nous contenterons de remarquer, que pour avoir une idée claire du Mouvement, on ne peut se dispenser de distinguer au moins par l'esprit deux sortes d'étendue: l'une, qui soit regardée comme impénétrable, et qui constitue ce qu'on appelle proprement les corps; l'autre, qui étant considérée simplement comme étendue, sans examiner si elle est pénétrable ou non, soit la mesure de la distance d'un corps à un autre, et dont les parties envisagées comme fixes et immobiles, puissent servir à juger du repos ou du mouvement des corps. Il nous sera donc toujours permis de concevoir un espace indéfini comme le lieu des corps, soit réel, soit supposé, et de regarder le Mouvement comme le transport du mobile d'un lieu dans un autre.

La considération du Mouvement entre quelquefois dans les recherches de Géométrie pure; c'est ainsi qu'on imagine souvent les lignes, droites ou courbes, engendrées par le Mouvement continu d'un point, les surfaces par le Mouvement d'une ligne, les solides enfin par celui d'une surface. Mais il y a entre la Méchanique et la Géométrie cette différence, non-seulement que dans celle-ci, la génération des Figures par le Mouvement est, pour ainsi dire, arbitraire, et de pure élégance, mais encore que la Géométrie ne considere dans le Mouvement que l'espace parcouru, au lieu que dans la Méchanique on a égard de plus au tems que le mobile employe à parcourir cet espace.

On ne peut comparer ensemble deux choses d'une nature différente, telles que l'espace et le tems: mais on peut comparer le rapport des parties du tems avec celui des parties de l'espace parcouru. Le tems par sa nature coule uniformément, et la Méchanique suppose cette uniformité. Du reste, sans connoître le tems en lui-même et sans en avoir de mesure précise, nous ne pouvons représenter plus clairement le rapport de ses parties, que par celui des portions d'une ligne droite indéfinie. Or l'analogie qu'il y a entre le rapport des parties d'une telle ligne, et celui des parties de l'espace parcouru par un corps qui se meut d'une maniere quelconque, peut toujours être exprimée par une équation: on peut donc imaginer une courbe, dont les abscisses représentent les portions du tems écoulé depuis le commencement du Mouvement, les ordonnées correspondantes désignant les espaces parcourus durant ces portions de tems: l'équation de cette courbe exprimera, non le rapport des tems aux espaces, mais, si on peut parler ainsi, le rapport du rapport que les parties de tems ont à leur unité, à celui que les parties de l'espace parcouru ont à la leur. Car l'équation d'une courbe peut être considérée, ou comme exprimant le rapport des ordonnées aux abscisses, ou comme l'équation entre le rapport que les ordonnées ont à leur unité, et le rapport que les abscisses correspondantes ont à la leur.

Il est donc évident que par l'application seule de la Géométrie et du calcul, on peut, sans le secours d'aucun autre principe, trouver les propriétés générales du Mouvement, varié suivant une loi quelconque. Mais comment arrive-t-il que le Mouvement d'un corps suive telle ou telle loi particuliere? C'est sur quoi la Géométrie seule ne peut rien nous apprendre, et c'est aussi ce qu'on peut regarder comme le premier Problême qui appartienne immédiatement à la Méchanique.

On voit d'abord fort clairement, qu'un corps ne peut se donner le Mouvement à lui-même. Il ne peut donc être tiré du repos, que par l'action de quelque cause étrangere. Mais continue-t-il à se mouvoir de lui-même, ou a-t-il besoin pour se mouvoir de l'action répétée de la cause? Quelque parti qu'on pût prendre là-dessus, il sera toujours incontestable, que l'existence du Mouvement étant une fois supposée sans aucune autre hypothese particuliere, la loi la plus simple qu'un mobile puisse observer dans son Mouvement, est la loi d'uniformité, et c'est par conséquent celle qu'il doit suivre, comme on le verra plus au long dans le premier Chapitre de ce Traité. Le Mouvement est donc uniforme par sa nature: j'avoue que les preuves qu'on a données jusqu'à présent de ce principe, ne sont peut-être pas fort convaincantes: on verra dans mon Ouvrage les difficultés qu'on peut y opposer, et le chemin que j'ai pris pour éviter de m'engager à les résoudre. Il me semble que cette loi d'uniformité essentielle au Mouvement considéré en lui-même, fournit une des meilleures raisons sur lesquelles la mesure du tems par le Mouvement uniforme puisse être appuyée. Aussi j'ai cru devoir entrer là-dessus dans quelque détail, quoiqu'au fond cette discussion puisse paroître étrangere à la Méchanique.

La *force d'inertie*, c'est-à-dire la propriété qu'ont les Corps de persévérer dans leur état de repos ou de Mouvement, étant une fois établie, il est clair que le Mouvement, qui a besoin d'une cause pour commencer au moins à exister, ne sauroit non plus être accéléré ou retardé que par une cause étrangere. Or quelles sont les causes capables de produire ou de changer le Mouvement dans les Corps? Nous n'en connoissons jusqu'à présent que de deux sortes: les unes se manifestent à nous en même-tems que l'effet qu'elles produisent, ou plutôt dont elles sont l'occasion: ce sont celles qui ont leur source dans l'action sensible et mutuelle des Corps, résultante de leur impénétrabilité: elles se réduisent à l'impulsion et à quelques autres actions dérivées de celle-là: toutes les autres causes ne se font connoître que par leur effet, et nous en ignorons entiérement la nature: telle est la cause qui fait tomber les Corps pesans vers le centre de la Terre, celle qui retient les Planètes dans leurs orbites, etc.

Nous verrons bientôt comment on peut déterminer les effets de l'impulsion, et des causes qui peuvent s'y rapporter: pour nous en tenir à celles de la seconde espece, il est clair que lorsqu'il est question des effets produits par de telles causes, ces effets doivent toujours être donnés indépendamment de la connoissance de la cause, puisqu'ils ne peuvent en être déduits: c'est ainsi que sans connoître la cause de la pesanteur, nous apprenons par l'expérience que les espaces décrits par un Corps qui tombe, sont entr'eux comme les quarrés des tems. En général, dans les Mouvemens variés dont les causes sont inconnues, il est évident que l'effet produit par la cause, soit dans un tems fini, soit dans un instant, doit toujours être donné par l'équation entre les tems et les espaces: cet effet une fois connu, et le principe da la force d'inertie supposé, on n'a plus besoin que de la Géométrie seule et du calcul, pour découvrir les propriétés de ces sortes de Mouvemens. Pourquoi donc aurions-nous recours à ce principe dont tout le monde fait usage aujourd'hui, que la force accélératrice ou retardatrice est proportionnelle à l'élément de la vitesse? principe appuyé sur cet unique axiome vague et obscur, que l'effet est proportionnel à la cause· Nous n'examinerons point si ce principe est de vérité nécessaire; nous avouerons seulement que les preuves qu'on en a apportées jusqu'ici, ne nous paroissent pas hors d'atteinte: nous ne l'adopterons pas non plus, avec quelques Géometres, comme de vérité purement contingente, ce qui ruineroit la certitude de la Méchanique, et la réduiroit à n'être plus qu'une Science expérimentale : nous nous contenterons d'observer, que vrai ou douteux, clair ou obscur, il est inutile à la Méchanique, et que par conséquent il doit en être banni.

Nous n'avons fait mention jusqu'à présent, que du changement produit dans la vitesse du mobile par les causes capables d'altérer son Mouvement: et nous n'avons point encore cherché ce qui doit arriver, si la cause motrice tend à mouvoir le corps dans une direction différente de celle qu'il a déja. Tout ce que nous apprend dans ce cas le principe de la force d'inertie, c'est que le mobile ne peut tendre qu'à décrire une ligne droite, et à la décrire uniformément : mais cela ne fait connoître ni sa vitesse ni sa direction. On est donc obligé d'avoir recours à un second principe, c'est celui qu'on appelle la composition des Mouvements, et par lequel on détermine le Mouvement unique d'un Corps qui tend à se mouvoir suivant différentes directions à la fois avec des vitesses données. On trouvera dans cet Ouvrage une démonstration nouvelle de ce principe, dans laquelle je me suis proposé, et d'éviter toutes les difficultés auxquelles sont sujettes les démonstrations qu'on en donne communément, et en même-tems de ne pas déduire d'un grand nombre de propositions compliquées, un principe qui étant l'un des premiers de la Méchanique, doit nécessairement être appuyé sur des preuves simples et faciles.

Comme le Mouvement d'un Corps qui change de direction, peut être regardé comme composé du Mouvement qu'il avoit d'abord et d'un nouveau Mouvement qu'il a reçû, de même le Mouvement que le Corps avoit d'abord peut être regardé comme composé du nouveau Mouvement qu'il a pris, et d'un autre qu'il a perdu. Delà il s'ensuit que les loix du Mouvement changé par quelques obstacles que ce puisse être, dépendent uniquement des loix du Mouvement détruit par ces mêmes obstacles. Car il est évident qu'il suffit de décomposer le Mouvement qu'avoit le Corps avant la rencontre de l'obstacle, en deux autres Mouvemens, tels, que l'obstacle ne nuise point à l'un, et qu'il anéantisse l'autre. Par-là, on peut non-seulement démontrer les loix du Mouvement changé par des obstacles insurmontables, les seules qu'on ait trouvées jusqu'à présent par cette Méthode ; on peut encore déterminer dans quel cas le Mouvement est détruit par ces mêmes obstacles. A l'égard des loix du Mouvement changé par des obstacles qui ne sont pas insurmontables en eux-mêmes, il est clair par la même raison qu'en général il ne faut pour déterminer ces loix, qu'avoir bien constaté celles de l'équilibre.

Or quelle doit être la loi générale de l'équilibre des Corps! Tous les Géometres conviennent, que deux Corps dont les directions sont opposées, se font équilibre quand leurs masses sont en raison inverse des vitesses avec lesquelles ils tendent à se mouvoir; mais il n'est peut-être pas facile de démontrer cette loi en toute rigueur, et d'une maniere qui ne renferme aucune obscurité; aussi la plûpart des Géometres ont-ils mieux aimé la traiter d'axiome, que de s'appliquer à la prouver. Cependant, si l'on y fait attention, on verra qu'il n'y a qu'un seul cas où l'équilibre se manifeste d'une maniere claire et distincte; c'est celui où les masses des deux Corps sont égales, et leurs vitesses égales et opposées. Le seul parti qu'on puisse prendre, ce me semble, pour démontrer l'équilibre dans les autres cas, est de les réduire, s'il se peut, à ce premier cas simple et évident par lui-même. C'est aussi ce que j'ai tâché de faire; le lecteur jugera si j'y ai réussi.

Le Principe de l'équilibre joint à ceux de la force d'inertie et du Mouvement composé, nous conduit donc à la solution de tous les Problêmes où l'on considere le Mouvement d'un Corps, en tant qu'il peut être altéré par un obstacle impénétrable et mobile, c'est-à-dire en général par un autre Corps à qui il doit nécessairement communiquer du Mouvement pour conserver au moins une partie du sien. De ces Principes combinés on peut donc aisément déduire les loix du Mouvement des Corps qui se choquent d'une maniere quelconque, ou qui se tirent par le moyen de quelque Corps interposé entr'eux, et auquel ils sont attachés.

Si les Principes de la force d'inertie, du Mouvement composé, et de l'équilibre, sont essentiellement différens l'un de l'autre, comme on ne peut s'empêcher d'en convenir; et si d'un autre côté, ces trois Principes suffisent à la Méchanique, c'est avoir réduit cette Science au plus petit nombre de Principes possible, que d'avoir établi sur ces trois Principes toutes les loix du Mouvement des Corps dans des circonstances quelconques, comme j'ai tâché de le faire dans ce Traité.

A l'égard des démonstrations de ces Principes en eux-mêmes, le plan que j'ai suivi pour leur donner toute la clarté et la simplicité dont elles m'ont paru susceptibles, a été de les déduire toujours de la considération seule du Mouvement, envisagé de la maniere la plus simple et la plus claire. Tout ce que nous voyons bien distinctement dans le Mouvement d'un Corps, c'est qu'il parcourt un certain espace, et qu'il employe un certain tems à le parcourir. C'est donc de cette seule idée qu'on doit tirer tous les Principes de la Méchanique, quand on veut les démontrer d'une maniere nette et précise; ainsi on ne sera point surpris qu'en conséquence de cette réflexion, j'aie, pour ainsi dire, détourné la vûe, de dessus les causes motrices, pour n'envisager uniquement que le Mouvement qu'elles produisent; que j'aie entiérement proscrit les forces inhérentes au Corps en Mouvement, êtres obscurs et Métaphysiques, qui ne sont capables que de répandre les ténèbres sur une Science claire par elle-même.

C'est par cette raison que j'ai cru ne devoir point entrer dans l'examen de la fameuse question des *forces vives*. Cette question qui depuis trente ans partage les Géometres, consiste à savoir, si la force des Corps en Mouvement est proportionnelle au produit de la masse par la vitesse ou au produit de la masse par le quarré de la vitesse: par exemple, si un Corps double d'un autre, et qui a trois fois autant de vitesse, a dix-huit fois autant de force ou six fois autant seulement. Malgré les disputes que cette question a causées, l'inutilité parfaite dont elle est pour la Méchanique, m'a engagé à n'en faire aucune mention dans l'Ouvrage que je donne aujourd'hui: je ne crois pas néanmoins devoir passer entiérement sous silence une opinion, dont *Leibnitz* a cru pouvoir se faire honneur comme d'une découverte; que le grand *Bernoulli* a depuis si savamment et si heureusement approfondie*); que *Mac-Laurin* a fait tous ses efforts pour renverser; et à laquelle enfin les écrits d'un grand nombre de Mathématiciens illustres ont contribué à intéresser le Public. Ainsi, sans fatiguer le Lecteur par le détail de tout ce qui a été dit sur cette question, il ne sera pas hors de propos d'exposer ici trés-succinctement les Principes qui peuvent servir à la résoudre.

Quand on parle de la force des Corps en Mouvement, ou l'on n'attache point d'idée nette au mot qu'on prononce, ou l'on ne peut entendre par-là en général, que la propriété qu'ont les Corps qui se meuvent, de vaincre les obstacles qu'ils rencontrent, ou de leur résister. Ce n'est donc ni par l'espace qu'un Corps parcourt uniformément, ni par le tems qu'il employe à le parcourir, ni enfin par la considération simple, unique et abstraite de sa masse et de sa vitesse qu'on doit estimer immédiatement la force; c'est uniquement par les obstacles qu'un Corps rencontre, et par la résistance que lui font ces obstacles. Plus l'obstacle qu'un Corps peut vaincre ou auquel il peut résister, est considérable, plus on peut dire que sa *force* est grande, pourvû que sans vouloir représenter par ce mot un prétendu être qui réside dans le Corps, on ne s'en serve que comme d'une maniere abrégée d'exprimer un fait, à peu près comme on dit qu'un Corps a deux fois autant de *vitesse* qu'un autre au lieu de dire qu'il parcourt en tems égal deux fois autant d'espace, sans prétendre pour cela que ce mot de *vitesse* représente un être inhérent au corps.

Ceci bien entendu, il est clair qu'on peut opposer au Mouvement d'un Corps trois sortes d'obstacles; ou des obstacles invincibles qui anéantissent

---

*) Voyez le Discours sur les loix de la communication du Mouvement, qui a mérité l'éloge de l'Académie en l'année 1726 où le *P. Maziere* remporta le prix. La raison pour laquelle la piece de *M. Bernoulli* ne fut point couronnée, se trouve dans l'éloge que j'ai publié de ce grand Géometre, quelques mois après sa mort, arrivée au commencement de 1748.

tout-à-fait son Mouvement, quel qu'il puisse être; ou des obstacles qui n'ayent précisément que la résistance nécessaire pour anéantir le Mouvement du Corps, et qui l'anéantissent dans un instant, c'est le cas de l'équilibre; ou enfin des obstacles qui anéantissent le Mouvement peu à peu, c'est le cas du Mouvement retardé. Comme les obstacles insurmontables anéantissent également toutes sortes de Mouvemens, ils ne peuvent servir à faire connoître la force: ce n'est donc que dans l'équilibre, ou dans le Mouvement retardé qu'on doit en chercher la mesure. Or tout le monde convient qu'il y a équilibre entre deux Corps, quand les produits de leurs masses par leurs vitesses virtuelles, c'est-à-dire par les vitesses avec lesquelles ils tendent à se mouvoir, sont égaux de part et d'autre. Donc dans l'équilibre le produit de la masse par la vitesse, ou ce, qui est la même chose, la quantité de Mouvement, peut représenter la force. Tout le monde convient aussi que dans le Mouvement retardé, le nombre des obstacles vaincus est comme le quarré de la vitesse; ensorte qu'un Corps qui a fermé un ressort, par exemple, avec une certaine vitesse, pourra avec une vitesse double fermer, ou tout à la fois, ou successivement, non pas deux, mais quatre ressorts semblables au premier, neuf avec une vitesse triple, et ainsi du reste. D'où les partisans des forces vives concluent que la force des Corps qui se meuvent actuellement, est en général comme le produit de la masse par le quarré de la vitesse. Au fond, quel inconvénient pourroit-il y avoir à ce que la mesure des forces fût différente dans l'équilibre et dans le Mouvement retardé, puisque, si on veut ne raisonner que d'après des idées claires, on doit n'entendre par le mot de *force*, que l'effet produit en surmontant l'obstacle ou en lui résistant? Il faut avouer cependant que l'opinion de ceux qui regardent la force comme le produit de la masse par la vitesse, peut avoir lieu non-seulement dans le cas de l'équilibre, mais aussi dans celui du Mouvement retardé, si dans ce dernier cas on mesure la force, non par la quantité absolue des obstacles, mais par la somme des résistances de ces mêmes obstacles. Car on ne sauroit douter que cette somme de résistances ne soit proportionnelle à la quantité de Mouvement, puisque, de l'aveu de tout le monde, la quantité de Mouvement que le Corps perd à chaque instant, est proportionnelle au produit de la résistance par la durée infiniment petite de l'instant, et que la somme de ces produits est évidemment la résistance totale. Toute la difficulté se réduit donc à savoir si on doit mesurer la force par la quantité absolue des obstacles, ou par la somme de leurs résistances. Il paroîtroit plus naturel de mesurer la force de cette derniere maniere; car un obstacle n'est tel qu'entant qu'il résiste, et c'est, à proprement parler, la somme des résistances qui est l'obstacle vaincu: d'ailleurs, en estimant ainsi la force, on a l'avantage

d'avoir pour l'équilibre et pour le Mouvement retardé une mesure commune: néanmoins comme nous n'avons d'idée précise et distincte du
mot de *force*, qu'en restraignant ce terme à exprimer un effet, je crois qu'on
doit laisser chacun le maître de se décider comme il voudra là-dessus; et
toute la question ne peut plus consister, que dans une discussion Métaphysique très-futile, ou dans une dispute de mots plus indigne encore d'occuper des Philosophes.

Tout ce que nous venons de dire suffit assez pour le faire sentir
à nos Lecteurs. Mais une réflexion bien naturelle achevera de les
en convaincre. Soit qu'un Corps ait une simple tendance à se mouvoir
avec une certaine vitesse, tendance arrêtée par quelque obstacle; soit
qu'il se meuve réellement et uniformément avec cette vitesse; soit enfin
qu'il commence à se mouvoir avec cette même vitesse, laquelle se consume et s'anéantisse peu à peu par quelque cause que ce puisse
être; dans tous ces cas, l'effet produit par le Corps est différent, mais le
Corps considéré en lui-même n'a rien de plus dans un cas que dans un
autre; seulement l'action de la cause qui produit l'effet est différemment
appliquée. Dans le premier cas, l'effet se réduit à une simple tendance,
qui n'a point proprement de mesure précise puisqu'il n'en résulte aucun
mouvement; dans le second, l'effet est l'espace parcouru uniformément
dans un tems donné, et cet effet est proportionnel à la vitesse; dans le
troisiéme, l'effet est l'espace parcouru jusqu'a l'extinction totale du Mouvement, et cet effet est comme le quarré de la vitesse. Or ces différens effets
sont évidemment produits par une même cause; donc ceux qui ont dit que
la force étoit tantôt comme la vitesse, tantôt comme son quarré, n'ont pu
entendre parler que de l'effet, quand ils se sont exprimés de la sorte. Cette
diversité d'effets provenans tous d'une même cause, peut servir, pour le dire
en passant, à faire voir le peu de justesse et de précision de l'axiome
prétendu, si souvent mis en usage, sur la proportionalité des causes à
leurs effets.

Enfin ceux mêmes qui ne seroient pas en état de remonter jusqu'aux
Principes Métaphysiques de la question de forces vives, verront aisément
qu'elle n'est qu'une dispute de mots, s'ils considerent que les deux partis
sont d'ailleurs entiérement d'accord sur les principes fondamentaux de
l'équilibre et du mouvement. Qu'on propose le même Problême de Méchanique à résoudre à deux Géometres, dont l'un soit adversaire et l'autre
partisan des forces vives, leurs solutions, si elles sont bonnes, seront toujours parfaitement d'accord; la question de la mesure des forces est donc
entiérement inutile à la Méchanique, et même sans aucun objet réel. Aussi
n'auroit-elle pas sans doute enfanté tant de volumes, si on se fût attaché

à distinguer ce qu'elle renfermoit de clair et d'obscur. En s'y prenant ainsi, on n'auroit eu besoin que de quelques lignes pour décider la question: mais il semble que la plûpart de ceux qui ont traité cette matiere, ayent craint de la traiter en peu de mots.

La réduction que nous avons faite de toutes les loix de la Méchanique à trois, celle de la force d'inertie, celle du mouvement composé, et celle de l'équilibre, peut servir à résoudre le grand Problême Métaphysique, proposé depuis peu par une des plus célébres Académies de l'Europe, *si les loix de la Statique et de la Méchanique sont de vérité nécessaire ou contingente?* Pour fixer nos idées sur cette question, il faut d'abord la réduire au seul sens raisonnable qu'elle puisse avoir. Il ne s'agit pas de décider si l'Auteur de la nature auroit pu lui donner d'autres loix que celles que nous y observons; dès qu'on admet un être intelligent capable d'agir sur la matiere, il est évident que cet être peut à chaque instant la mouvoir et l'arrêter à son gré, ou suivant des loix uniformes, ou suivant des loix qui soient différentes pour chaque instant et pour chaque partie de matiere; l'expérience continuelle des mouvemens de notre corps, nous prouve assez que la matiere, soumise à la volonté d'un principe pensant, peut s'écarter dans ses mouvemens de ceux qu'elle auroit véritablement si elle étoit abandonnée à elle-même. La question proposée se réduit donc à savoir si les loix de l'équilibre et du mouvement qu'on observe dans la nature, sont différentes de celles que la matiere abandonnée à elle-même auroit suivies; développons cette idée. Il est de la derniere évidence qu'en se bornant à supposer l'existence de la matiere et du mouvement, il doit nécessairement résulter de cette double existence certains effets; qu'un Corps mis en mouvement par quelque cause, doit ou s'arrêter au bout de quelque tems, ou continuer toujours à se mouvoir; qu'un corps qui tend à se mouvoir à la fois suivant les deux côtés d'un parallélogramme, doit nécessairement décrire, ou la diagonale, ou quelqu'autre ligne; que quand plusieurs Corps en mouvement se rencontrent et se choquent, il doit nécessairement arriver en conséquence de leur impénétrabilité mutuelle quelque changement dans l'état de tous ces Corps, ou au moins dans l'état de quelques-uns d'entr'eux. Or des différens effets possibles, soit dans le mouvement d'un Corps isolé, soit dans celui de plusieurs Corps qui agissent les uns sur les autres, il en est un qui dans chaque cas doit infailliblement avoir lieu en conséquence de l'existence seule de la matiere, et abstraction faite de tout autre principe différent, qui pourroit modifier cet effet ou l'altérer. Voici donc la route qu'un Philosophe doit suivre pour résoudre la question dont il s'agit. Il doit tâcher d'abord de découvrir par le raisonnement quelles seraient les loix de la Statique et de la Méchanique dans la matiere abandonnée à elle-

même; il doit examiner ensuite par l'expérience quelles sont ces loix dans
l'univers; si les unes et les autres sont différentes, il en conclura que les
loix de la Statique et de la Méchanique, telle que l'expérience les donne,
sont de vérité contingente, puisqu'elles seront la suite d'une volonté particuliere et expresse de l'être suprême; si au contraire les loix données par
l'expérience s'accordent avec celles que le raisonnement seul a fait trouver,
il en conclura que les loix observées sont de vérité nécessaire; non pas en
ce sens que le Créateur n'eût pû établir des loix toutes différentes, mais en
ce sens qu'il n'a pas jugé à propos d'en établir d'autres que celles qui
résultoient de l'éxistence même de la matiere.

Or nous croyons avoir démontré dans cet Ouvrage, qu'un Corps aban-
donné à lui-même doit persister éternellement dans son état de repos ou
de mouvement uniforme; nous croyons avoir démontré de même que s'il
tend à se mouvoir à la fois suivant les deux côtés d'un parallélogramme
quelconque, la diagonale est la direction qu'il doit prendre de lui-même;
et pour ainsi dire, choisir entre toutes les autres. Nous avons démontré
enfin que toutes les loix de la communication du mouvement entre les Corps
se reduisent aux lois de l'équilibre, et que les loix de l'équilibre se réduisent
elles-mêmes à celles de l'équilibre, de deux Corps égaux, animés en sens
contraires de vitesses virtuelles égales. Dans ce dernier cas les mouvemens
des deux Corps se détruiront évidemment l'un l'autre, et par une conséquence
géométrique il y aura encore nécessairement équilibre, lorsque les masses
seront en raison inverse des vitesses; il ne reste plus qu'à savoir si le cas
de l'équilibre est unique, c'est-à-dire si quand les masses ne seront pas en
raison inverse des vitesses, un des Corps devra nécessairement obliger l'autre
à se mouvoir. Or il est aisé de sentir que dés qu'il y a un cas possible
et nécessaire d'équilibre, il ne sauroit y en avoir d'autres: sans cela les
loix du choc des Corps, qui se réduisent nécessairement à celles de l'équilibre, deviendroient indéterminées; ce qui ne sauroit être, puisqu'un Corps
venant en choquer un autre, il doit necessairement en résulter un effet
unique, suite indispensable de l'existence et de l'impénétrabilité de ces Corps.
On peut d'ailleurs démontrer l'unité de la loi d'équilibre par un autre raisonnement, trop Mathématique pour être développé dans ce Discours, mais que
j'ai tâché de rendre sensible dans mon Ouvrage, et auquel je renvoye le
Lecteur.*)

De toutes ces réflexions, il s'ensuit que les loix de la Statique et
de la Méchanique, exposées dans ce Livre, sont celles qui résultent de
l'existence de la matiere et du mouvement. Or l'expérience nous prouve

---

*) Voyez l'article 46 à la fin du troisiéme cas, et l'article 47.

que ces loix s'observent en effet dans les Corps qui nous environnent. Donc les loix de l'équilibre et du mouvement, telles que l'observation nous les fait connoître, sont de vérité nécessaire. Un Métaphysicien se contenteroit peut-être de le prouver, en disant qu'il étoit de la sagesse du Créateur et de la simplicité de ses vûes, de ne point établir d'autres loix de l'équilibre et du mouvement, que celles qui résultent de l'existence même des Corps, et de leur impénétrabilité mutuelle; mais nous avons cru devoir nous abstenir de cette maniere de raisonner, parce qu'il nous a paru qu'elle porteroit sur un principe trop vague; la nature de l'être suprême nous est trop cachée pour que nous puissions connoître directement ce qui est ou n'est pas conforme aux vûes de sa sagesse; nous pouvons seulement entrevoir les effets de cette sagesse dans l'observation des loix de la nature, lorsque le raisonnement Mathématique nous aura fait voir la simplicité de ces loix, et que l'expérience nous en aura montré les applications et l'étendue.

Cette réflexion peut servir, ce me semble, à nous faire apprétier les démonstrations, que plusieurs Philosophes ont données des loix du mouvement d'après le principe des causes finales, c'est-à-dire d'après les vûes que l'Auteur de la nature a dû se proposer en établissant ces loix. De pareilles démonstrations ne peuvent avoir de force qu'autant qu'elles sont précédées et appuyées par des démonstrations directes et tirées de principes qui soient plus à notre portée; autrement il arriveroit souvent qu'elles nous induiroient en erreur. C'est pour avoir suivi cette route, pour avoir cru qu'il étoit de la sagesse du Créateur de conserver toujours la même quantité de mouvement dans l'univers, que Descartes s'est trompé sur les loix de la percussion. Ceux qui l'imiteroient courroient risque ou de se tromper comme lui, ou de donner pour un principe général ce qui n'auroit lieu que dans certains cas, ou enfin de regarder comme une loi primitive de la nature, ce qui ne seroit qu'une conséquence purement Mathématique de quelques formules.

Après avoir donné au Lecteur une idée générale de l'objet que je me suis proposé dans cet Ouvrage, il ne me reste plus qu'un mot à dire sur la forme que j'ai cru devoir lui donner. J'ai tâché dans ma premiere Partie de mettre, le plus qu'il m'a été possible, les Principes de la Méchanique à la portée des commençans; je n'ai pu me dispenser d'employer le calcul différentiel dans la théorie des mouvemens variés; c'est la nature du sujet qui m'y a contraint. Au reste, j'ai fait ensorte de renfermer dans cette premiere Partie un assez grand nombre de choses dans un fort petit espace, et si je ne suis point entré dans tout le détail que la matiere pouvoit comporter, c'est qu'uniquement attentif à l'exposition et au développement des principes essentiels de la Méchanique, et ayant pour but de réduire cet

Ouvrage à ce qu'il peut contenir de nouveau en ce genre, je n'ai pas cru devoir le grossir d'une infinité de propositions particulieres que l'on trouvera aisément ailleurs.

La seconde Partie, dans laquelle je me suis proposé de traiter des loix du mouvement des Corps entr'eux, fait la portion la plus considérable de l'Ouvrage: c'est la raison qui m'a engagé à donner à ce Livre le nom de *Traité de Dynamique*. Ce nom qui signifie proprement la Science des puissances ou causes motrices, pourroit paroître d'abord ne pas convenir à ce Livre, dans lequel j'envisage plutôt la Méchanique comme la Science des effets, que comme celle des causes: néanmoins comme le mot de *Dynamique* est fort usité aujourd'hui parmi les Savans, pour signifier la Science du mouvement des Corps, qui agissent les uns sur les autres d'une maniere quelconque, j'ai cru devoir le conserver, pour annoncer aux Géometres par le titre même de ce Traité, que je m'y propose principalement pour but de perfectionner et d'augmenter cette partie de la Méchanique. Comme elle n'est pas moins curieuse qu'elle est difficile, et que les Problêmes qui s'y rapportent composent une classe très-étendue, les plus grands Géometres s'y sont appliqués particuliérement depuis quelques années: mais ils n'ont résolu jusqu'à présent qu'un très-petit nombre de Problêmes de ce genre, et seulement dans des cas particuliers: la plûpart des solutions qu'ils nous ont données sont appuyées outre cela sur des principes que personne n'a encore démontrés d'une maniere générale; tels, par exemple, que celui de la con- servation des forces vives. J'ai donc cru devoir m'étendre principalement sur ce sujet, et faire voir comment on peut résoudre toutes les questions de Dynamique par une même Méthode fort simple et fort directe, et qui ne consiste que dans la combinaison dont j'ai parlé plus haut, des principes de l'équilibre et du mouvement composé. J'en montre l'usage dans un petit nombre de Problêmes choisis, dont quelques-uns sont déja connus, d'autres sont entiérement nouveaux, d'autres enfin ont été mal résolus, même par les plus Savans Mathématiciens.

L'élégance dans la solution d'un Problême, consistant surtout à n'y employer que des principes directs et en très-petit nombre, on ne sera pas surpris que l'uniformité qui regne dans toutes mes solutions, et que j'ai eue principalement en vûe, les rende quelquefois un peu plus longues, que si je les avois déduites des principes moins directs. La démonstration que j'aurois été obligé de faire de ces principes, ne pouvoit d'ailleurs que m'écarter de la briéveté que j'aurois cherché à me procurer par leur moyen et la portion la plus considérable de mon Livre, n'auroit plus été qu'un amas informe de Problêmes peu digne de voir le jour, malgré la variéte que j'ai tâché d'y répandre, et les difficultés qui sont particulieres à chacun d'eux.

Au reste, comme cette seconde Partie est destinée principalement à ceux, qui déja instruits du calcul différentiel et intégral, se seront rendus familiers les principes établis dans la premiere, ou seront déja exercés à la solution des Problêmes connus et ordinaires de la Méchanique; je dois avertir que pour éviter les circonlocutions, je me suis souvent servi du terme obscur de *force*, et de quelques autres qu'on employe communément quand on traite du mouvement des Corps; mais je n'ai jamais prétendu attacher à ces termes d'autres idées que celles qui résultent des principes que j'ai établis, soit dans ce Discours, soit dans la premiere Partie de ce Traité.

Enfin, du même principe qui me conduit à la solution de tous les Problêmes de Dynamique, je déduis aussi plusieurs propriétés du centre de gravité, dont les unes sont entiérement nouvelles, les autres n'ont été prouvées jusqu'à présent que d'une maniere vague et obscure, et je termine l'Ouvrage par une démonstration du principe appellé communément *la conservation des forces vives*.

L'accueil que le Public a fait à ce premier essai, lorsqu'il parût en 1743, m'a engagé à publier en 1744 un autre Ouvrage, dans lequel ce qui concerne le mouvement et l'équilibre des fluides a été traité suivant la même Méthode, et par le même principe. Cette matiere épineuse et délicate n'est pas la seule à laquelle j'aie appliqué ce principe; j'en ai fait le plus grand usage dans mes *Recherches sur la précession des Equinoxes*, Problême dont j'ai donné le premier la solution, long-tems et inutilement cherchée par de trés-grands Géometres; dans mon *Essai sur la résistance des fluides*, fondé sur une théorie entiérement nouvelle; dans mes *Réflexions sur la cause des vents*, pour calculer les oscillations que l'action du Soleil et de la Lune doivent produire dans notre Atmosphère, et que personne n'avoit encore entrepris de déterminer; enfin j'ose dire que plus j'ai eu d'occasions d'employer les Méthodes exposées et developpées dans cet Ouvrage, plus j'ai reconnu la simplicité, la généralité et la fécondité de ces Méthodes.

Lagrange.

SUR LES DIFFÉRENS PRINCIPES
DE LA STATIQUE.

La Statique est la science de l'équilibre des forces. On entend en général par *force* ou *puissance* la cause, quelle qu'elle soit, qui imprime ou tend à imprimer du mouvement au corps auquel on la suppose appliquée; et c'est aussi par la quantité du mouvement imprimé, ou prêt à imprimer, que la force ou puissance doit s'estimer. Dans l'état d'équilibre la force n'a pas d'exercice actuel; elle ne produit qu'une simple tendance au mouvement; mais on doit toujours la mesurer par l'effet qu'elle produirait si elle n'était pas arrêtée. En prenant une force quelconque, ou son effet pour l'unité, l'expression de toute autre force n'est plus qu'un rapport, une quantité mathématique qui peut être représentée par des nombres ou des lignes, c'est sous ce point de vue que l'on doit considérer les forces dans la Mécanique.

L'équilibre résulte de la destruction de plusieurs forces qui se combattent et qui anéantissent réciproquement l'action qu'elles exercent les unes sur les autres; et le but de la Statique est de donner les lois suivant lesquelles cette destruction s'opère. Ces lois sont fondées sur des principes généraux qu'on peut réduire à trois; celui du *levier*, celui de la *composition des forces*, et celui des *vitesses virtuelles*.

1. Archimède, le seul parmi les Anciens qui nous ait laissé une théorie de l'équilibre, dans ses deux Livres *de Æquiponderantibus*, ou *de Planorum*

æquilibriis, est l'auteur du principe du levier, lequel consiste, comme le savent tous les mécaniciens, en ce que si un levier droit est chargé de deux poids quelconques placés de part et d'autre du point d'appui, à des distances de ce point réciproquement proportionnelles aux mêmes poids, ce levier sera en équilibre, et son appui sera chargé de la somme des deux poids. Archimède prend ce principe, dans le cas des poids égaux placés à des distances égales du point d'appui, pour un axiome de Mécanique évident de soi-même, ou du moins pour un principe d'expérience; et il ramène à ce cas simple et primitif celui des poids inégaux, en imaginant ces poids lorsqu'ils sont commensurables, divisés en plusieurs parties toutes égales entre elles, et en supposant que les parties de chaque poids soient séparées et transportées de part et d'autre sur le même levier, à des distances égales, ensorte que le levier se trouve chargé de plusieurs petits poids égaux et placés à distances égales autour du point d'appui Ensuite il démontre la vérité du même théorème pour les poids incommensurables, à l'aide de la méthode d'exhaustion, en faisant voir qu'il ne saurait y avoir équilibre entre ces poids, à moins qu'ils ne soient en raison inverse de leurs distances au point d'appui.

Quelques auteurs modernes, comme Stevin dans sa Statique, et Galilée dans ses Dialogues sur le mouvement, ont rendu la démonstration d'Archimède plus simple, en supposant que les poids attachés au levier soient deux parallélépipèdes horizontaux pendus par leur milieu, et dont les largeurs et les hauteurs soient égales, mais dont les longueurs soient doubles des bras de levier qui leur répondent inversement. Car de cette manière les deux parallélépipèdes sont en raison inverse de leurs bras de levier, et en même temps ils se trouvent placés bout-à-bout, ensorte qu'ils n'en forment plus qu'un seul dont le point du milieu répond précisément au point d'appui du levier. Archimède avait déjà employé une considération semblable pour déterminer le centre de gravité d'une grandeur composée de deux surfaces paraboliques, dans la première proposition du second Livre de l'Équilibre des plans.

D'autres auteurs, au contraire, ont cru trouver des défauts dans la démonstration d'Archimède, et ils l'ont tournée de différentes façons, pour la rendre plus rigoureuse; mais il faut convenir qu'en altérant la simplicité de cette démonstration, ils n'y ont presque rien ajouté du côté de l'exactitude.

Cependant parmi ceux qui ont cherché à suppléer à la démonstration d'Archimède, sur l'équilibre du levier, on doit distinguer Huyghens, dont on a un petit écrit intitulé *Demonstratio æquilibrii bilancis*, et imprimé en 1693, dans le Recueil des anciens Mémoires de l'Académie des Sciences.

Huyghens observe qu'Archimède suppose tacitement que si plusieurs

poids égaux sont appliqués à un levier horizontal, à distances égales les
uns des autres, ils exercent la même force pour incliner le levier, soit qu'ils
se trouvent tous du même côté du point d'appui, soit qu'ils soient les uns
d'un côté et les autres de l'autre côté du point d'appui; et pour éviter
cette supposition précaire, au lieu de distribuer, comme Archimède, les parties
aliquotes des deux poids commensurables sur le même levier, de part et
d'autre des points où les poids entiers sont censés appliqués, il les distribue
de la même manière, mais sur deux autres leviers horizontaux et placés
perpendiculairement aux extrémités du levier principal, en forme de T; de
cette manière, on a un plan horizontal chargé de plusieurs poids égaux, et
qui est évidemment en équilibre sur la ligne du premier levier, parce que
les poids se trouvent distribués également et symétriquement des deux côtés
de cette ligne; mais Huyghens démontre que ce plan est aussi en équilibre
sur une droite inclinée à celle-là, et passant par le point qui divise le levier
primitif en parties réciproquement proportionnelles aux poids dont il est
supposé chargé, parce qu'il fait voir que les petits poids se trouvent aussi
placés à distances égales de part et d'autre de la même droite: d'où il
conclut que le plan, et par conséquent le levier proposé doit être en équilibre sur le même point.

Cette démonstration est ingénieuse, mais elle ne supplée pas entièrement
à ce qu'on peut en effet désirer dans celle d'Archimède.

2. L'équilibre d'un levier droit et horizontal, dont les extrémités sont
chargées de poids égaux, et dont le point d'appui est au milieu du levier,
est une vérité évidente par elle-même, parce qu'il n'y a pas de raison pour
que l'un des poids l'emporte sur l'autre, tout étant égal de part et d'autre
du point d'appui. Il n'en est pas de même de la supposition que la charge
de l'appui soit égale à la somme des deux poids. Il paraît que tous les
mécaniciens l'ont prise comme un résultat de l'expérience journalière, qui
apprend que le poids d'un corps ne dépend que de sa masse totale, et
nullement de sa figure*). On peut néanmoins déduire cette vérité de la
première, en considérant, comme Huyghens, l'équilibre d'un plan sur une ligne.

Pour cela, il n'y a qu'à imaginer un plan triangulaire chargé de deux
poids égaux aux deux extrémités de sa base, et d'un poids double à son
sommet. Ce plan sera évidemment en équilibre, étant appuyé sur une ligne

---

*) D'Alembert est, je crois, le premier qui ait cherché à démontrer cette propo-
sition; mais la démonstration qu'il en a donnée dans les Mémoires de l'Académie des
Sciences de 1769, n'est pas entièrement satisfaisante. Celle que M. Fourier a donnée
depuis dans le cinquième cahier du Journal de l'École Polytechnique, est rigoureuse et
très-ingénieuse; mais elle n'est pas tirée de la nature du levier.

droite ou axe fixe, qui passe par le milieu des deux côtés du triangle ; car on peut regarder chacun de ces côtés comme un levier chargé dans ses deux extrémités de deux poids égaux, et qui a son point d'appui sur l'axe qui passe par son milieu. Maintenant on peut envisager cet équilibre d'une autre manière, en regardant la base même du triangle comme un levier dont les extrémités sont chargées de deux poids égaux ; et en imaginant un levier transversal qui joigne le sommet du triangle et le milieu de sa base en forme de T, et dont une des extrémités soit chargée du poids double placé au sommet, et l'autre serve de point d'appui au levier qui forme la base. Il est évident que ce dernier levier sera en équilibre sur le levier transversal qui le soutient dans son milieu, et que celui-ci sera par conséquent en équilibre sur l'axe sur lequel le plan est déjà en équilibre. Or comme l'axe passe par le milieu des deux côtés du triangle, il passera aussi nécessairement par le milieu de la droite menée du sommet du triangle au milieu de sa base ; donc le levier transversal aura son point d'appui dans le point de milieu, et devra par conséquent être chargé également aux deux bouts. Donc la charge que supporte le point d'appui du levier qui fait la base du triangle, et qui est chargé à ses deux extrémités de poids égaux, sera égale au poids double du sommet, et par conséquent égale à la somme des deux poids.

Si, au lieu d'un triangle, on considérait un trapèze chargé à ses quatre angles de quatre poids égaux, on trouverait de la même manière, que les deux leviers de longueurs inégales, formant les côtés parallèles du trapèze, exercent sur leurs points d'appui des forces égales.

3. Cette proposition une fois établie, il est clair qu'on peut, ainsi qu'Archimède le fait, substituer à un poids en équilibre sur un levier, deux poids égaux chacun à la moitié de ce poids, et placés sur le même levier, à distances égales de part et d'autre du point où le poids est attaché. Car l'action de ce poids est la même que celle d'un levier suspendu par son milieu au même point, et chargé à ses deux bouts, de deux poids égaux chacun à la moitié du même poids, et il est évident que rien n'empêche d'approcher ce dernier levier du premier, de manière qu'il en fasse partie ; ou bien, ce qui est peut-être plus rigoureux, il n'y a qu'à regarder ce dernier levier comme étant tenu en équilibre par une force appliquée à son point de milieu, dirigée de bas en haut et égale au poids dont les deux moitiés sont censées appliquées à ses extrémités ; alors en appliquant ce levier en équilibre, sur le premier levier qui est supposé en équilibre sur son point d'appui, l'équilibre total subsistera toujours, et si l'application se fait de manière que le milieu du second levier coïncide avec l'extrémité

d'un des bras du premier levier, la force qui soutient le second levier pourra être censée appliquée au poids même dont ce bras est chargé, et qui, étant soutenu, n'aura plus d'action sur le levier, mais se trouvera ainsi remplacé par deux poids égaux chacun à sa moitié et placé de part et d'autre de ce poids sur le premier levier prolongé. Cette superposition d'équilibres est en Mécanique un principe aussi fécond que l'est en Géométrie la superposition des figures.

4. On peut donc regarder l'équilibre d'un levier droit et horizontal chargé de deux poids en raison inverse de leurs distances au point d'appui du levier, comme une vérité rigoureusement démontrée; et par le principe de la superposition, il est facile de l'étendre à un levier angulaire quelconque, dont le point d'appui serait dans l'angle, et dont les bras seraient tirés en sens contraire par des forces perpendiculaires à leurs directions. En effet, il est évident qu'un levier angulaire à bras égaux, et mobile autour du sommet de l'angle, sera tenu en équilibre par deux forces égales appliquées perpendiculairement aux extrémités des deux bras, et tendantes à les faire tourner en sens contraire. Si donc on a un levier droit en équilibre, dont l'un des bras soit égal à ceux du levier angulaire, et soit chargé à son extrémité d'un poids équivalent à chacune des puissances appliquées au levier angulaire, l'autre bras étant chargé du poids nécessaire pour l'équilibre; et qu'on superpose ces leviers de manière que le sommet de l'angle de l'un tombe sur le point d'appui de l'autre, et que les bras égaux de l'un et de l'autre coïncident et n'en forment plus qu'un: la puissance appliquée au bras du levier angulaire sontiendra le poids suspendu au bras égal du levier droit, de manière qu'on pourra faire abstraction de l'un et de l'autre, et supposer le bras formé de la réunion de ces deux-ci anéanti. L'équilibre subsistera donc encore entre les deux autres bras formant un levier angulaire tiré à ses extrémités par des forces perpendiculaires, et en raison inverse de la longueur des bras comme dans le levier droit.

Or une force peut être censée appliquée à tel point que l'on veut de sa direction. Donc deux forces, appliquées à des points quelconques d'un plan retenu par un point fixe, et dirigées comme on voudra dans ce plan, sont en équilibre lorsqu'elles sont entre elles en raison inverse des perpendiculaires abaissées de ce point sur leurs directions; car on peut regarder ces perpendiculaires comme formant un levier angulaire dont le point d'appui est le point fixe du plan: c'est ce qu'on appelle maintenant le principe *des momens,* en entendant par moment le produit d'une force par le bras du levier par lequel elle agit.

Ce principe général suffit pour résoudre tous les problèmes de la

Statique. La considération du treuil l'avait fait apercevoir dès les premiers pas que l'on a faits après Archimède, dans la théorie des machines simples, comme on le voit par l'ouvrage du Guide Ubaldi, intitulé *Mecanicorum liber*, qui a paru à Pesaro, en 1577; mais cet auteur n'a pas su l'appliquer au plan incliné, ni aux autres machines qui en dépendent, comme le coin et la vis dont il n'a donné qu'une théorie peu exacte.

5. Le rapport de la puissance au poids sur un plan incliné a été long-temps un problème parmi les Mécaniciens modernes. Stevin l'a résolu le premier; mais sa solution est fondée sur une considération indirecte et indépendante de la théorie du levier.

Stevin considère un triangle solide posé sur sa base horizontale, ensorte que ses deux côtés forment deux plans inclinés; et il imagine qu'un chapelet formé de plusieurs poids égaux, enfilés à des distances égales, ou plutôt une chaîne d'égale grosseur soit placée sur les deux côtés de ce triangle, de manière que toute la partie supérieure se trouve appliquée aux deux côtés du triangle, et que la partie inférieure pende librement au-dessous de la base, comme si elle était attachée aux deux extrémités de cette base.

Or Stevin remarque qu'en supposant que la chaîne puisse glisser librement sur le triangle, elle doit cependant demeurer en repos; car si elle commençait à glisser d'elle-même dans un sens, elle devrait continuer à glisser toujours, puisque la même cause de mouvement subsisterait, la chaîne se trouvant, à cause de l'uniformité de ses parties, placée toujours de la même manière sur le triangle, d'où résulterait un mouvement perpétuel, ce qui est absurde.

Il y a donc nécessairement équilibre entre toutes les parties de la chaîne; or on peut regarder la portion qui pend au-dessous de la base, comme étant déjà en équilibre d'elle-même; donc il faut que l'effort de tous les poids appuyés sur l'un des côtés, contrebalance l'effort des poids appuyés sur l'autre côté; mais la somme des uns est à la somme des autres, dans le même rapport que les longueurs des côtés sur lesquels ils sont appuyés. Donc il faudra toujours la même puissance pour soutenir un ou plusieurs poids placés sur un plan incliné, lorsque le poids total sera proportionnel à la longueur du plan, en supposant la hauteur la même; mais quand le plan est vertical, la puissance est égale au poids; donc, dans tout plan incliné, la puissance est au poids comme la hauteur du plan à sa longueur.

J'ai rapporté cette démonstration de Stevin, parce qu'elle est très-ingénieuse, et qu'elle est d'ailleurs peu connue. Au reste, Stevin déduit de cette théorie celle de l'équilibre entre trois puissances qui agissent sur un même point, et il trouve que cet équilibre a lieu lorsque les puissances

222 Lagrange.

sont parallèles et proportionnelles aux trois côtés d'un triangle rectiligne quelconque. Voyez les Elémens de Statique et les Additions à la Statique de cet auteur, dans les *Hypomnemata Mathematica*, imprimés à Leyde, en 1605, et dans les Œuvres de Stevin, traduites en français, et imprimées en 1634, par les Elzevirs. Mais on doit observer que ce théorème fondamental de la Statique, quoiqu'il soit communément attribué à Stevin, n'a cependant été démontré par cet auteur, que dans le cas où les directions de deux des puissances font entre elles un angle droit.

Stevin remarque avec raison qu'un poids appuyé sur un plan incliné et retenu par une puissance parallèle au plan, est dans le même cas que s'il était soutenu par deux fils, l'un perpendiculaire et l'autre parallèle au plan; et par sa théorie du plan incliné, il trouve que le rapport du poids à la puissance parallèle au plan, est comme l'hypoténuse à la base d'un triangle rectangle formé sur le plan par deux droites, l'une verticale et l'autre perpendiculaire au plan. Stevin se contente ensuite d'étendre cette proportion au cas où le fil qui retient le poids sur le plan incliné serait aussi incliné à ce plan, en construisant un triangle analogue avec les mêmes lignes, l'une verticale, l'autre perpendiculaire au plan, et en prenant la base dans la direction du fil; mais il faudrait pour cela qu'il eût démontré que la même proportion a lieu dans l'équilibre d'un poids soutenu sur un plan incliné par une puissance oblique au plan, ce qui ne peut pas se déduire de la considération de la chaîne imaginée par Stevin.

6. Dans les *Mécaniques* de Galilée, publiées d'abord en français par le père Mersenne en 1634, l'équilibre sur un plan incliné est réduit à celui d'un levier angulaire à deux bras égaux, dont l'un est supposé perpendiculaire au plan, et chargé du poids appuyé sur le plan, et dont l'autre est horizontal et chargé d'un poids équivalant à la puissance nécessaire pour retenir le poids sur le plan; cet équilibre est ensuite réduit à celui d'un levier droit et horizontal, en regardant le poids attaché au bras incliné, comme suspendu à un bras horizontal formant un levier droit avec le bras horizontal du levier angulaire. Ainsi le poids est à la puissance qui le soutient sur le plan incliné, en raison inverse de ces deux bras du levier droit, et il est facile de prouver que ces bras sont entre eux comme la hauteur du plan à sa longueur.

On peut dire que c'est là la première démonstration directe qu'on ait eue de l'équilibre sur un plan incliné. Galilée s'en est servi depuis pour démontrer rigoureusement l'égalité des vîtesses acquises par les corps pesans, en descendant d'une même hauteur sur des plans diversement inclinés, égalité qu'il s'était contenté de supposer dans la première édition de ses Dialogues.

Il eût été facile à Galilée de résoudre aussi le cas où la puissance qui retient le poids a une direction oblique au plan; mais ce nouveau pas n'a été fait que quelque temps après, par Roberval, dans un Traité de Mécanique imprimé en 1636, dans l'*Harmonie universelle* de Mersenne.

7. Roberval regarde aussi le poids appuyé sur le plan incliné comme attaché au bras d'un levier perpendiculaire au plan, et il considère la puissance comme une force appliquée au même bras, suivant une direction donnée; il a ainsi un levier à un seul bras, dont une extrémité est fixe, et dont l'autre extrémité est tirée par deux forces, celle du poids et celle de la puissance qui le retient; il substitue ensuite à ce levier un levier angulaire à deux bras perpendiculaires aux directions des deux forces et ayant le même point fixe pour point d'appui, et il suppose les deux forces appliquées aux bras de ce levier suivant leurs propres directions, ce qui lui donne pour l'équilibre le rapport du poids à la puissance, en raison inverse des deux bras du levier angulaire, c'est-à-dire des perpendiculaires menées du point fixe sur les directions du poids et de la puissance.

De là Roberval déduit l'équilibre d'un poids soutenu par deux cordes qui font entre elles un angle quelconque, en substituant au levier perpendiculaire au plan une corde attachée au point d'appui du levier, et à la puissance une autre corde tirée par une force dans la direction de cette puissance; et par différentes constructions et analogies un peu compliquées, il parvient à cette conclusion, que si de quelque point pris dans la verticale du poids, on mène une parallèle à l'une des cordes, jusqu'à la rencontre de l'autre corde, le triangle formé ainsi aura ses côtés proportionnels au poids et aux puissances qui agissent dans la direction des mêmes côtés, ce qui est, comme l'on voit, le théorème donné par Stevin.

J'ai cru devoir faire mention de cette démonstration de Roberval, non-seulement parce que c'est la première démonstration rigoureuse qu'on ait eue du théorème de Stevin, mais encore parce qu'elle est restée dans l'oubli dans un Traité d'Harmonie assez rare aujourd'hui, où personne ne s'avise de la chercher. Au reste, je ne suis entré dans ce détail sur ce qui regarde la théorie du levier, que pour faire plaisir à ceux qui aiment à suivre la marche de l'esprit dans les sciences, et à connaître les routes que les inventeurs ont tenues, et les routes plus directes qu'ils auraient pu tenir.

8. Les Traités de Statique qui ont paru après celui de Roberval, jusqu'à l'époque de la découverte de la composition des forces, n'ont rien ajouté à cette partie de la Mécanique; on n'y trouve que les propriétés déjà connues du levier et du plan incliné et leur application aux autres

machines simples; encore y en a-t-il quelques-uns qui renferment des théories peu exactes, comme celui de Lami sur l'équilibre des solides, où il donne une proportion fausse du poids à la puissance qui le retient sur un plan incliné. Je ne parle pas ici de Descartes, de Torricelli et de Wallis, parce qu'ils ont adopté pour l'équilibre un principe qui se rapporte à celui des vîtesses virtuelles, et dont ils n'avaient pas la démonstration.

9. Le second principe fondamental de la Statique est celui de la composition des forces. Il est fondé sur cette supposition, que si deux forces agissent à la fois sur un corps suivant différentes directions, ces forces équivalent alors à une force unique, capable d'imprimer au corps le même mouvement que lui donneraient les deux forces agissant séparément. Or un corps qu'on fait mouvoir uniformément suivant deux directions différentes à la fois, parcourt nécessairement la diagonale du parallélogramme dont il eût parcouru séparément les côtés en vertu de chacun des deux mouvemens. D'où l'on conclut que deux puissances quelconques qui agissent ensemble sur un même corps, sont équivalentes à une seule représentée dans sa quantité et sa direction, par la diagonale du parallélogramme dont les côtés représentent en particulier les quantités et les directions des deux puissances données. C'est en quoi consiste le principe qu'on nomme *la composition des forces*.

Ce principe suffit seul pour déterminer les lois de l'équilibre dans tous les cas; car en composant ainsi successivement toutes les forces deux à deux, on doit parvenir à une force unique qui sera équivalente à toutes ces forces, et qui par conséquent devra être nulle dans le cas d'équilibre, s'il n'y a dans le système aucun point fixe; mais s'il y en a un, il faudra que la direction de cette force unique passe par le point fixe. C'est ce qu'on peut voir dans tous les livres de Statique, et particulièrement dans la nouvelle Mécanique de Varignon, où la théorie des machines est déduite uniquement du principe dont nous venons de parler.

Il est évident que le théorème de Stevin sur l'équilibre de trois forces parallèles et proportionnelles aux trois côtés d'un triangle quelconque, est une conséquence immédiate et nécessaire du principe de la composition des forces, ou plutôt qu'il n'est que ce même principe présenté sous une autre forme. Mais celui-ci a l'avantage d'être fondé sur des notions simples et naturelles, au lieu que le théorème de Stevin ne l'est que sur des considérations indirectes.

10. Les Anciens ont connu la composition des mouvemens, comme on le voit par quelques passages d'Aristote, dans ses Questions mécaniques;

les géomètres surtout l'ont employée pour la description des courbes, comme Archimède pour le spirale, Nicomède pour la concohïde, etc.; et parmi les modernes, Roberval en a déduit une méthode ingénieuse de tirer les tangentes aux courbes qui peuvent être censées décrites par deux mouvemens dont la loi est donnée; mais Galilée est le premier qui ait employé la considération du mouvement composé dans la Mécanique, pour déterminer la courbe décrite par un corps pesant, en vertu de l'action de la gravité et de la force de projection.

Dans la seconde proposition de la quatrième Journée de ses Dialogues, Galilée démontre qu'un corps mu avec deux vîtesses uniformes, l'une horizontale, l'autre verticale, doit prendre une vîtesse représentée par l'hypoténuse du triangle dont les côtés représentent ces deux vîtesses; mais il paraît en même temps que Galilée n'a pas connu toute l'importance de ce théorème dans la théorie de l'équilibre; car dans le Dialogue troisième, où il traite du mouvement des corps pesans sur des plans inclinés, au lieu d'employer le Principe de la composition du mouvement pour déterminer directement la gravité relative d'un corps sur un plan incliné, il déduit plutôt cette détermination de la théorie de l'équilibre sur les plans inclinés, d'après ce qu'il avait établi auparavant dans son Traité *della Scienza Mecanica*, dans lequel il rappelle le plan incliné au levier.

On trouve ensuite la théorie des mouvemens composés dans les écrits de Descartes, de Roberval, de Mersenne, de Wallis, etc.: mais jusqu'à l'année 1687, dans laquelle ont paru les *Principes mathématiques* de Newton, et le *Projet de la nouvelle Mécanique* de Varignon, on n'avait point pensé à substituer dans la composition des mouvemens, les forces aux mouvemens qu'elles peuvent produire, et à déterminer la force composée résultante de deux forces données, comme on détermine le mouvement composé de deux mouvemens rectilignes et uniformes donnés.

Dans le second corollaire de la troisième loi du mouvement, Newton montre en peu de mots comment les lois de l'équilibre se déduisent facilement de la composition et décomposition des forces, en prenant la diagonale d'un parallélogramme pour la force composée de deux forces représentées par ses côtés; mais cet objet est traité plus en détail dans l'ouvrage de Varignon; et la *Nouvelle Mécanique* qui a paru après sa mort, en 1725, renferme une théorie complète sur l'équilibre des forces dans les différentes machines, déduite de la seule considération de la composition ou décomposition des forces.

11. Le principe de la composition des forces donne tout de suite les conditions de l'équilibre entre trois puissances qui agissent sur un point,

qu'on n'avait pu déduire de l'équilibre du levier que par une suite de
raisonnemens. Mais, d'un autre côté, lorsqu'on veut, par ce principe, trouver
les conditions de l'équilibre entre deux puissances parallèles appliquées aux
extrémités d'un levier droit, on est obligé d'employer des considérations
indirectes, en substituant un levier angulaire au levier droit, comme Newton
et d'Alembert l'ont fait, ou en ajoutant deux forces étrangères qui se
détruisent mutuellement, mais qui étant composées avec les puissances données, rendent leurs directions concurrentes, ou enfin en imaginant que les
directions des puissances prolongées concourent à l'infini, et en prouvant
que la puissance composée doit passer par le point d'appui; c'est la
manière dont s'y est pris Varignon dans sa Mécanique. Ainsi, quoique à
la rigueur les deux principes du levier et de la composition des forces
conduisent toujours aux mêmes résultats, il est remarquable que le cas le
plus simple pour l'un de ces principes, devient le plus compliqué pour
l'autre.

12. Mais on peut établir une liaison immédiate entre ces deux principes, par le théorème que Varignon a donné dans sa nouvelle Mécanique
(section Ire, Lemme XVI.), et qui consiste en ce que si, d'un point quelconque pris dans le plan d'un parallélogramme, on abaisse des perpendiculaires
sur la diagonale et sur les deux côtés qui comprennent cette diagonale, le
produit de la diagonale par sa perpendiculaire est égal à la somme des
produits des deux côtés par leurs perpendiculaires respectives, si le point
tombe hors du parallélogramme, ou à leur différence, s'il tombe dans le
parallélogramme. Varignon fait voir, par une construction très-simple,
qu'en formant des triangles qui aient la diagonale et les deux côtés pour
bases, et le point donné pour sommet commun, le triangle formé sur la
diagonale est, dans le premier cas, égal à la somme, et dans le second
cas, à la différence des deux triangles formés sur les côtés; ce qui est en
soi-même un beau théorème de Géométrie, indépendamment de son application à la Mécanique.
      Ce théorème aurait lieu également et la démonstration serait la même,
si, sur le prolongement de la diagonale et des côtés on prenait partout où
l'on voudrait des parties égales à ces lignes; de sorte que comme toute
puissance peut être supposée appliquée à un point quelconque de sa
direction, on peut conclure en général que deux puissances représentées en
quantité et en direction par deux droites placées dans un plan, ont une
composée ou résultante représentée en quantité et en direction par une
droite placée dans le même plan, qui étant prolongée passe par le point
de concours des deux droites et qui soit telle, qu'ayant pris dans ce plan

un point quelconque, et abaissé de ce point des perpendiculaires sur ces trois droites prolongées, s'il est nécessaire, le produit de la résultante par sa perpendiculaire soit égal à la somme ou à la différence des produits respectifs des deux puissances composantes par leurs perpendiculaires, selon que le point d'où partent les trois perpendiculaires, sera pris au dehors ou au dedans des droites qui représentent les puissances composantes.

Lorsque ce point est supposé tomber sur la direction de la résultante, cette puissance n'entre plus dans l'équation, et l'on a l'égalité entre les deux produits des composantes par leurs perpendiculaires; c'est le cas de tout levier droit et angulaire, dont le point d'appui est le même que le point dont il s'agit, parce qu'alors l'action de la résultante est détruite par la résistance de l'appui.

Ce théorème, dû à Varignon, est le fondement de presque toutes les Statiques modernes, où il constitue le principe général appelé des *momens*. Son grand avantage consiste en ce que la composition et la résolution des forces y sont réduites à des additions et des soustractions; de sorte que, quel que soit le nombre des puissances à composer, on trouve facilement la puissance résultante, laquelle doit être nulle dans le cas d'équilibre.

13. J'ai rapporté l'époque de la découverte de Varignon à celle de la publication de son projet, quoique dans l'Avertissement qui est à la tête de la *Nouvelle Mécanique*, on ait avancé qu'il avait donné deux ans auparavant, dans l'*Histoire de la République des Lettres*, un Mémoire sur les poulies à moufles, dans lequel il se servait des mouvemens composés pour déterminer tout ce qui regarde cette machine; mais je dois observer que cet article manque d'exactitude. Le Mémoire dont il s'agit sur les poulies, ne se trouve que dans les Nouvelles de la République des Lettres du mois de mai 1687, sous le titre de *Nouvelle Démonstration générale de l'usage des Poulies à moufle*. L'auteur y considère l'équilibre d'un poids soutenu par une corde qui passe sur une poulie, et dont les deux parties ne sont pas parallèles. Il n'y fait point usage ni même mention du principe de la composition des forces, mais il emploie les théorèmes déjà connus sur les poids soutenus par des cordes, et il cite les Statiques de Pardis et de Dechales. Dans une seconde démonstration, il réduit la question au levier, en regardant la droite qui joint les deux points où la corde abandonne la poulie, comme un levier chargé du poids appliqué à la poulie, et dont les extrémités sont tirées par les deux portions de la corde qui soutient la poulie.

Pour ne rien omettre de ce qui regarde l'histoire de la découverte de la composition des forces, je dois dire un mot d'un petit écrit publié par

Lami en 1687, sous le titre de *Nouvelle manière de démontrer les principaux Théorèmes des élémens des Mécaniques*. L'auteur observe que si un corps est poussé par deux forces suivant deux directions différentes, il suivra nécessairement une direction moyenne, de sorte que, si le chemin suivant cette direction lui était fermé, il demeurerait en repos, et les deux forces se feraient équilibre. Or il détermine la direction moyenne par la composition des deux mouvemens que le corps prendrait dans le premier instant en vertu de chacune des deux forces, si elles agissaient séparément, ce qui lui donne la diagonale du parallélogramme dont les deux côtés seraient les espaces parcourus en même temps par l'action des deux forces, et par conséquent proportionnels aux forces. De là il tire tout de suite le théorème que les deux forces sont entre elles en raison réciproque des sinus des angles que leurs directions font avec la direction moyenne que le corps prendrait s'il n'était pas arrêté; et il en fait l'application au plan incliné et au levier lorsque ses extrémités sont tirées par des puissances dont les directions font un angle; mais pour le cas où ces directions sont parallèles, il emploie un raisonnement vague et peu concluant.

La conformité du principe employé par Lami avec celui de Varignon, avait fait dire à l'auteur de l'*Histoire des Ouvrages des Savans* (avril 1688), qu'il y avait apparence que le premier devait au dernier la découverte de son principe. Lami s'est justifié de cette imputation, dans une Lettre publiée dans le Journal des Savans, du 13 septembre 1688, à laquelle le journaliste a répondu, au mois de décembre de la même année; mais cette contestation, à laquelle Varignon n'a point pris part, n'a pas été plus loin, et l'écrit de Lami paraît être tombé dans l'oubli.

Au reste, la simplicité du principe de la composition des forces, et la facilité de l'appliquer à tous les problèmes sur l'équilibre, l'ont fait adopter des mécaniciens aussitôt après sa découverte, et on peut dire qu'il sert de base à presque tous les Traités de Statique qui ont paru depuis.

14. On ne peut cependant s'empêcher de reconnaître que le principe du levier a seul l'avantage d'être fondé sur la nature de l'équilibre considéré en lui-même, et comme un état indépendant du mouvement; d'ailleurs il y a une différence essentielle dans la manière d'estimer les puissances qui se font équilibre dans ces deux principes; de sorte que, si l'on n'était pas parvenu à les lier par les résultats, on aurait pu douter avec raison s'il était permis de substituer au principe fondamental du levier, celui qui résulte de la considération étrangère des mouvemens composés.

En effet, dans l'équilibre du levier, les puissances sont des poids ou peuvent être regardés comme tels, et une puissance n'est censée double

ou triple d'une autre, qu'autant qu'elle est formée par la réunion de deux
ou trois puissances égales chacune à l'autre puissance; mais la tendance à
se mouvoir est supposée la même dans chaque puissance, quelle que soit
son intensité; au lieu que dans le principe de la composition des forces,
on estime la valeur des forces par le degré de vîtesse qu'elles communi-
queraient au corps auquel elles sont appliquées, si chacune était libre d'agir
séparément; et c'est peut-être cette différence dans la manière de concevoir
les forces, qui a empêché long-temps les mécaniciens d'employer les lois
connues de la composition des mouvemens dans la théorie de l'équilibre,
dont le cas le plus simple est celui de l'équilibre des corps pesans.

15. On a cherché depuis à rendre le principe de la composition des
forces indépendant de la considération du mouvement, et à l'établir uniquement sur des vérités évidentes par elles-mêmes. Daniel Bernoulli a donné
le premier, dans les Commentaires de l'Académie de Pétersbourg, tome Ier,
une démonstration très-ingénieuse du parallélogramme des forces, mais
longue et compliquée, que d'Alembert a ensuite rendue un peu plus simple
dans le premier volume de ses Opuscules.

Cette démonstration est fondée sur ces deux principes:
1°. Que si deux forces agissent sur un même point dans des directions
différentes, elles ont pour résultante une force unique qui divise en deux
également l'angle compris entre leurs directions lorsque les deux forces
sont égales, et qui est égale à leur somme lorsque cet angle est nul, ou à
leur différence, lorsque l'angle est de deux droits; 2° que des équi-multiples
des mêmes forces, ou des forces quelconques qui leur soient proportionnelles, ont une résultante équi-multiple de leur résultante ou proportionnelle
à cette résultante, les angles demeurant les mêmes.

Ce second principe est évident en regardant les forces comme des
quantités qui peuvent s'ajouter et se soustraire.

A l'égard du premier, on le démontre en considérant le mouvement
qu'un corps poussé par deux forces qui ne se font pas équilibre, doit
prendre, et qui, étant nécessairement unique, peut être attribué à une force
unique agissant sur lui dans la direction de son mouvement. Ainsi on peut
dire que ce principe n'est pas tout à fait exempt de la considération du
mouvement.

Quant à la direction de la résultante dans le cas de l'égalité des deux
forces, il est clair qu'il n'y a pas plus de raison pour qu'elle soit plus
inclinée à l'une qu'à l'autre de ces deux forces, et que par conséquent elle
doit couper l'angle de leurs directions en deux parties égales.

On a ensuite traduit en analyse le fond de cette démonstration, et on

lui a donné différentes formes plus ou moins simples, en considérant la
résultante comme fonction des forces composantes et de l'angle compris
entre leurs directions. (*Voyez* le second tome des Mélanges de la Société
de Turin, les Mémoires de l'Académie des Sciences de 1769, le sixième
volume des Opuscules de d'Alembert, etc.) Mais il faut avouer qu'en
séparant ainsi le principe de la composition des forces de celui de la
composition des mouvemens, on lui fait perdre ses principaux avantages,
l'évidence et la simplicité, et on le réduit à n'être qu'un résultat de constructions géométriques ou d'analyse.

16. Je viens enfin au troisième principe, celui des vîtesses virtuelles.
On doit entendre par *vitesse virtuelle* celle qu'un corps en équilibre est
disposé à recevoir, en cas que l'équilibre vienne à être rompu, c'est-à-dire,
la vîtesse que ce corps prendrait réellement dans le premier instant de son
mouvement; et le principe dont il s'agit consiste en ce que des puissances
sont en équilibre quand elles sont en raison inverse de leurs vîtesses virtuelles, estimées suivant les directions de ces puissances.

Pour peu qu'on examine les conditions de l'équilibre dans le levier
et dans les autres machines, il est facile de reconnaître cette loi, que le
poids et la puissance sont toujours en raison inverse des espaces que l'un
et l'autre peuvent parcourir en même temps; cependant il ne paraît pas
que les Anciens en aient eu connaissance. Guido Ubaldi est peut-être le
premier qui l'ait aperçue dans le levier et dans les poulies mobiles ou
moufles. Galilée l'a reconnue ensuite dans les plans inclinés et dans les
machines qui en dépendent, et il l'a regardée comme une propriété générale
de l'équilibre des machines. (Voyez son Traité de Mécanique et le scolie
de la seconde Proposition du troisième Dialogue, dans l'édition de Boulogne
de 1655.)

Galilée entend par *moment* d'un poids ou d'une puissance appliquée
à une machine, l'effort, l'action, l'énergie, l'*impetus* de cette puissance pour
mouvoir la machine, de manière qu'il y ait équilibre entre deux puissances,
lorsque leurs momens pour mouvoir la machine en sens contraires sont
égaux; et il fait voir que le moment est toujours proportionnel à la puissance
multipliée par la vîtesse virtuelle, dépendante de la manière dont la puissance agit.

Cette notion des momens a aussi été adoptée par Wallis, dans sa
Mécanique publiée en 1669. L'auteur y pose le principe de l'égalité des
momens pour fondement de la Statique, et il en déduit au long la théorie
de l'équilibre dans les principales machines.

Aujourd'hui on n'entend plus communément par *moment* que le produit d'une puissance par la distance de sa direction à un point, ou à une ligne, ou à un plan, c'est-à-dire par le bras de levier par lequel elle agit ; mais il me semble que la notion du *moment* donnée par Galilée et par Wallis, est bien plus naturelle et plus générale, et je ne vois pas pourquoi on l'a abandonnée pour y en substituer une autre qui exprime seulement la valeur du moment dans certains cas, comme dans le levier, etc.

Descartes a réduit pareillement toute la Statique à un principe unique qui revient, pour le fond, à celui de Galilée, mais qui est présenté d'une manière moins générale. Ce principe est, qu'il ne faut ni plus ni moins de force pour élever un poids à une certaine hauteur, qu'il en faudrait pour élever un poids plus pesant à une hauteur d'autant moindre, ou un poids moindre à une hauteur d'autant plus grande. (*Voyez* la Lettre 73 du tome Ier publié en 1657, et le Traité de Mécanique imprimé dans les Ouvrages posthumes.) D'où il résulte qu'il y aura équilibre entre deux poids, lorsqu'ils seront disposés de manière que les chemins perpendiculaires qu'ils peuvent parcourir ensemble, soient en raison réciproque des poids. Mais dans l'application de ce principe aux différentes machines, il ne faut considérer que les espaces parcourus dans le premier instant du mouvement, et qui sont proportionnels aux vîtesses virtuelles ; autrement on n'aurait pas les véritables lois de l'équilibre.

Au reste, soit qu'on regarde le principe des vîtesses virtuelles comme une propriété générale de l'équilibre, ainsi que l'a fait Galilée ; soit qu'on veuille le prendre avec Descartes et Wallis pour la vraie cause de l'équilibre, il faut avouer qu'il a toute la simplicité qu'on peut désirer dans un principe fondamental ; et nous verrons plus bas combien ce principe est encore recommandable par sa généralité.

Torricelli, fameux disciple de Galilée, est l'auteur d'un autre principe, qui dépend aussi de celui des vîtesses virtuelles ; c'est que, lorsque deux poids sont liés ensemble et placés de manière que leur centre de gravité ne puisse pas descendre, ils sont en équilibre dans cette situation. Torricelli ne l'applique qu'au plan incliné, mais il est facile de se convaincre qu'il n'a pas moins lieu dans les autres machines. (*Voyez* son Traité *de motu gravium naturaliter descendentium,* qui a paru en 1644.)

Le principe de Torricelli en a fait naître un autre, dont quelques auteurs ont fait usage pour résoudre avec plus de facilité différentes questions de Statique. C'est celui-ci : que dans un système de corps pesants en équilibre le centre de gravité est le plus bas qu'il est possible. En effet, on sait par la théorie *de maximis et minimis,* que le centre de gravité est le plus bas lorsque la différentielle de sa descente est nulle, ou, ce qui revient

au même, lorsque ce centre ne monte ni ne descend, tandis que le
système change infiniment peu de place.

17. Le principe des vîtesses virtuelles peut être rendu très-général, de
cette manière:

*Si un système quelconque de tant de corps ou points que l'on veut,
tirés chacun par des puissances quelconques, est en équilibre, et qu'on
donne à ce système un petit mouvement quelconque, en vertu duquel
chaque point parcoure un espace infiniment petit qui exprimera sa vîtesse
virtuelle, la somme des puissances multipliées chacune par l'espace que
le point où elle est appliquée parcourt suivant la direction de cette même
puissance, sera toujours égale à zéro, en regardant comme positifs les
petits espaces parcourus dans le sens des puissances, et comme négatifs
les espaces parcourus dans un sens opposé.*

Jean Bernoulli est le premier, que je sache, qui ait aperçu cette grande
généralité du principe des vîtesses virtuelles, et son utilité pour résoudre
les problèmes de Statique. C'est ce qu'on voit dans une de ses Lettres
à Varignon, datée de 1717, que ce dernier a placée à la tête de la section
neuvième de sa nouvelle Mécanique, section employée tout entière à montrer
par différentes applications la vérité et l'usage du principe dont il s'agit.

Ce même principe a donné lieu ensuite à celui que Maupertuis a
proposé dans les Mémoires de l'Académie des Sciences de Paris pour
l'année 1740, sous le nom de *Loi de repos*, et qu'Euler a développé davantage et rendu plus général dans les Mémoires de l'Académie de Berlin
pour l'année 1751. Enfin c'est encore le même principe qui sert de base
à celui que Courtivron a donné dans les Mémoires de l'Académie des
Sciences de Paris pour 1748 et 1749.

Et en général je crois pouvoir avancer que tous les principes généraux
qu'on pourrait peut-être encore découvrir dans la science de l'équilibre, ne
seront que le même principe des vîtesses virtuelles, envisagé différemment,
et dont ils ne différeront que dans l'expression.

Mais ce principe est non-seulement en lui-même très-simple et très-
général; il a de plus l'avantage précieux et unique de pouvoir se traduire
en une formule générale qui renferme tous les problèmes qu'on peut proposer sur l'équilibre des corps. Nous exposerons cette formule dans toute
son étendue; nous tâcherons même de la présenter d'une manière encore
plus générale qu'on ne l'a fait jusqu'a présent, et d'en donner des applications nouvelles.

18. Quant à la nature du principe des vîtesses virtuelles, il faut
convenir qu'il n'est pas assez évident par lui-même pour pouvoir être érigé

en principe primitif; mais on peut le regarder comme l'expression générale des lois de l'équilibre, déduites des deux principes que nous venons d'exposer. Aussi dans les démonstrations qu'on a données de ce principe, on l'a toujours fait dépendre de ceux-ci, par des moyens plus ou moins directs. Mais il y a en Statique un autre principe général et indépendant du levier et de la composition des forces, quoique les mécaniciens l'y rapportent communément, lequel paraît être le fondement naturel du principe des vîtesses virtuelles; on peut l'appeler le *principe des poulies*.

Si plusieurs poulies sont jointes ensemble sur une même chape, on appelle cet assemblage *polispaste*, ou *moufle*, et la combinaison de deux moufles, l'une fixe et l'autre mobile, embrassées par une même corde dont l'une des extrémités est fixement attachée, et l'autre est tirée par une puissance, forme une machine dans laquelle la puissance est au poids porté par la moufle mobile, comme l'unité est au nombre des cordons qui aboutissent à cette moufle, en les supposant tous parallèles et faisant abstraction du frottement et de la roideur de la corde; car il est évident qu'à cause de la tension uniforme de la corde dans toute sa longueur, le poids est soutenu par autant de puissances égales à celle qui tend la corde, qu'il y a de cordons qui soutiennent la moufle mobile, puisque ces cordons sont parallèles et qu'ils peuvent même être regardés comme n'en faisant qu'un, en diminuant si l'on veut à l'infini le diamètre des poulies.

En multipliant ainsi les moufles fixes et mobiles, et les faisant toutes embrasser par la même corde, au moyen de différentes poulies fixes de renvoi, la même puissance appliquée à son extrémité mobile pourra soutenir autant de poids qu'il y a de moufles mobiles, et dont chacun sera à cette puissance, comme le nombre des cordons de la moufle qui le soutient est à l'unité.

Substituons, pour plus de simplicité, un poids à la place de la puissance, après avoir fait passer sur une poulie fixe le dernier cordon qui soutient ce poids, que nous prendrons pour l'unité; et imaginons que les différentes moufles mobiles, au lieu de soutenir des poids, soient attachées à des corps regardés comme des points et disposés entre eux ensorte qu'ils forment un système quelconque donné. De cette manière, le même poids produira, par le moyen de la corde qui embrasse toutes les moufles, différentes puissances qui agiront sur les différens points du système, suivant la direction des cordons qui aboutissent aux moufles attachées à ces points, et qui seront au poids comme le nombre des cordons est à l'unité; ensorte que ces puissances seront représentées elles-mêmes par le nombre des cordons qui concourent à les produire par leur tension.

Or il est évident que, pour que le système tiré par ces différentes puissances demeure en équilibre, il faut que le poids ne puisse pas descendre par un déplacement quelconque infiniment petit des points du système; car le poids tendant toujours à descendre, s'il y a un déplacement du système qui lui permette de descendre, il descendra nécessairement et produira ce déplacement dans le système.

Désignons par α, β, γ, etc. les espaces infiniment petits que ce déplacement ferait parcourir aux différens points du système suivant la direction des puissances qui les tirent, et par P, Q, R, etc. le nombre des cordons des moufles appliquées à ces points, pour produire ces mêmes puissances; il est visible que les espaces α, β, γ, etc. seraient aussi ceux par lesquels les moufles mobiles se rapprocheraient des moufles fixes qui leur répondent, et que ces rapprochemens diminueraient la longueur de la corde qui les embrasse, des quantités $P\alpha$, $Q\beta$, $R\gamma$, etc.; de sorte qu'à cause de la longueur invariable de la corde, le poids descendrait par l'espace $P\alpha + Q\beta + R\gamma +$ etc. Donc il faudra, pour l'équilibre des puissances représentées par les nombres P, Q, R, etc., que l'on ait l'équation

$$P\alpha + Q\beta + R\gamma + \text{etc.} = 0,$$

ce qui est l'expression analytique du principe général des vîtesses virtuelles.

19. Si la quantité $P\alpha + Q\beta + R\gamma +$ etc., au lieu d'être nulle, était négative, il semble que cette condition suffirait pour établir l'équilibre, parce qu'il est impossible que le poids monte de lui-même; mais il faut considérer que, quelle que puisse être la liaison des points qui forment le système donné, les relations qui en résultent entre les quantités infiniment petites α, β, γ, etc., ne peuvent être exprimées que par des équations différentielles et par conséquent linéaires entre ces quantités; de sorte qu'il y en aura nécessairement une ou plusieurs d'entre elles qui resteront indéterminées et qui pourront être prises en plus ou en moins; par conséquent les valeurs de toutes ces quantités seront toujours telles, qu'elles pourront changer de signe à la fois. D'où il s'ensuit que si, dans un certain déplacement du système, la valeur de la quantité $P\alpha + Q\beta + R\gamma +$ etc. est négative, elle deviendra positive en prenant les quantités α, β, γ, etc. avec des signes contraires; ainsi le déplacement opposé étant également possible, ferait descendre le poids et détruirait l'équilibre.

20. Réciproquement, on peut prouver que si l'équation

$$P\alpha + Q\beta + R\gamma + \text{etc.} = 0$$

a lieu pour tous les déplacemens possibles infiniment petits du système, il sera nécessairement en équilibre; car le poids demeurant immobile dans ces déplacemens, les puissances qui agissent sur le système restent dans le même état, et il n'y a pas plus de raison pour qu'elles produisent l'un plutôt que l'autre des deux déplacemens dans lesquels les quantités α, β, γ, etc., ont des signes contraires. C'est le cas de la balance qui demeure en équilibre, parce qu'il n'y a pas plus de raison pour qu'elle s'incline d'un côté plutôt que de l'autre.

Le principe des vîtesses virtuelles étant ainsi démontré pour des puissances commensurables entre elles, le sera aussi pour des puissances quelconques incommensurables, puisqu'on sait que toute proposition qu'on démontre pour des quantités commensurables, peut se démontrer également par la *réduction à l'absurde*, lorsque ces quantités sont incommensurables.

SUR LES DIFFÉRENS PRINCIPES
DE LA DYNAMIQUE.

La Dynamique est la science des forces accélératrices ou retardatrices, et des mouvemens variés qu'elles doivent produire. Cette science est due entièrement aux modernes, et Galilée est celui qui en a jeté les premiers fondemens. Avant lui on n'avait considéré les forces qui agissent sur les corps que dans l'état d'équilibre ; et quoiqu'on ne pût attribuer l'accélération des corps pesans, et le mouvement curviligne des projectiles qu'à l'action constante de la gravité, personne n'avait encore réussi à déterminer les lois de ces phénomènes journaliers, d'après une cause si simple. Galilée a fait le premier ce pas important, et a ouvert par là une carrière nouvelle et immense à l'avancement de la Mécanique. Cette découverte est exposée et développée dans l'ouvrage intitulé : *Discorsi e dimostrazioni matematiche intorno a due nuove scienze*, lequel parut, pour la première fois, à Leyde, en 1638. Elle ne procura pas à Galilée, de son vivant, autant de célébrité que celles qu'il avait faites dans le ciel ; mais elle fait aujourd'hui la partie la plus solide et la plus réelle de la gloire de ce grand homme.

Les découvertes des satellites de Jupiter, des phases de Vénus, des taches du Soleil, etc. ne demandaient que des télescopes et de l'assiduité ; mais il fallait un génie extraordinaire pour démêler les lois de la nature dans des phénomènes que l'on avait toujours eus sous les yeux, mais dont l'explication avait néanmoins toujours échappé aux recherches des philosophes.

Huyghens, qui paraît avoir été destiné à perfectionner et compléter la plupart des découvertes de Galilée, ajouta à la théorie de l'accélération des graves celles du mouvement des pendules et des forces centrifuges, et prépara ainsi la route à la grande découverte de la gravitation universelle. La Mécanique devint une science nouvelle entre les mains de Newton, et ses *Principes Mathématiques*, qui parurent pour la première fois en 1687, furent l'époque de cette révolution.

Enfin l'invention du calcul infinitésimal mit les géomètres en état de réduire à des équations analytiques les lois du mouvement des corps; et la recherche des forces et des mouvemens qui en résultent, est devenue depuis le principal objet de leurs travaux.

Je me suis proposé ici de leur offrir un nouveau moyen de faciliter cette recherche; mais auparavant il ne sera pas inutile d'exposer les principes qui servent de fondement à la Dynamique, et de présenter la suite et la gradation des idées qui ont le plus contribué à étendre et à perfectionner cette science.

1. La théorie des mouvemens variés et des forces accélératrices qui les produisent, est fondée sur ces lois générales: que tout mouvement imprimé à un corps, est par sa nature uniforme et rectiligne, et que différens mouvemens imprimés à-la-fois ou successivement à un même corps, se composent de manière que le corps se trouve à chaque instant dans le même point de l'espace où il devrait se trouver en effet par la combinaison de ces mouvemens, s'ils existaient chacun réellement et séparément dans le corps. C'est dans ces deux lois que consistent les principes connus de la force d'inertie et du mouvement composé. Galilée a aperçu le premier ces deux principes, et en a déduit les lois du mouvement des projectiles, en composant le mouvement oblique, effet de l'impulsion communiquée au corps, avec sa chute perpendiculaire due à l'action de la gravité.

A l'égard des lois de l'accélération des graves, elles se déduisent naturellement de la considération de l'action constante et uniforme de la gravité, en vertu de laquelle les corps recevant dans des instans égaux des degrés égaux de vîtesse suivant la même direction, la vîtesse totale acquise au bout d'un temps quelconque, doit être proportionnelle à ce temps; et il est clair que ce rapport constant des vîtesses au temps, doit être lui-même proportionnel à l'intensité de la force que la gravité exerce pour mouvoir le corps; de sorte que dans le mouvement sur des plans inclinés, ce rapport ne doit pas être proportionnel à la force absolue de la gravité, comme dans le mouvement vertical, mais à sa force relative, laquelle dépend de l'inclinaison du plan, et se détermine par les règles de la Statique; ce qui fournit un moyen facile de comparer entre eux les mouvemens des corps qui descendent sur des plans différemment inclinés.

Cependant il ne paraît pas que Galilée ait découvert de cette manière les lois de la chute des corps pesans. Il a commencé, au contraire, par supposer la notion d'un mouvement uniformément accéléré, dans lequel les vîtesses croissent comme les temps; il en a déduit géométriquement les principales propriétés de cette espèce de mouvement, et surtout la loi de l'accroissement des espaces en raison des carrés des temps; ensuite il s'est assuré par des expériences, que cette loi a lieu effectivement dans le mouvement des corps qui tombent verticalement ou sur des plans quelconques inclinés. Mais pour pouvoir comparer entre eux les mouvemens sur différens plans inclinés, il a été obligé d'abord d'admettre ce principe précaire, que les vîtesses acquises en descendant de hauteurs verticales égales, sont aussi toujours égales; et ce n'est que peu avant sa mort, et après la publication de ses Dialogues, qu'il a trouvé la démonstration de ce principe, par la considération de l'action relative de la gravité sur les plans inclinés, démonstration qui a été ensuite insérée dans les autres éditions de cet Ouvrage.

2. Le rapport constant qui, dans les mouvemens uniformément accélérés, doit subsister entre les vîtesses et les temps, ou entre les espaces et les carrés des temps, peut donc être pris pour la mesure de la force accélératrice qui agit continuellement sur le mobile; parce qu'en effet cette force ne peut être estimée que par l'effet qu'elle produit dans le corps, et qui consiste dans les vîtesses engendrées, ou dans les espaces parcourus dans des temps donnés.

Ainsi il suffit, pour cette estimation des forces, de considérer le mouvement produit dans un temps quelconque, fini ou infiniment petit, pourvu que la force soit regardée comme constante pendant ce temps; par conséquent, quel que soit le mouvement du corps et la loi de son accélération, comme par la nature du calcul différentiel, on peut regarder comme constante, pendant un temps infiniment petit, l'action de toute force accélératrice, on pourra toujours déterminer la valeur de la force qui agit sur le corps à chaque instant, en comparant la vîtesse engendrée dans cet instant avec la durée du même instant, ou l'espace qu'elle fait parcourir pendant le même instant avec le carré de la durée de cet instant; et il n'est pas même nécessaire que cet espace ait été réellement parcouru par le corps, il suffit qu'il puisse être censé avoir été parcouru par un mouvement composé, puisque l'effet de la force est le même dans l'un et dans l'autre cas, par les principes du mouvement exposés plus haut.

C'est ainsi qu'Huyghens a trouvé que les forces centrifuges des corps mus dans des cercles avec des vîtesses constantes, sont comme les carrés des vîtesses divisés par les rayons des cercles, et qu'il a pu comparer ces forces avec la force de la pesanteur à la surface de la terre, comme on le voit par les démonstrations qu'il a laissées de ses théorèmes sur la force centrifuge publiés en 1673 a la fin du Traité intitulé: *Horologium oscillatorium*. En combinant cette théorie des forces centrifuges avec celle des développées, dont Huyghens est aussi l'auteur, et qui réduit à des arcs de cercle chaque portion infiniment petite d'une courbe quelconque, il lui était facile de l'étendre à toutes les courbes. Mais il était réservé à Newton de faire ce nouveau pas et de compléter la science des mouvemens variés et des forces accélératrices qui peuvent les engendrer. Cette science ne consiste maintenant que dans quelques formules différentielles très-simples; mais Newton a constamment fait usage de la méthode géométrique simplifiée par la considération des premières et dernières raisons, et s'il s'est quelquefois servi du calcul analytique, c'est uniquement la méthode des séries qu'il a employée, laquelle doit être distinguée de la méthode différentielle, quoiqu'il soit facile de les rapprocher et de les rappeler à un même principe.

Les géomètres qui ont traité, après Newton, la théorie des forces accélératrices, se sont presque tous contentés de généraliser ses théorèmes, et de les traduire en expressions différentielles. De là les différentes formules des forces centrales qu'on trouve dans plusieurs ouvrages de Mécanique, mais dont on ne fait plus guère usage, parce qu'elles ne s'appliquent qu'aux courbes qu'on suppose décrites en vertu d'une force unique tendante vers un centre, et qu'on a maintenant des formules générales pour déterminer les mouvemens produits par des forces quelconques.

3. Si l'on conçoit que le mouvement d'un corps et les forces qui le sollicitent soient décomposées suivant trois lignes droites perpendiculaires entre elles, on pourra considérer séparément les mouvemens et les forces relatives à chacune de ces trois directions. Car, à cause de la perpendicularité des directions, il est visible que chacun de ces mouvemens partiels peut être regardé comme indépendant des deux autres, et qu'il ne peut recevoir d'altération que de la part de la force qui agit dans la direction de ce mouvement, d'où l'on peut conclure que ces trois mouvemens doivent suivre, chacun en particulier, les lois des mouvemens rectilignes accélérés ou retardés par des forces données. Or dans le mouvement rectiligne, l'effet de la force accélératrice ne consistant qu'à altérer la vîtesse du corps, cette force doit être mesurée par le rapport entre l'accroissement ou le décroissement de la vîtesse pendant un instant quelconque, et la durée de cet instant, c'est-à-dire par la différentielle de la vîtesse divisée par celle

du temps; et comme la vîtesse elle-même est exprimée dans les mouvemens variés, par la différentielle de l'espace, divisée par celle du temps, il
s'ensuit que la force dont il s'agit sera mesurée par la différentielle seconde
de l'espace, divisée par le carré de la différentielle première du temps,
supposée constante. Donc aussi la différentielle seconde de l'espace que le
corps parcourt ou est censé parcourir suivant chacune des trois directions
perpendiculaires, divisée par le carré de la différentielle constante du temps,
exprimera la force accélératrice dont le corps doit être animé suivant cette
même direction, et devra par conséquent être égalée à la force actuelle
qui est supposée agir dans cette direction. C'est ce qui constitue le
principe si connu des forces accélératrices.

Il n'est pas nécessaire que les trois directions auxquelles on rapporte
le mouvement instantané du corps soient absolument fixes, il suffit qu'elles
le soient pendant la durée d'un instant. Ainsi dans les mouvemens en ligne
courbe, on peut prendre à chaque instant ces directions, l'une dans la
tangente, et les deux autres dans les perpendiculaires à la courbe. Alors
la force accélératrice qui agit suivant la tangente, et qu'on nomme *force
tangentielle*, sera toute employée à altérer la vîtesse absolue du corps, et
sera exprimée par l'élément de cette vîtesse divisée par l'élément du temps.

Les forces normales, au contraire, ne feront que changer la direction
du corps, et dépendront de la courbure de la ligne qu'il décrit. En réduisant les forces normales à une seule, cette force composée doit se
trouver dans le plan de la courbure, et être exprimée par le carré de la
vîtesse divisé par le rayon osculateur, puisque à chaque instant le corps
peut être regardé comme mû dans le cercle osculateur.

C'est ainsi qu'on a trouvé les formules connues des forces tangentielles
et des forces normales, dont on s'est servi long-temps pour résoudre les
problèmes sur le mouvement des corps animés par des forces données.
La Mécanique d'Euler, qui a paru en 1736, et qu'on doit regarder comme
le premier grand ouvrage où l'Analyse ait été appliquée à la science du
mouvement, est encore toute fondée sur ces formules; mais on les a
presque abandonnées depuis, parce qu'on a trouvé une manière plus
simple d'exprimer l'effet des forces accélératrices sur le mouvement
des corps.

Elle consiste à rapporter le mouvement du corps, et les forces qui le
sollicitent, à des directions fixes dans l'espace. Alors en employant pour
déterminer le lieu un corps dans l'espace, trois coordonnées rectangles qui
aient ces mêmes directions, les variations de ces coordonnés représenteront
évidemment les espaces parcourus par le corps suivant les directions de
ces coordonnées; par conséquent leurs différentielles secondes, divisées par

le carré de la différentielle constante du temps, exprimeront les forces accélératrices qui doivent agir suivant ces mêmes coordonnées; ainsi en égalant ces expressions à celles des forces données par la nature du problème, on aura trois équations semblables qui serviront à déterminer toutes les circonstances du mouvement. Cette manière d'établir les équations du mouvement d'un corps animé par des forces quelconques, en le réduisant à des mouvemens rectilignes, est, par sa simplicité, préférable à toutes les autres; elle aurait dû se présenter d'abord, mais il paraît que Maclaurin est le premier qui l'ait employée dans son Traité des *Fluxions*, qui a paru en anglais en 1742; elle est maintenant universellement adoptée.

4. Par les principes qui viennent d'être exposés, on peut donc déterminer les lois du mouvement d'un corps libre, sollicité par des forces quelconques, pourvu que le corps soit regardé comme un point.

On peut aussi appliquer ces principes à la recherche du mouvement de plusieurs corps qui exercent les uns sur les autres une attraction mutuelle, suivant une loi qui soit comme une fonction connue des distances; enfin il n'est pas difficile de les étendre aux mouvemens dans des milieux résistans, ainsi qu'à ceux qui se font sur des surfaces courbes données; car la résistance du milieu n'est autre chose qu'une force qui agit dans une direction opposée à celle du mobile; et lorsqu'un corps est forcé de se mouvoir sur une surface donnée, il y a nécessairement une force perpendiculaire à la surface qui l'y retient, et dont la valeur inconnue peut se déterminer d'après les conditions qui résultent de la nature de la même surface.

Mais si on cherche le mouvement de plusieurs corps qui agissent les uns sur les autres par impulsion ou par pression, soit immédiatement comme dans le choc ordinaire, ou par le moyen de fils ou de leviers inflexibles auxquels ils soient attachés, ou en général par quelqu'autre moyen que ce soit, alors la question est d'un ordre plus élevé, et les principes précédens sont insuffisans pour la résoudre. Car ici les forces qui agissent sur les corps sont inconnues, et il faut déduire ces forces de l'action que les corps doivent exercer entre eux, suivant leur disposition mutuelle. Il est donc nécessaire d'avoir recours à un nouveau principe qui serve à déterminer la force des corps en mouvement, eu égard à leur masse et à leur vîtesse.

5. Ce principe consiste en ce que, pour imprimer à une masse donnée une certaine vîtesse suivant une direction quelconque, soit que cette masse soit en repos ou en mouvement, il faut une force dont la valeur soit proportionnelle au produit de la masse par la vîtesse, et dont la direction

soit la même que celle de cette vîtesse. Ce produit de la masse d'un corps multipliée par sa vîtesse, s'appelle communément la *quantité de mouvement de ce corps*, parce qu'en effet c'est la somme des mouvemens de toutes les parties matérielles du corps. Ainsi les forces se mesurent par les quantités de mouvement qu'elles sont capables de produire, et réciproquement la quantité de mouvement d'un corps est la mesure de la force que le corps est capable d'exercer contre un obstacle, et qui s'appelle la *percussion*. D'où il s'ensuit que si deux corps non élastiques viennent à se choquer directement en sens contraitre avec des quantités de mouvement égales, leurs forces doivent se contrebalancer et se détruire, par conséquent les corps doivent s'arrêter et demeurer en repos. Mais si le choc se faisait par le moyen d'un levier, il faudrait pour la destruction du mouvement des corps, que leurs forces suivissent la loi connue de l'équilibre du levier.

Il paraît que Descartes a aperçu le premier le principe que nous venons d'exposer, mais il s'est trompé dans son application au choc des corps, pour avoir cru que la même quantité de mouvement absolu devait toujours se conserver.

Wallis est proprement le premier qui ait eu une idée nette de ce principe, et qui s'en soit servi avec succés pour découvrir les lois de la communication du mouvement dans le choc des corps durs ou élastiques, comme on le voit dans les Transactions Philosophiques de 1669, et dans la troisième partie de son Traité *de Motu*, imprimé en 1671.

De même que le produit de la masse et de la vîtesse exprime la force finie d'un corps en mouvement, ainsi le produit de la masse et de la force accélératrice que nous avons vu être représentée par l'élément de la vîtesse divisé par l'élément du temps, exprimera la force élémentaire ou naissante; et cette quantité, si on la considère comme la mesure de l'effort que le corps peut faire en vertu de la vîtesse élémentaire qu'il a prise, ou qu'il tend à prendre, constitue ce qu'on nomme *pression*; mais si on la regarde comme la mesure de la force ou puissance nécessaire pour imprimer cette même vîtesse, elle est alors ce qu'on nomme *force motrice*. Ainsi des pressions, ou des forces motrices, se détruiront ou se feront équilibre si elles sont égales et directement opposées, ou si étant appliquées à une machine quelconque, elles suivent les lois de l'équilibre de cette machine.

6. Lorsque des corps sont joints ensemble, de manière qu'ils ne puissent obéir librement aux impulsions reçues, et aux forces accélératrices dont ils sont animés, ces corps exercent nécessairement les uns sur les

autres des pressions continuelles qui altèrent leurs mouvement, et en rendent la détermination difficile.

Le premier problème et le plus simple de ce genre dont les géomètres se soient occupés, est celui du centre d'oscillation. Ce problème a été fameux au commencement du siècle dernier et même dès le milieu du précédent, par les efforts et les tentatives que les plus grands géomètres ont faits pour en venir à bout ; et comme c'est principalement à ces tentatives qu'on doit les progrès immenses que la Dynamique a faits depuis, je crois devoir en donner ici une histoire succincte, pour montrer par quels degrés cette science s'est élevée à la perfection où elle paraît être parvenue dans ces derniers temps.

Les Lettres de Descartes offrent les premières traces des recherches sur le centre d'oscillation. On y voit que Mersenne avait proposé aux géomètres de déterminer la grandeur que doit avoir un corps de figure quelconque, pour qu'étant suspendu par un point, il fasse ses oscillations dans le même temps qu'un fil de longueur donnée, et chargé d'un seul poids à son extrémité. Descartes observe que cette question a quelque rapport avec celle du centre de gravité, et que de même que dans un corps pesant qui tombe librement, il y a un centre de gravité autour duquel les efforts de la pesanteur de toutes les parties du corps se font équilibre, ensorte que ce centre descend de la même manière que si le reste du corps était anéanti, ou qu'il fût concentré dans le même centre ; ainsi dans le corps pesans qui tournent autour d'un axe fixe, il doit y avoir un centre, qu'il appelle *centre d'agitation*, autour duquel les forces *d'agitation* de toutes les parties du corps se contrebalancent, de manière que ce centre étant libre de l'action de ces forces, puisse être mû comme il le serait si les autres parties du corps étaient anéanties, ou concentrées dans ce même centre ; que par conséquent tous les corps dans lesquels ce centre sera également éloigné de l'axe de rotation, feront leur vibration dans le même temps.

D'après cette notion du centre d'agitation, Descartes donne une méthode générale de le déterminer dans le corps de figure quelconque ; cette méthode consiste à chercher le centre de gravité des forces d'agitation de toutes les parties du corps, en estimant ces forces par les produits des masses multipliées par les vîtesses qui sont ici proportionnelles aux distances de l'axe de rotation, et en supposant que les parties du corps soient projetées sur le plan qui passe par son centre de gravité et par l'axe de rotation, de manière qu'elles conservent leurs distances à cet axe.

Cette solution de Descartes devint un sujet de contestation entre lui et Roberval. Celui-ci prétendait qu'elle n'était bonne que lorsque toutes les parties du corps sont réellement ou peuvent être censées placées dans un même plan passant par l'axe de rotation, que dans tous les autres cas il ne fallait considérer que les mouvemens perpendiculaires au plan passant par l'axe de rotation et par le centre de gravité du corps, et qu'on devait rapporter chaque particule au point où ce plan est rencontré par la direction du mouvement de cette particule, direction qui est toujours perpendiculaire au plan mené par cette particule et par l'axe de rotation. Mais il est facile de prouver que, par rapport à l'axe de rotation, les momens des forces estimées de cette manière sont toujours égaux à ceux des forces estimées de cette manière sont toujours égaux à ceux des forces estimées suivant la méthode de Descartes.

Roberval prétendit, avec plus de fondement, que Descartes n'avait cherché que le centre de percussion, autour duquel les chocs ou les momens de percussion sont égaux, et que pour trouver le vrai centre d'oscillation d'un pendule pesant, il fallait aussi avoir égard à l'action de la gravité, en vertu de laquelle le pendule se meut. Mais cette recherche étant supérieure à la Mécanique de ces temps-là, les géomètres continuèrent à supposer tacitement que le centre de percussion était le même que celui d'oscillation, et Huyghens fut le premier qui envisagea ce dernier centre sous son vrai point de vue; aussi crut-il devoir regarder ce problème comme entièrement neuf, et ne pouvant le résoudre par les lois connues du mouvement, il inventa un principe nouveau, mais indirect, lequel est devenu célèbre depuis, sous le nom de *conservation des forces vives*.

7. Un fil considéré comme une ligne inflexible, sans pesanteur et sans masse, étant attaché par un bout à un point fixe, et chargé à l'autre bout d'un petit poids qu'on puisse regarder comme réduit à un point, forme ce qu'on appelle un *pendule simple;* et la loi des vibrations de ce pendule dépend uniquement de sa longueur, c'est-à-dire, de la distance entre le poids et le point de suspension. Mais si à ce fil on attache encore un ou plusieurs poids à différentes distances du point de suspension, on aura alors un pendule composé, dont le mouvement devra tenir une espèce de milieu entre ceux des différens pendules simples que l'on aurait, si chacun de ces poids était suspendu seul au fil. Car la force de la gravité tendant d'un côté à faire descendre tous les poids également dans le même temps, et de l'autre l'inflexibilité du fil les contraignant à décrire dans ce même temps des arcs inégaux et proportionnels à leur distance du point de suspension, il doit se faire entre ces poids une espèce de compensation et de répartition de leurs mouvemens, ensorte que les poids qui sont les plus proches du point de suspension, hâteront les vibrations des plus éloignés,

et ceux-ci, au contraire, retarderont les vibrations des premiers. Ainsi il y aura dans le fil un point où un corps étant placé, son mouvement ne serait ni accéléré, ni retardé par les autres poids, mais serait le même que s'il était seul suspendu au fil. Ce point sera donc le vrai centre d'oscillation du pendule composé, et un tel centre doit se trouver aussi dans tout corps solide de quelque figure que ce soit, qui oscille autour d'un axe horizontal.

Huyghens vit qu'on ne pouvait déterminer ce centre d'une manière rigoureuse, sans connaître la loi suivant laquelle les différens poids du pendule composé altèrent mutuellement les mouvemens que la gravité tend à leur imprimer à chaque instant; mais au lieu de chercher à déduire cette loi des principes fondamentaux de la Mécanique, il se contenta d'y suppléer par un principe indirect, lequel consiste à supposer que si plusieurs poids attachés, comme l'on voudra, à un pendule, descendent par la seule action de la gravité, et que dans un instant quelconque ils soient détachés et séparés les uns des autres, chacun d'eux, en vertu de la vîtesse acquise pendant sa chute, pourra remonter à une telle hauteur, que le centre commun de gravité se trouvera remonté à la même hauteur d'où il était descendu. A la vérité Huyghens n'établit pas ce principe immédiatement, mais il le déduit de deux hypothèses qu'il croit devoir être admises comme des demandes de Mécanique; l'une, c'est que le centre de gravité d'un système de corps pesans ne peut jamais remonter à une hauteur plus grande que celle d'où il est tombé, quelque changement qu'on fasse à la disposition mutuelle des corps, parce qu'autrement le mouvement perpétuel ne serait plus impossible; l'autre, c'est qu'un pendule composé peut toujours remonter de lui-même à la même hauteur d'où il est descendu librement. Au reste, Huyghens remarque que le même principe a lieu dans le mouvement des corps pesans liés ensemble d'une manière quelconque, comme aussi dans le mouvement des fluides.

On ne saurait deviner ce qui a donné à cet auteur l'idée d'un tel principe; mais on peut conjecturer qu'il y a été conduit par le théorème que Galilée avait démontré sur la chute des corps pesans, lesquels, soit qu'ils descendent verticalement ou sur des plans inclinés, acquièrent toujours des vîtesses capables de les faire remonter aux mêmes hauteurs d'où ils étaient tombés. Ce théorème généralisé et appliqué au centre de gravité d'un système de corps pesans, donne le principe d'Huyghens.

Quoi qu'il en soit, ce principe fournit une équation entre la hauteur verticale, d'où le centre de gravité du système est descendu dans un temps quelconque, et les différentes hauteurs verticales auxquelles les corps qui composent le système pourraient remonter avec leurs vîtesses acquises, et qui par les théorèmes de Galilée sont comme les carrés de ces vîtesses. Or dans un pendule qui oscille autour d'un axe horizontal, les vîtesses des différens points sont proportionnelles à leurs distances de l'axe; ainsi on peut réduire l'équation à deux seules inconnues, dont l'une soit la descente du centre de gravité du pendule dans un temps quelconque, et dont l'autre soit la hauteur à laquelle un point donné de ce pendule pourrait remonter par sa vîtesse acquise. Mais la descente du centre de gravité détermine celle de tout autre point du pendule; donc on aura une équation entre la hauteur d'où un point quelconque du pendule est descendu, et celle à laquelle il pourrait remonter par sa vîtesse, due à cette chute. Dans le centre d'oscillation, ces deux hauteurs doivent être égales, parce que les corps libres peuvent toujours remonter à la même hauteur d'où ils sont tombés; et l'équation fait voir que cette égalité ne peut avoir lieu que dans un point de la ligne perpendiculaire à l'axe de rotation, et passant par le centre de gravité du pendule, lequel soit éloigné de cet axe de la quantité qui provient en multipliant tous les poids qui composent le pendule, par les carrés de leurs distances à l'axe, et divisant la somme de ces produits par la masse du pendule multipliée par la distance de son centre de gravité au même axe. Cette quantité exprimera donc la longueur d'un pendule simple, dont le mouvement serait égal à celui du pendule composé.

Cette théorie d'Huyghens est exposée dans l'*Horologium oscillatorium*, et elle y est accompagnée d'un grand nombre de savantes applications. Elle n'aurait rien laissé à desirer, si elle n'avait pas été appuyée sur un principe précaire; et il restait toujours à démontrer ce principe pour la mettre hors de toute atteinte.

En 1681 parurent, dans le Journal des Savans de Paris, quelques mauvaises objections contre cette théorie, auxquelles Huyghens ne répondit que d'une manière vague et peu satisfaisante. Mais cette contestation ayant excité l'attention de Jacques Bernoulli, lui donna occasion d'examiner à fond la théorie de Huyghens, et de chercher à la rappeler aux premiers principes de la Dynamique. Il ne considère d'abord que deux poids égaux attachés à une ligne inflexible et droite, et il remarque que la vîtesse que le premier poids, celui qui est le plus près du point de suspension, acquiert en décrivant un arc quelconque, doit être moindre que celle qu'il aurait acquise en décrivant librement le même arc; et qu'en même temps la vîtesse acquise par l'autre poids, doit être plus grande que celle qu'il aurait acquise en parcourant le même arc librement. La vîtesse perdue par le premier poids s'est donc communiquée au second, et comme cette communication se fait par le moyen d'un levier mobile autour d'un point fixe, elle doit suivre la loi de l'équilibre des puissances appliquées à ce levier; de manière que la perte de vîtesse du premier poids soit au gain de vîtesse du second, dans la raison réciproque des bras de levier, c'est-à-dire, des distances au point de suspension. De là et de ce que les vîtesses réelles des deux poids doivent être elles-mêmes dans la raison directe de ces distances, on détermine facilement ces vîtesses, et par conséquent le mouvement du pendule.

8. Tel est le premier pas qui ait été fait vers la solution directe de ce fameux problème. L'idée de rapporter au levier les forces résultantes des vîtesses gagnées ou perdues par les poids, est très-fine, et donne la clef de la vraie théorie; mais Jacques Bernoulli s'est trompé, en considérant les vîtesses acquises pendant un temps quelconque fini, au lieu qu'il n'aurait dû considérer que les vîtesses élémentaires acquises pendant un instant, et les comparer avec celles que la gravité tend à imprimer pendant le même instant. C'est ce que l'Hopital a fait depuis, dans un Écrit inséré dans le Journal de Rotterdam, de 1690. Il suppose deux poids quelconques attachés au fil inflexible qui fait le pendule composé, et il établit l'équilibre entre les quantités de mouvement perdues et gagnées par ces poids dans un instant quelconque, c'est-à-dire, entre les différences des quantités de mouvement que les poids acquièrent réellement dans cet instant, et celles que la gravité tend à leur imprimer. Il détermine par ce moyen le rapport de l'accélération instantanée de chaque poids à celle que la gravité seule tend à lui donner, et il trouve le centre d'oscillation en cherchant le point du pendule pour lequel ces deux accélérations seraient égales. Il étend ensuite sa théorie à un plus grand nombre de poids; mais il regarde pour cela les premiers comme réunis successivement dans leur centre d'oscillation, ce qui n'est plus si direct, ni ne peut être admis sans démonstration.

Cette analyse fit revenir Jacques Bernoulli sur la sienne, et donna enfin lieu à la première solution directe et rigoureuse du problème de centres d'oscillation, solution qui mérite d'autant plus l'attention des géomètres, qu'elle contient le germe de ce principe de Dynamique, qui est devenu si fécond entre les mains de d'Alembert.

L'auteur considère ensemble les mouvemens que la gravité imprime à chaque instant aux corps qui composent le pendule, et comme ces corps, à cause de leur liaison, ne peuvent les suivre, il conçoit les mouvemens qu'ils doivent prendre, comme composés des mouvemens imprimés et d'autres mouvemens ajoutés ou retranchés qui doivent se contre-balancer, et en vertu desquels le pendule doit demeurer en équilibre. Le problème se trouve ainsi ramené aux principes de la Statique, et ne demande plus que

le secours de l'analyse. Jacques Bernoulli trouva par ce moyen des formules générales pour les centres d'oscillation des corps de figure quelconque, en fit voir l'accord avec le principe de Huyghens, et démontra
l'identité des centres d'oscillation et de percussion. Cette solution avait
été ébauchée dès 1691, dans les Actes de Leipsic; mais elle n'a été donnée
d'une manière complète qu'en 1703, dans les Mémoires de l'Académie des
Sciences de Paris.

9. Pour ne rien laisser à desirer sur cette histoire du problème du
centre d'oscillation, je devrais rendre compte de la solution que Jean Bernoulli en a donnée ensuite dans les mêmes Mémoires, et qui, ayant été
donnée aussi à peu près en même temps par Taylor, dans l'ouvrage
intitulé: *Methodus incrementorum*, a été l'occasion d'une vive dispute entre
ces deux géomètres; mais quelque ingénieuse que soit l'idée sur laquelle
est fondée cette nouvelle solution, et qui consiste à réduire tout d'un coup
le pendule composé en pendule simple, en substituant à ses différens poids,
d'autres poids réunis dans un seul point, avec des masses et des pesanteurs
fictives, telles qu'elles produisent les mêmes accélérations angulaires et les
mêmes momens, par rapport à l'axe de rotation, et que la pesanteur totale
des poids réunis soit égale à leur pesanteur naturelle, on doit néanmoins
avouer que cette idée n'est ni si naturelle, ni si lumineuse que celle de
l'équilibre entre les quantités de mouvement, acquises et perdues.

On trouve encore dans la *Phoromonia* d'Herman, publiée en 1716,
une nouvelle manière de résoudre le même problème, et qui est fondée sur
cet autre principe, que les forces motrices, dont les poids qui forment le
pendule doivent être animés, pour pouvoir être mus conjointement, sont
équivalentes à celles qui proviennent de l'action de la gravité; ensorte que
les premières étant supposées dirigées en sens contraire, doivent faire équilibre
à ces dernières.

Ce principe n'est, dans le fond, que celui de Jacques Bernoulli, présenté d'une manière moins simple, et il est facile de les rappeler l'un à
l'autre, par les principes de la Statique. Euler l'a rendu ensuite plus
général, et s'en est servi pour déterminer les oscillations des corps flexibles,
dans un Mémoire imprimé en 1740, dans le tome VII des anciens Commentaires de Pétersbourg.

Il serait trop long de parler des autres problèmes de Dynamique qui
ont exercé la sagacité des géomètres, après celui du centre d'oscillation, et
avant que l'art de les résoudre fût réduit à des règles fixes. Ces problèmes que les Bernoulli, Clairaut, Euler se proposaient entre eux, se trouvent
répandus dans les premiers volumes des Mémoires de Pétersbourg et de

Berlin, dans les Mémoires de Paris (années 1736 et 1742), dans les
Œuvres de Jean Bernoulli, et dans les Opuscules d'Euler. Ils consistent à
déterminer les mouvemens de plusieurs corps pesans ou non qui se poussent
ou se tirent par des fils ou des leviers inflexibles où ils sont fixement
attachés, ou le long desquels ils peuvent couler librement, et qui ayant
reçu des impulsions quelconques, sont ensuite abandonnés à eux-mêmes, ou
contraints de se mouvoir sur des courbes ou des surfaces données.

Le principe de Huyghens était presque toujours employé dans la
solution de ces problèmes; mais comme ce principe ne donne qu'une seule
équation, en cherchait les autres par la considération des forces inconnues
avec lesquelles on concevait que les corps devaient se pousser ou se tirer,
et qu'on regardait comme des forces élastiques agissant également en sens
contraire; l'emploi de ces forces dispensait d'avoir égard à la liaison des
corps, et permettait de faire usage des lois du mouvement des corps libres;
ensuite les conditions qui, par la nature du problème, devaient avoir lieu
entre les mouvemens des différens corps, servaient à déterminer les forces
inconnues qu'on avait introduites dans le calcul. Mais il fallait toujours
une adresse particulière pour démêler dans chaque problème toutes les
forces auxquelles il était nécessaire d'avoir égard, ce qui rendait ces problèmes piquans et propres à exciter l'émulation.

10. Le Traité de Dynamique de d'Alembert, qui parut en 1743, mit
fin à ces espèces de défis, en offrant une méthode directe et générale pour
résoudre, ou du moins pour mettre en équations tous les problèmes de
Dynamique que l'on peut imaginer. Cette méthode réduit toutes les lois
du mouvement des corps à celles de leur équilibre, et ramène ainsi la
Dynamique à la Statique. Nous avons déjà remarqué que le principe
employé par Jacques Bernoulli dans la recherche du centre d'oscillation,
avait l'avantage de faire dépendre cette recherche des conditions de l'équilibre du levier; mais il était réservé à d'Alembert d'envisager ce principe
d'une manière générale, et de lui donner toute la simplicité et la fécondité
dont il pouvait être susceptible.

Si on imprime à plusieurs corps des mouvemens qu'ils soient forcés
de changer à cause de leur action mutuelle, il est clair qu'on peut regarder
ces mouvemens comme composés de ceux que les corps prendront réellement,
et d'autres mouvemens qui sont détruits; d'où il suit que ces derniers
doivent être tels, que les corps animés de ces seuls mouvemens se fassent
équilibre.

Tel est le principe que d'Alembert a donné dans son Traité de Dynamique, et dont il a fait un heureux usage dans plusieurs problèmes, et

sourtout dans celui de la précession des équinoxes. Ce principe ne fournit pas immédiatement les équations nécessaires pour la solution des problèmes de Dynamique, mais il apprend à les déduire des conditions de l'équilibre. Ainsi en combinant ce principe avec les principes ordinaires de l'équilibre du levier, ou de la composition des forces, on peut toujours trouver les équations de chaque problème; mais la difficulté de déterminer les forces qui doivent être détruites, ainsi que les lois de l'équilibre entre ces forces, rend souvent l'application de ce principe embarrassante et pénible; et les solutions qui en résultent sont presque toujours plus compliquées que si elles étaient déduites de principes moins simples et moins directs, comme on peut s'en convaincre par la seconde partie du même Traité de Dynamique *).

11. Si on voulait éviter les décompositions de mouvemens que ce principe exige, il n'y aurait qu'à établir tout de suite l'équilibre entre les forces et les mouvemens engendrés, mais pris dans des directions contraires. Car si on imagine qu'on imprime à chaque corps, en sens contraire, le mouvement qu'il doit prendre, il est clair que le système sera réduit au repos; par conséquent il faudra que ces mouvemens détruisent ceux que les corps avaient reçus et qu'ils auraient suivis sans leur action mutuelle; ainsi il doit y avoir équilibre entre tous ces mouvemens, ou entre les forces qui peuvent les produire.

Cette manière de rappeler les lois de la Dynamique à celles de la Statique, est à la vérité moins directe que celle qui résulte du principe de d'Alembert, mais elle offre plus de simplicité dans les applications; elle revient à celle d'Herman et d'Euler qui l'a employée dans la solution de beaucoup de problèmes de Mécanique, et on la trouve dans quelques Traités de Mécanique, sous le nom de *Principe de d'Alembert.*

12. Dans la première partie de cet Ouvrage, nous avons réduit toute la Statique à une seule formule générale qui donne les lois de l'équilibre d'un système quelconque de corps tiré par tant de forces qu'on voudra. On pourra donc aussi réduire à une formule générale toute la Dynamique; car pour appliquer au mouvement d'un système de corps la formule de son équilibre, il suffira d'y introduire les forces qui proviennent des variations du mouvement de chaque corps, et qui doivent être détruites. Le développement de cette formule, en ayant égard aux conditions dépendantes

---

*) Ce qui contribue encore à compliquer ces solutions, c'est que l'auteur veut éviter de faire les *dt*, ou élémens du temps, constans, comme il en avertit lui-même (art. 94).

de la nature du système, donnera toutes les équations nécessaires pour la détermination du mouvement de chaque corps; et il n'y aura plus qu'à intégrer ces équations, ce qui est l'affaire de l'analyse.

13. Un des avantages de la formule dont il s'agit, est d'offrir immédiatement les équations générales qui renferment les principes ou théorèmes connus sous les noms de *Conservation des forces vives*, de *Conservation du mouvement du centre de gravité*, de *Conservation des momens de rotation*, ou *Principe des aires*, et de *Principe de la moindre quantité d'action*. Ces principes doivent être regardés plutôt comme des résultats généraux des lois de la Dynamique, que comme des principes primitifs de cette science; mais étant souvent employés comme tels dans la solution des problèmes, nous croyons devoir en parler ici, en indiquant en quoi ils consistent, et à quels auteurs ils sont dus, pour ne rien laisser à désirer dans cette exposition préliminaire des principes de la Dynamique.

14. Le premier de ces quatre principes, celui de la conservation des forces vives, a été trouvé par Huyghens, mais sous une forme un peu différente de celle qu'on lui donne présentement; et nous en avons déjà fait mention à l'occasion du problème des centres d'oscillation. Le principe, tel qu'il a été employé dans la solution de ce problème, consiste dans l'égalité entre la descente et la montée du centre de gravité de plusieurs corps pesans qui descendent conjointement, et qui remontent ensuite séparément, étant réfléchis en haut chacun avec la vîtesse qu'il avait acquise. Or, par les propriétés connues du centre de gravité, le chemin parcouru par ce centre, dans une direction quelconque, est exprimé par la somme des produits de la masse de chaque corps, par la chemin qu'il a parcouru suivant la même direction, divisée par la somme des masses. D'un autre côté, par les théorèmes de Galilée, le chemin vertical parcouru par un corps grave est proportionnel au carré de la vîtesse qu'il a acquise en descendant librement, et avec laquelle il pourrait remonter à la même hauteur. Ainsi le principe de Huyghens se réduit à ce que, dans le mouvement des corps pesans, la somme des produits des masses par les carrés des vîtesses à chaque instant, est la même, soit que les corps se meuvent conjointement d'une manière quelconque, ou qu'ils parcourent librement les mêmes hauteurs verticales. C'est aussi ce que Huyghens lui-même a remarqué en peu de mots, dans un petit Écrit relatif aux méthodes de Jacques Bernoulli et de l'Hôpital, pour les centres d'oscillation.

Jusques-là ce principe n'avait été regardé que comme un simple théorème de Mécanique; mais lorsque Jean Bernoulli eut adopté la distinction

établie par Leibnitz, entre les forces mortes ou pressions qui agissent sans
mouvement actuel, et les forces vives qui accompagnent ce mouvement,
ainsi que la mesure de ces dernières par les produits des masses et des
carrés des vîtesses, il ne vit plus dans le principe en question, qu'une
conséquence de la théorie des forces vives, et une loi générale de la nature,
suivant laquelle la somme des forces vives de plusieurs corps se conserve
la même pendant que ces corps agissent les uns sur les autres par de simples
pressions, et est constamment égale à la simple force vive qui résulte de
l'action des forces actuelles qui meuvent les corps. Il donna ainsi à ce
principe le nom de *Conservation des forces vives*, et il s'en servit avec
succès pour résoudre quelques problèmes qui ne l'avaient pas encore été,
et dont il paraissait difficile de venir à bout par des méthodes directes.

Daniel Bernoulli a donné ensuite plus d'extension à ce principe, et il
en a déduit les lois du mouvement des fluides dans des vases, matière qui
n'avait été traitée avant lui que d'une manière vague et arbitraire. Enfin
il l'a rendu très-général, dans les Mémoires de Berlin pour l'année 1748,
en faisant voir comment on peut l'appliquer au mouvement des corps
animés par des attractions mutuelles quelconques, ou attirés vers des centres
fixes par des forces proportionnelles à quelques fonctions des distances
que ce soit.

Le grand avantage de ce principe est de fournir immédiatement une
équation finie entre les vîtesses des corps et les variables qui déterminent
leur position dans l'espace; de sorte que lorsque par la nature du problème, toutes ces variables se réduisent à une seule, cette équation suffit
pour le résoudre complètement, et c'est le cas de celui des centres d'oscillation. En général la conservation des forces vives donne toujours une
intégrale première des différentes équations différentielles de chaque problème,
ce qui est d'une grande utilité dans plusieurs occasions.

15. Le second principe est dû à Newton, qui, au commencement de
ses *Principes Mathématiques*, démontre que l'état de repos ou de mouvement du centre de gravité de plusieurs corps n'est point altéré par l'action
réciproque de ces corps, quelle qu'elle soit; de sorte que le centre de
gravité des corps qui agissent les uns sur les autres d'une manière quelconque, soit par des fils ou des leviers, ou des lois d'attraction, etc., sans
qu'il y ait aucune action ni aucun obstacle extérieur, est toujours en repos,
ou se meut uniformément en ligne droite.

D'Alembert a donné depuis, à ce principe, une plus grande étendue,
en faisant voir que si chaque corps est sollicité par une force accélératrice
constante et qui agisse suivant des lignes parallèles, ou qui soit dirigée

vers un point fixe et agisse en raison de la distance, le centre de gravité doit décrire la même courbe que si les corps étaient libres; à quoi on peut ajouter que le mouvement de ce centre est en général le même que si toutes les forces des corps, quelles qu'elles soient, y étaient appliquées chacune suivant sa propre direction.

Il est visible que ce principe sert à déterminer le mouvement du centre de gravité, indépendamment des mouvemens respectifs des corps, et qu'ainsi il peut toujours fournir trois équations finies entre les coordonnées des corps et le temps, lesquelles seront des intégrales des équations différentielles du problème.

16. Le troisième principe est beaucoup moins ancien que les deux précédens, et paraît avoir été découvert en même temps par Euler, Daniel Bernoulli et d'Arci, mais sous des formes différentes.

Selon les deux premiers, ce principe consiste en ce que dans le mouvement de plusieurs corps autour d'un centre fixe, la somme des produits de la masse de chaque corps, par sa vîtesse de circulation autour du centre, et par sa distance au même centre, est toujours indépendante de l'action mutuelle que les corps peuvent exercer les uns sur les autres, et se conserve la même tant qu'il n'y a aucune action ni aucun obstacle extérieur. Daniel Bernoulli a donné ce principe dans le premier volume des Mémoires de l'Académie de Berlin, qui a paru en 1746, et Euler l'a donné la même année, dans le premier tome de ses Opuscules; et c'est aussi le même problème qui les y a conduits, savoir, la recherche du mouvement de plusieurs corps mobiles dans un tube de figure donnée, et qui ne peut que tourner autour d'un point ou centre fixe.

Le principe de d'Arcy, tel qu'il l'a donné à l'Académie des Sciences, dans les Mémoires de 1747, qui n'ont paru qu'en 1752, est que la somme des produits de la masse de chaque corps par l'aire que son rayon vecteur décrit autour d'un centre fixe, sur un même plan de projection, est toujours proportionnelle au temps. On voit que ce principe est une généralisation du beau théorème de Newton, sur les aires décrites en vertu de forces centripètes quelconques; et pour en apercevoir l'analogie, ou plutôt l'identité avec celui d'Euler et de Daniel Bernoulli, il n'y a qu'à considérer que la vîtesse de circulation est exprimée par l'élément de l'arc circulaire divisé par l'élément du temps, et que le premier de ces élémens multiplié par la distance au centre, donne l'élément de l'aire décrite autour de ce centre; d'où l'on voit que ce dernier principe n'est autre chose que l'expression différentielle de celui de d'Arcy.

Cet auteur a présenté ensuite son principe sous une autre forme qui le rapproche davantage du précédent, et qui consiste en ce que la somme des produits des masses, par les vîtesses et par les perpendiculaires tirées du centre sur les directions du corps, est une quantité constante.

Sous ce point de vue, il en a fait même une espèce de principe métaphysique, qu'il appelle la *conservation de l'action*, pour l'opposer, ou plutôt pour le substituer à celui de *la moindre quantité d'action*; comme si des dénominations vagues et arbitraires faisaient l'essence des lois de la nature, et pouvaient, par quelque vertu secrète, ériger en causes finales, de simples résultats des lois connues de la Mécanique.

Quoi qu'il en soit, le principe dont il s'agit a lieu généralement pour tous les systèmes de corps qui agissent les uns sur les autres d'une façon quelconque, soit par des fils, des lignes inflexibles, des lois d'attraction, etc., et qui sont de plus sollicités par des forces quelconque dirigées à un centre fixe, soit que le système soit d'ailleurs entièrement libre, ou qu'il soit assujéti à se mouvoir autour de ce même centre. La somme des produits des masses par les aires décrites autour de ce centre, et projetées sur un plan quelconque, est toujours proportionnelle au temps; de sorte qu'en rapportant ces aires à trois plans perpendiculaires entre eux, on a trois équations différentielles du premier ordre entre le temps et les coordonnées des courbes décrites par les corps; et c'est proprement dans ces équations que consiste la nature du principe dont nous venons de parler.

17. Je viens enfin au quatrième principe, que j'appelle de *la moindre action*, par analogie avec celui que Maupertuis avait donné sous cette dénomination, et que les écrits de plusieurs auteurs illustres ont rendu ensuite si fameux. Ce principe, envisagé analytiquement, consiste en ce que dans le mouvement des corps qui agissent les uns sur les autres, la somme des produits des masses par les vîtesses et par les espaces parcourus, est un *minimum*. L'auteur en a déduit les lois de la réflexion et de la refraction de la lumière, ainsi que celles du choc des corps, dans deux Mémoires lus, l'un à l'Académie des Sciences de Paris, en 1744, et l'autre deux ans après, à celle de Berlin.

Mais ces applications sont trop particulières pour servir à établir la vérité d'un principe général; elles ont d'ailleurs quelque chose de vague et d'arbitraire, qui ne peut que rendre incertaines les conséquences qu'on en pourrait tirer pour l'exactitude même du principe. Aussi l'on aurait tort, ce me semble, de mettre ce principe présenté ainsi sur la même ligne que ceux que nous venons d'exposer. Mais il y a une autre manière de l'envisager, plus générale et plus rigoureuse, et qui mérite seule l'attention des géomètres. Euler en a donné la première idée à la fin de son Traité des *Isopérimètres*, imprimé à Lausanne en 1744, en y faisant voir que dans les trajectoires décrites par des forces centrales, l'intégrale de la vîtesse multipliée par l'élément de la courbe, fait toujours un *maximum* ou un *minimum*.

Cette propriété qu'Euler avait trouvée dans le mouvement des corps isolés, et qui paraissait bornée à ces corps, je l'ai étendue, par le moyen de la conservation des forces vives, au mouvement de tout système de corps qui agissent les uns sur les autres d'une manière quelconque; et il en est résulté ce nouveau principe général, que la somme des produits des masses par les intégrales des vîtesses multipliées par les élémens des espaces parcourus, est constamment un *maximum* ou un *minimum*.

Tel est le principe auquel je donne ici, quoiqu'improprement, le nom de *moindre action*, et que je regarde non comme un principe métaphysique, mais comme un résultat simple et général des lois de la Mécanique. On peut voir dans le tome II des Mémoires de Turin, l'usage que j'en ai fait pour résoudre plusieurs problèmes difficiles de Dynamique. Ce principe, combiné avec celui des forces vives, et développé suivant les règles du calcul des variations, donne directement toutes les équations nécessaires pour la solution de chaque problème; et de là naît une méthode également simple et générale pour traiter les questions qui concernent le mouvement des corps; mais cette méthode n'est elle-même qu'un corollaire de celle qui fait l'objet de la seconde partie de cet Ouvrage, et qui a en même temps l'avantage d'être tirée des premiers principes de la Mécanique.

Den Übersetzungen und Neudrucken liegen die im folgenden nach ihren Originaltiteln angeführten Ausgaben zu Grunde:

Galilei.

Le opere di Galileo Galilei, prima edizione completa, condotta sugli autentici manoscritti palatini, Firenze 1842—1856. (15 Bdde. u. Suppl.) Tomo XIII., 1855:

Discorsi e dimostrazioni matematiche intorno a due nuove scienze attenenti alla meccanica cd ai movimenti locali.

Altrimenti: Dialoghi delle nuove scienze.

B e m e r k u n g e n. — Erster Druck: Leiden 1638. Zahlreiche Neudrucke. — Seit 1890 erscheint unter Leitung Favaros „Le opere di Galileo Galilei, Ed. nazionale", Firenze.

Eine Übersetzung der „Discorsi e dimostr." von A. v. Oettingen ist in „Ostwalds Klassiker der exacten Wissensch." als Bändchen Nr. 11, 24 und 25 erschienen.

Newton.

Philosophiae naturalis principia mathematica. Auctore Isaaco Newtono, Eq. Aur. Editio tertia aucta et emendata. Londini: Apud Guil. et Joh. Innys, Regiae Societatis typographos. MDCCXXVI.

B e m e r k u n g e n. — Vorrede zur ersten Ausgabe datiert vom 8. Mai 1686.

Eine Übersetzung der „Mathem. Principien" wurde mit Bemerkungen und Erläuterungen herausgegeben von Wolfers, Berlin 1872. — In dieser Übersetzung findet sich die oben S. 43 aus der „Schlussbemerkung" entnommene Stelle am Schlusse des III. Buches, S. 507—512, als „Allgemeine Anmerkung", der dann noch der Abschnitt „Über das Weltsystem", S. 513—576 folgt.

D'Alembert.

Traité de Dynamique, dans lequel les Loix de l'Équilibre et du Mouvement des Corps sont réduites au plus petit nombre possible, et démontrées d'une manière nouvelle, et où l'on donne un Principe général pour trouver le Mouvement de plusieurs Corps qui agissent les uns sur les autres d'une manière quelconque.

Par M. d'Alembert, de l'Académie Françoise, des Académies Royales des Sciences de France, de Prusse et d'Angleterre, de l'Académie Royale des Belles Lettres de Suède, et de l'Institut de Bologne. Nouvelle Edition, revûe et fort augmentée par l'Auteur. A Paris. Chez David, Libraire, rue et vis-à-vis la grille des Mathurins. MDCCLVIII. Avec Approbation et Privilege du Roi.

B e m e r k u n g. — Erste Ausgabe 1743.

Lagrange.

Mécanique analytique, Par J. L. Lagrange, de l'Institut des Sciences, Lettres et Arts, du Bureau des Longitudes; Membre du Sénat Conservateur, Grand-Officier de la Légion d'Honneur, et Comte de l'Empire. Nouvelle édition, revue et augmentée par l'Auteur. Tome premier. Paris, 1811.

B e m e r k u n g e n. — Erste Ausgabe 1788.

Eine Übersetzung der „Analytischen Mechanik" mit eingehenden Litteraturnachweisen von Dr. H. Servus erschien 1887, Berlin, Springer. — Eine Übersetzung der ersten Ausgabe von Murhard (Göttingen 1797, Lichtenberg gewidmet) ist zum Teil mit benutzt worden; ihr gegenüber weist namentlich die Einleitung in die Statik bei der II. Ausgabe beträchtliche Erweiterungen auf.

Kirchhoff.

Vorlesungen über mathematische Physik von Gustav Kirchhoff. I. Band: Mechanik.

B e m e r k u n g e n. — 1. Auflage 1876; 4. Auflage 1897.

Hertz.

Die Prinzipien der Mechanik in neuem Zusammenhange dargestellt von Heinrich Hertz. Mit einem Vorworte von H. v. Helmholtz 1894.

Inhalt.

Druckfehler:

S. 167, Z. 2 v. o. statt Zwischenhaltung lies: Zwischenschaltung.

Oswald Schmidt, Leipzig.

·

www.ingramcontent.com/pod-product-compliance
Lightning Source LLC
Chambersburg PA
CBHW020832210326
41598CB00019B/1874